ARBEITEN ZUR KIRCHENGESCHICHTE
HERAUSGEGEBEN VON EMANUEL HIRSCH UND HANS LIETZMANN
18

DIE PREDIGT CALVINS, IHRE GESCHICHTE, IHRE FORM UND IHRE RELIGIÖSEN GRUNDGEDANKEN

VON

ERWIN MÜLHAUPT
LIC. THEOL. STADTVIKAR IN KARLSRUHE i. B.

BERLIN UND LEIPZIG 1931
VERLAG VON WALTER DE GRUYTER & CO.

Archiv-Nr. 32 06 31

Druck von Walter de Gruyter & Co., Berlin W 10

MEINEN ELTERN

ZU DANK UND EHREN!

Vorwort.

Die vorliegende Arbeit ist angeregt von Herrn Prof. Hirsch. Daß ich, was das Verständnis der Reformation angeht, neben Karl Holl ihm das Entscheidende verdanke, zeigt die Arbeit wohl selbst. Daß aber der persönliche Verkehr mit ihm und seinem Hause, das mir unbekanntem und unbesehen übernommenem Hollschüler während meines Göttinger Jahres von Anfang an offen stand, mir in hohem Maße Willigkeit, Freude und Ernst zur Durcharbeitung gestärkt hat, das möchte ich doch an dieser Stelle mit tiefem Dank aussprechen. Seiner Vermittlung danke ich auch die Aufnahme der Arbeit in diese Schriftenreihe.

Karlsruhe, 1. April 1931.

Erwin Mülhaupt.

Inhalt

Einleitung.

Nachdem im Anfang des letzten Jahrhunderts die Calvinforschung, viel mehr als heute durch die konfessionelle Zugehörigkeit des Forschers bestimmt, mehr die Selbständigkeit Calvins (so natürlich auf der reformierten Seite) betonte und seine Verschiedenheit von Luther [1], ist hierin seit den 60er Jahren ein Umschwung eingetreten, dessen Charakteristikum grob gesagt dies ist, daß Calvin in die geistige Nähe Luthers gerückt und mehr und mehr als sein größter Schüler angesehen wurde [2]. J. A. Dorner [3] und J. Köstlin [4] arbeiteten schon in dieser Richtung; aber derjenige, der eine tiefere Untersuchung kalvinischer Theologie durch seine scharfen, aber doch auch in diese Richtung zielenden Thesen in Fluß brachte, war A. Ritschl [5].

Es kann sich nun hier nicht darum handeln, die ganze weitverzweigte Literatur [6] zu besehen, die im Verfolg von A. Ritschls Anregungen entstand, sondern nur um eine kurze

---

[1]) Vgl. des Nähern H. Bauke, Die Probleme der Theologie Calvins, Leipzig 1922.

[2]) Die neuste Gesamtdarstellung der Theologie Calvins allerdings in O. Ritschls »Dogmengeschichte des Protestantismus« Bd. III 1925 S. 165 ff. reißt wieder eine breite Kluft auf zwischen beiden.

[3]) Geschichte der protestantischen Theologie 1867.

[4]) Calvins Institutio nach Form und Gehalt in ihrer geschichtlichen Entwicklung, Studien u. Kritiken 1868.

[5]) Die christliche Lehre von der Rechtfertigung und Versöhnung Bd. 1, 1882[2] S. 203 ff.; Ges. Aufsätze, Neue Folge 1896 S. 94 ff.

[6]) Vgl. neben dem Anm. 1 genannten Buch noch E. Knodt, Die Bedeutung Calvins und des Calvinismus für die protestantische Welt im Licht der neueren und neuesten Forschung, 1910.

Charakterisierung der Hauptprobleme, die durch ihn oder nach ihm auftauchten und noch heute nicht erloschen sind.

Da ist nun einmal von A. Ritschl behauptet worden, die Prädestinationslehre sei ein für Calvin »wegen der Autorität des Paulus immerhin sehr wichtiges Anhängsel seiner Lehre von der Erlösung« [1]. Gegen diese These, aus der man vor allem das Wort »Anhängsel« heraushörte, erhob sich der Widerspruch; namentlich M. Scheibes [2] Buch gilt wohl allgemein als Widerlegung dieser These. Und doch will man, von Bohatec [3] abgesehen, auch heute die Prädestinationslehre (besonders die doppelte Wahl), nicht als Calvins »Zentrallehre« ansehen. R. Seeberg [4] tut dies nur sehr einschränkend und möchte den Providenzgedanken in den Vordergrund stellen, ohne diesen letzteren wie A. Ritschl in einem Gegensatz zum Prädestinationsgedanken zu sehen; ganz ähnlich urteilen Loofs [5] und auch Doumergue [6]. Die Verknüpfung der Gedanken, die diese Lehre für Calvin zur »Sicherung der Heilsgewißheit« praktisch wichtig machten, hat besonders auch W. Lüttge [7] schön gezeigt. Die Forschung kommt so immer mehr zu einem Ergebnis, das dem, der Holls [8] Lutherauffassung teilt, durchaus sachgemäß erscheint, zu dem nämlich, daß der Prädestinationsgedanke im reformatorischen Denken gar nicht so zum Rechtfertigungsgedanken in Gegensatz gestellt werden darf, wie dies A. Ritschl wollte. Wenn diese Tendenz der Forschung dem lebendigen Ineinander der Gedanken Calvins nahe ist, so muß sich dies ja gewiß auch in der persönlichsten Rede

---

1) Ges. Aufs., N. F. 1896, S. 103.

2) M. Scheibe, Calvins Prädestinationslehre 1897.

3) Calvinstudien 1909, S. 339 ff.

4) Dogmengeschichte IV, 2, 1920; S. 602.

5) Dogmengeschichte[4] 1906; S. 888 f.

6) Jean Calvin, les hommes et les choses de son temps vol. IV, 363; am schärfsten die ebda zustimmend zitierte Anmerkung 1: le dogme central de la Réformation me paraît avoir été celui de la *souveraineté de Dieu* qui dans les *formules theologiques* s'est traduit par celui de la grace, concentré lui-même dans celui de la *Prédestination*.

7) Die Rechtfertigungslehre Calvins und ihre Bedeutung für seine Frömmigkeit, Berlin 1919, S. 90 f.

8) Ges. Aufs. Bd. I Luther 1923[2 3], S. 148 ff.

dieses sachlichen Mannes, in seiner Predigt zeigen. Es liegt mir jedoch daran, zu betonen, daß es der vorliegenden Arbeit weder um die Stützung der gegenwärtigen Calvinforschung noch um einschneidende neue Resultate zu tun ist, — um in dieser Richtung etwas behaupten zu wollen, wäre mir nicht nur eine Kenntnis der gesamten Calvinliteratur, sondern vor allem auch das Studium des ganzen übrigen Calvin vonnöten —, sondern darum, etwas von der lebendigen Verbundenheit der Gedanken Calvins, die dem Erforscher der Institutio, wie die Geschichte zeigt, sich schwer erschließt, mit Hilfe der Predigt Calvins spüren zu lassen.

Die zuletzt genannte Schrift von Lüttge erweckt sodann eine mit der Rechtfertigungslehre verbundene Frage, in der ein von Holl Lernender zu andern Urteilen geneigt ist. Es handelt sich um folgendes: Lüttge sieht [1] in den Sätzen aus Institutio ((1559) III, 11, 10) eine sachliche Parallele zu der Denkweise der griechischen Kirchenlehrer mit ihrer »Lehre . . . von der physisch-kosmischen Erlösung«. Wenn der Gedanke der Gemeinschaft mit Christus etwas Begründendes für das Rechtfertigungsurteil Gottes an sich haben soll, so ist dies für Lüttge ein unvollziehbarer Gedanke; und wenn Calvin so etwas tut, so sieht er darin ein Hingedrängtwerden zu Osiander. Erklärlich ist ihm dies nun nur, wenn sich in diese Christusmystik Calvins unwillkürlich die griechische Erlösungsauffassung eingemischt hat, nach der »im Grunde bereits das ganze Heil mit der Menschwerdung gegeben ist«. Es ist vielleicht schon bezeichnend, daß Lüttge nicht von der angeführten Stelle selber ausgehen kann, sondern den sonst vertretenen Gedanken der commutatio zu Hilfe nehmen muß, um seine Erklärung zu gewinnen. Nun soll ja nicht bestritten werden, daß Lüttge mit dem Gesagten wirklich ein Moment — ein Moment aus dem, was Calvin überkommen hat — in der Theologie Calvins getroffen hat; und es ist Lüttge sogar wie wohl keinem vor ihm schön gelungen, die Linien zu ziehen von diesem griechischen Element im Erlösungsgedanken hin zu demjenigen Zug in

[1]) a. a. O. S. 96 ff.

Calvin, der mehr von der »Sündenmacht« als der »Sündenschuld« redet, und von der dann zu dem, was man vereinseitigend das »Jenseitschristentum«[1] Calvins genannt hat. Wohl aber darf man fragen, ob hier die Christusmystik Calvins genügend gewürdigt ist; Calvin hing doch wohl zu sehr an diesem Gedanken, als daß man in ihm, wenn er in der Nähe der Rechtfertigungslehre erscheint, nur die Nachwirkung jener alten Anschauung sehen dürfte. Und vor allem, was die Beurteilung angeht, so haben uns Holl und namentlich Hirschs »Osiander«buch[2] gelehrt, daß man sehr wohl die Christusmystik in Beziehung zur Rechtfertigung bringen kann, ohne in die Gefahr jener physisch-kosmischen Erlösungslehre einerseits und der Werkerei andrerseits zu verfallen; Luther und im Grund auch Osiander haben diese Gefahren überwunden. Daß Lüttge diese Möglichkeit nicht sieht, das ist es, was ihn treibt, die dahin weisenden Gedanken Calvins als untergeordnet zu erweisen; daß der Blick hinaus auf die Vollendung, ins Jenseits dann negativ beurteilt wird, ist nur folgerichtig, während der von Holl und Hirsch Lernende diesen Blick hinaus auf die Vollendung und deren Anfang im Jetzt in der entscheidenden Betrachtung gerade vermißt. Aber wiederum sehe ich es nicht als mein Recht an, die Forschungen gerade eines Lüttge entscheidend zu kritisieren, sondern möchte nur durch den Vergleich mit ihnen auf das in der vorliegenden Arbeit aus Calvins Predigt Erhobene aufzumerken bitten; wie man allerdings eine Darstellung von Calvins Rechtfertigungslehre mit folgendem Satz schließen kann, ist mir angesichts der Predigt Calvins unverständlich »Wenn Calvin dabei geblieben ist, die persönliche Heilsgewißheit mit Luther von der Rechtfertigung herzuleiten, so stellt sich dies nun deutlich als eine Inkonsequenz dar, die zwar bei ihm selbst ihre guten Gründe gehabt

---

[1]) V. Schultze, Meditatio future vitae 1901 und Calvins Jenseitschristentum 1902; O. Ritschl, a. a.O. S. 185 hat das wieder stark unterstrichen und läßt schließlich noch gelten, daß »Calvin seine grundsätzlichen Übereinstimmungen mit Luthers Ansicht von der Rechtfertigungsgnade nebenher auch immer wieder zum Ausdruck gebracht hat«.

[2]) Besonders S. 222 ff.

hat, die aber im Zusammenhang seines theologischen Systems vielmehr wie ein Fremdkörper wirkt« [1].

Noch ein anderes Problem ist doch wohl noch einer Förderung fähig; es ist die Frage nach der Gesetzlichkeit Calvins. Darüber, daß dieser Zug irgendwie zum Charakter der Theologie Calvins gehört, ist sich die Forschung ziemlich einig, es fragt sich nur, wie und wo dieser Zug herausgestrichen wird. Allgemein ist es wohl besonders Dilthey [2] gewesen, der im Sinn einer Vorherrschaft alt-testamentlicher Gesichtspunkte hiervon gesprochen hat. Aber auch Männer wie Wernle kommen zu Sätzen wie diesem: »Das Neue Testament muß sich der Autorität des Alten fügen. Christus wird nach Mose ausgelegt« [3]. Die Ausführungen der folgenden Arbeit über den Gesetzes- und Pflichtgedanken in Calvins Predigt möchten auf diesem Hintergrund gesehen sein. R. Seeberg wendet diesen Zug nach der Seite hin, daß es zu den hervorstechenden Zügen in Calvins Gesamtanschauung gehöre, »daß Gott den Menschen Gesetze gibt« [4], und er findet dies in guter Übereinstimmung damit, daß im Kirchenbegriff Calvins der Gedanke des »heiligen Rechts« wieder Eingang findet im Unterschied zu Luther [5]. Und noch ein weiteres hängt hiermit zusammen: Dilthey hat die Tatsache des Zurücktretens des Neuen hinter dem Alten Testament damit in Zusammenhang gebracht, daß Calvin »die Idee einer Entwicklung zu christlicher Frömmigkeit fehlte« [6]. Wenn dieser Gedanke in Calvin nicht zu finden ist, dann bleibt ja allerdings schließlich für das Eintreten Calvins

---

1) O. Ritschl, a. a. O. S. 221.

2) Ges. Schriften II, S. 236; O. Ritschl nennt diesen Zug seinen »Grundfehler«, a. a. O. S. 164.

3) P. Wernle, Der evangelische Glaube nach den Hauptschriften der Reformatoren, Bd. III Calvin S. 30.

4) a. a. O. S. 581; vgl. 561.

5) a. a. O. S. 613.

6) a. a. O.; wenn demgegenüber O. Ritschl mehrfach (a. a. O. S. 205, 207, 232, 241) auf den Gedanken stufenweiser Entwicklung bei Calvin zu sprechen kommt, so scheint mir dies auf richtiger Beobachtung zu beruhen, wenn auch O. Ritschl die Anwendung dieses Gedankens auf das von Dilthey angeschnittene Problem vielleicht nicht will.

für das Alte Testament, für die — wenn man es freundlich ausdrückt — »Hineininterpretierung der neutestamentlichen Glaubenserkenntnis in die Gedankenwelt des Alten Testaments« [1] keine andere Erklärung mehr als der »Zwang einer gesetzlichen Schriftbetrachtung«. Auch hierzu ist es möglich, aufgrund der Predigten Calvins ein anregendes Wort zu sagen; die letzten Sätze der vorliegenden Arbeit versuchen, in Calvins Äußerungen zu diesen Dingen noch tiefere Motive wirksam zu sehen als den Zwang eines Dogmas von der Schrift, die überall das Gleiche sagen müsse.

Der beste Beweis dafür, daß die Calvinforschung noch nicht am Ende ist, ist jedoch der Umstand, daß Calvins Gottesgedanke uns noch nicht evident klar ist. Auch hier hat A. Ritschl, indem er eine Kluft aufriß zwischen dem Gottesgedanken der Providenz und dem der Prädestination [2], anregend gewirkt; man mag nun wohl sagen, daß einer, der die »kalvinistischste« Schrift Luthers De servo arbitrio als Abfall von einer an der Offenbarung orientierten Gottesanschauung empfand, nicht befähigt war, hier endgültig Klarheit zu schaffen. Obwohl man nun aber heute allgemein in diesem Punkt nicht mehr von A. Ritschl lernen will, so behauptet man doch wohl nicht zu viel, wenn man sagt: auch heute ist man dessen noch nicht sicher, ob denn Calvin das Evangelium wirklich in seinen Gottesgedanken hineingeschrieben hat oder nicht. Wagt es doch Otto Ritschl [3], das nun 60 Jahre alte Wort Köstlins zu wiederholen: »Solchen Erklärungen über die Liebe wie bei Luther, wonach sie gleichsam den Grund des Herzens Gottes ganz ausfüllt und wonach Gott in jenem Erregen von Furcht und Angst eben noch gar nicht sein eigentliches Werk treibt, können wir doch bei Calvin nichts an die Seite stellen«. Aber auch vornehmere Beurteiler wie R. Seeberg [4] sprechen von zwei Bestandteilen, einem metaphysischen, rationalen, der Schöpfung entnommenen und dem Alten Testament verwandten

---

1) So Lüttge a. a. O. S. 95.
2) Ges. Aufs. N. F. 1896, S. 101 f.
3) a. a. O. S. 174.
4) a. a. O. S. 570 ff.

einerseits, dem christlichen andrerseits; Seeberg muß dabei jedoch die Einschränkung machen, daß Calvin dies beides immer miteinander verbindet, ineinander »mengt«. Dilthey wiederholt überhaupt nur noch die eine Seite des von A. Ritschl Gesagten und zieht sie scharf aus mit dem Satz: »So findet sich diese Dogmatik doch überall auf die Unerkennbarkeit ihres letzten Zusammenhangs, auf das Mysterium oder, was dasselbe ist, auf die skotistische Willkür in Gott und die Verurteilung der menschlichen Neugier zurückgeworfen« [1]. Wernle meint zurückhaltend, der Willensgott sei wohl Calvins erste, aber nicht seine letzte Auskunft, und mit dem Willkürgott tröste Calvin seine Gläubigen nicht [2]. Und wie ein leiser Nachklang dieser von A. Ritschl hervorgerufenen Bewegung ist es, wenn auch R. Seeberg noch von skotistischen (auch thomistischen) Elementen in Calvins Gottesbegriff weiß [3]. Diese gewiß auch durch Calvin selber veranlaßte Unklarheit über das eigentlich Gewollte in seinem Gottesbegriff war der Anlaß für den an den Schluß der Untersuchung gestellten Versuch einer Zeichnung des Gottesbegriffs seiner Predigten. Darin nämlich, aus der Not, in der die Forschung in dieser Frage steckt, eine Tugend zu machen und das, wie es scheint, Unverbundene bei Calvin als eine Auswirkung seiner »Formgestaltung« und seiner humanistisch-französischen Geistesart ganz in der Ordnung zu finden, vermag ich keine Lösung zu sehen [4]. — Eine der Erscheinungsformen dieses Problems ist auch die Frage, wie Calvin die Ehre Gottes und den Gewissenstrost oder die Sündenvergebung miteinander verbinden konnte. Lüttge hat schon schön gezeigt, inwiefern hierin Calvins Frommsein mit seinem »beseligenden und demütigenden Erleben zugleich« hervortritt und wie dieser Grundzug sich in das Einzelne der Gedanken (über Buße, Vorsehung) und des Tuns (Gebet) erstreckt [5]. Die vorliegende

---

1) a. a. O. S. 235.

2) a. a. O. S. 287.

3) a. a. O. S. 576 Anm. 1.

4) So H. Bauke, a. a. O.; um der Verweise in die Literatur willen ist das Buch mir freilich wertvoll.

5) a. a. O. S. 76 ff.

Untersuchung versucht zu zeigen, wie solches Bemühen Lüttges einen Helfer in Calvins Predigt findet; zu Sätzen wie dem, »daß erst aus der Erfahrung der allmächtigen Güte jene Unterwerfung unter die Ehre Gottes erwächst«[1], wird sich in ihr Bestätigendes finden.

Spezielle Literatur: Die vorliegende Arbeit ist nicht der erste Versuch, die Predigt Calvins vor das Auge der Gegenwart zu stellen. Neben kleineren Arbeiten liegen vor allem zwei französische Dissertationen über dasselbe Thema sowie eine holländische Schrift vor, die ich aber leider bis jetzt nicht bekommen habe[2].

Um zuerst zu den kleineren Arbeiten Stellung zu nehmen, sie fassen alle, wie dies ja bei der Menge der Predigten Calvins verständlich ist und zum Teil auch einfach deshalb nicht anders möglich war, weil das Corpus Reformatorum erst 1900 die Werke Calvins abschließen konnte, immer nur gewisse Predigtgruppen ins Auge. E. Stähelin[3] und A. Viguié[4] die vier Predigten (die einzigen von Calvin selbst herausgegebenen), die heute CR 36,$_{377}$ff. stehen, sowie die Hiob-Predigten, P. Lobstein[5] nur die letzteren; A. Krauß[6] die damals (1884) eben abgeschlossenen Deuteron- sowie die 10 Gen-Predigten in CR 51; daß mir der E. Doumergue[7]-Vortrag über Calvins Predigt (gehalten in der Kirche Calvins am 2. 7. 1909) sowie ein 16 Seiten starker Aufsatz von J. Cloyd Bowman[8] nicht zur Hand sind, ist gewiß kein entscheidender Mangel. Was die

---

1) a. a. O. S. 80.

2) A. Watier, Calvin prédicateur, Genf 1889; A. Cruvellier, Etude sur la prédication de Calvin, Montauban 1895; P. Biesterveld, Calvin als Bedienaar des Woords, Kampen 1897.

3) Leben Joh. Calvins, Bd. II, Elberfeld 1863, S. 421 ff.

4) Bulletin de la Société de l'histoire du Protestantisme français Tom. 31; 1882 S. 466 ff., 504 ff., 548 ff.

5) Monatsschrift für Pastoraltheologie 1908/1909 S. 365 ff.

6) Zeitschrift für prakt. Theologie 1884 S. 225 ff.

7) E. Doumergue, Calvin le prédicateur de Genève, Genf 1909.

8) Reformed Church Review 1909 S. 245 ff.

genannten Arbeiten noch lesenswert macht, was ihnen auch mit den größeren französischen Arbeiten gemein ist, ist dies, daß sie durch die Menge und Ausführlichkeit ihrer Zitate einen unmittelbaren Eindruck von Calvins Redeweise vermitteln sowie teilweisen Aufschluß über Form, Ton, Geschichte von Calvins Predigt geben. Von Wert ist z. B. Stähelins Zitat [1] von Scaliger, einem, der Calvin selber hörte, Calvin habe in seiner Predigt »bedächtig« und seiner Krankheit wegen »mit Pausen« gesprochen. Im übrigen aber entheben uns die Bemerkungen in diesen Aufsätzen ebensowenig wie die der beiden größeren Arbeiten der Mühe, selber in CR zu studieren. Die vorliegende Arbeit ist sich zwar in diesem Punkte der Unvollständigkeit, zugleich aber auch der bis jetzt größten Vollständigkeit bewußt. Bei diesem Sammeln ist z. B. die Meinung zerbrochen, als hätten die CR 51 stehenden Gen.-Predigten nicht in einer Gen.-reihe gestanden, wie nach Stähelin [2] auch Watier [3] noch meint; für andere als für die Predigten an Ostern (+ Oktave davor), Pfingsten, vielleicht auch Weihnacht haben wir zu solchen Annahmen keinen Grund, bei Psalmpredigten ist es möglich. Umgekehrt stellt sich eben damit auch die von Krauß [4], Watier [5] und Schian [6] aufgestellte Behauptung vom Fehlen jeder Rücksicht auf das Kirchenjahr als verkehrt heraus. — Andrerseits darf auch nicht unerwähnt bleiben, daß das Staunen über die Bilder Calvins nicht erst über mich gekommen ist; Krauß [7] spricht sogar von einer »Anschaulichkeit und Urwüchsigkeit«, »die in keinem Sinn hinter Luther zurücksteht« und nennt ihn einen »Volksprediger«; auch Watier [8] weiß davon, aber wiederum bleibt es

---

1) a. a. O. S. 426.

2) a. a. O. S. 424 f.

3) a. a. O. S. 85.

4) a. a. O. S. 227.

5) a. a. O. S. 85.

6) Realenzyklopädie für protestantische Theologie und Kirche, 3. Aufl. Bd. 15, S. 664.

7) a. a. O. 251.

8) a. a. O. S. 105 ff.; überhaupt bieten diese Ausführungen Watiers (S. 83—116) eine mir angenehme Ergänzung zu dem 1. Teil meiner Arbeit.

beim Nippen vom Reichtum Calvins, es fehlt die breite Unterlage und es fehlt der Versuch — mehr als den Versuch will auch mein Bilderkapitel nicht geben — der Durchdringung des Vorhandenen. — Was das Inhaltliche der Predigt Calvins in diesen Arbeiten betrifft, so leiden sie — auch hier schließe ich die beiden Dissertationen ein, nehme Lobstein aus — vor allem darunter, daß sie im Grunde nichts inhaltlich Neues über Calvin aus seiner Predigt suchen und erwarten. Sie sprechen dies nicht so aus; aber wenn man so die Schale kalvinischen Christentums, den Inspirationsgedanken beschaut, und zwar gerade auch dessen extreme und kuriose Seiten [1], oder wenn man die Besinnung auf den dogmatischen Gehalt so wenig als selbständige Aufgabe ansieht, daß sie zu einer Sammlung von dicta probantia für einige mehr oder weniger selbstverständliche Punkte kalvinischer Schulsprache wird [2] oder wenn man die Aufgabe, den Stil Calvins zu charakterisieren, dadurch löst, daß man zeigt, Calvin habe der Hauptforderung von Vinets Homiletik genügt, denn »il (sein Stil) est clair, il est naturel, il a souvent une forme dialoguée et un accent assez fortement caractérisé d'ironie [3] — so tritt bei all dem gewiß Wahres zutage, was auch einmal gesagt werden muß, aber es fehlt in all dem ein Versuch, Calvins Predigtgedanken in ihrer inneren Verbundenheit, Eigengesetzlichkeit zu zeigen, so als gäb es nichts anderes als diese Predigten von ihm. Dogmatisch ausgedrückt, könnte man vielleicht sagen, diese Leute arbeiten mehr oder weniger mit dem Gedanken der totalen Verschiedenheit von Frömmigkeit und Theologie. Krauß [4] bestätigt dies in gewissem Maße, wenn er das Zurücktreten des Prädestinationsgedankens darum verständlich findet, weil nur »eine auf theologische Erkenntnis ausgehende«, nicht aber »eine die unmittelbare Erbauung bezweckende Schriftauslegung« den Er-

---

1) So Cruvellier a. a. O. S. 22 ff. und besonders Watier a. a. O. S. 14 ff. und Krauß a. a. O. S. 234 ff.

2) Siehe Watier a. a. O. S. 25, Cruvellier a. a. O. S. 27, Krauß a. a. O. S. 245 ff.

3) So Cruvellier a. a. O. S. 73 ff.

4) a. a. O. S. 246.

wählungsgedanken wertvoll finden könne. Ausnehmen möchte ich von diesem Vorwurf, der doch auch den warmen Worten Viguiés gegenüber nicht unbegründet ist, die kurze Skizze Lobsteins [1], der sich von vornherein bewußt ist, daß »Calvin eine reine Unterscheidung von Glauben und Dogma fernliegt; beide Größen sind ihm zu einem unzertrennlichen Ganzen verwachsen«. Ich fühle mich ganz mit ihm eins, wenn er die Bedeutung dieser Predigten darin sieht, daß »Calvin die Wurzeln des christlichen Lehrbegriffs hier darlegt«. Seine kurzen, gerüstartigen Ausführungen geben in der Tat gute Anleitung; man dürfte nur gerade bei den Hiobpredigten neben der Fülle inhaltreicher ethischer Fragen, die Lobstein mit Recht hier behandelt sieht, noch bemerken, daß sie es auch sind, die uns das meiste über Calvins Gedanken von der Anfechtung sagen — Coligny las sie täglich [2] —; aber darauf hat eben erst Holl [3] uns achten gelehrt.

Was nun die beiden Dissertationen noch im besonderen betrifft, so sind sie der vorliegenden Arbeit darin voraus, daß sie auch die Ethik der Predigten noch in sich aufgenommen haben, worunter sie beide allerdings auch noch vom Prediger und seinem Geschäft sprechen; letzteres geht grundsätzlich kaum über das von mir Ausgeführte hinaus. Sodann kann Cruvelliers erstes Kapitel »Calvin et ses auditeurs« als Ergänzung zu dem von mir gezeichneten Zeitbild hervorgehoben werden. Im übrigen ist, was nun das von uns gemeinsam behandelte Gebiet angeht [4] — »die religiösen Grundgedanken« — doch wohl der früheren von den beiden Arbeiten der Vorzug zu geben, obwohl sie die Quellen nur unvollständig vor sich hat (Zitate kommen nur aus den Deuteron-, 1. und 2. Tim.-, Tit-, Hiob- und den Predigten über den 119. Psalm, dazu den vier heute CR 36, 377ff. stehenden Predigten), was bei Cruvellier nicht der Fall ist. Auch Watiers Sätze fallen zwar nicht aus der bezeichneten Art heraus, einfach die als bekannt voraus-

[1]) a. a. O. S. 368 f.

[2]) Siehe Viguié a. a. O. S. 471.

[3]) Ges. Aufs. Bd. I Luther 1923[2].[3]. S. 67 ff.

[4]) Watier a. a. O. S. 14 (bzw. 25)—50; Cruvellier a. a. O. S. 23—40.

gesetzten Dogmen in Auswahl von der Predigt her zu beleuchten; als solche stellen sie heraus und besprechen Gottes Souveränität, des Menschen Verdorbenheit, Prädestination, Wirksamkeit des Worts, Rolle des hl. Geists; aber sie sind reicher an Gesichtspunkten, und die auffallend ähnlichen Ausführungen Cruvelliers machen vielfach den Eindruck eines Referats über Watier mit neuen Zitaten. Watier [1] redet unter »des Menschen Verdorbenheit« doch wenigstens nicht wie Cruvellier nur von der von Adam herkommenden Sünde, um dann zu erstaunen über das Minimum von Gut, das im Gewissen noch geblieben ist, sondern vom Sitz der Sünde im Willen und von der religiösen Form der Selbstsucht, die im Glauben ein Werk sieht. Er betont [2], wie der Gedanke der Erwählung mehr hervortrete als der der doppelten Prädestination, betont [3] auch wie schon Viguié [4] den ermutigenden, stärkenden, fest machenden Charakter des Erwählungsgedankens. Wenn sodann [5] Watier mit Erstaunen feststellt, daß Calvin das Wort der Schrift wie eine lebendige Person ansieht, die mit ihm handelt, so ist er nahe bei dem Faktum, das mir in der Zeichnung des Predigtbegriffs sehr wichtig ist und das auch die Sätze der

1) a. a. O. S. 31 und 33.

2) a. a. O. S. 36.

3) a. a. O. S. 39 ff.

4) Nur um einen Begriff von der Art der Darstellung dieser Franzosen zu geben, schreibe ich diese Stelle aus, a. a. O. S. 506 f.: c'est la prédestination vivante, optimiste, jaillissant du sentiment le plus pur de la conscience individuelle. On ne comprendra jamais rien à la piété, à la vaillance, à l'héroïsme du XVIe siècle et au dogme calviniste tant qu'on aura pas fait de ce dogme la simple et vivante repercussion du sentiment intime. Ces hommes sont de Dieu; ils le sentent, ils lui appartiennent, ils ne feront que sa volonté, Dieu les guide, les pousse, les fait parler, agir, ils sont siens, ils sont ses amis, ses élus. De là cette intrepidité, cette joie, cette hauteur d'âme. Dieu est en eux: c'est lui qui parle, qui agit, qui fait son oeuvre par eux. Voilà la pensée prédestinatienne, mais vivante, optimiste: la présence de Dieu en l'homme pour le bien, pour le salut, l'omniscience de Dieu »besongnant en nous en vie éternelle«: voilà le dogme, qui plus tard figé, glacé deviendra un fatalisme désespérant, mais qui au XVIe siècle, est l'expression profonde de cette union intense de l'homme pecheur et du Dieu tout-puissant...

5) a. a. O. S. 46.

beiden Franzosen über die Schrift etwas hätte dämpfen können. Gern erwähne ich schließlich noch Watiers Schlußkapitel [1], das in besonnenen Sätzen den Gegenwartswert der Predigtweise Calvins erwägt.

Im ganzen aber ist mir im Rückblick auf diese spezielle Literatur, bei der mir, wie ich nochmals bemerken muß, Biestervelds Buch noch nicht vor Augen kam, das gute Gewissen fester geworden, wenn ich die folgende Untersuchung vorlege. Denn man kann sowohl über die Form und Geschichte der Predigt noch Genaueres sagen als auch vor allem dem inneren Verkettetsein der Gedanken Calvins eine bisher noch nicht aufgewandte, weder von der Institutio noch sonstwoher beeinflußte Aufmerksamkeit schenken. In diesem Sinn habe ich, wenn man so sagen darf, das systematische Ganze der Gedanken Calvins in seiner Predigt zeigen wollen.

Quellenmäßige Unterlage für die folgende Untersuchung sind aus der Reihe »Corpus Reformatorum« (innerhalb dessen Baum, Cunitz, Reuß die Werke Calvins herausgaben) folgende Bände: 36, 373—440; 49 (hilfsweise herangezogen); 51, 629—786; 53, 577—722; 54—58; 60, 449—752; 61—63; 69, 309—688; 70, 1—174; 74; 76, 581—664; 77, XII—XVIII und 581—830; 78, 273—696; 79, 1—136 und 245—862; 80, 225—238; 81—82; 86, 1—198.

---

[1]) a. a. O. S. 117 ff.

Die Predigttätigkeit Calvins.

1. Ihr äußerer Verlauf.

Daß wir über die Predigttätigkeit Calvins in Genf nach ihrem zeitlichen Ablauf sowie ihrem Gehalt uns ein sehr eingehendes Bild machen können, ist das Verdienst der französischen Flüchtlinge, die in Genf Aufnahme fanden. Nachdem schon vorher einige Schnellschreiber Calvins Wort von der Kanzel festzuhalten versucht hatten [1], wurde seit 1549 [2] das Unvollkommene der bisherigen Arbeit aufgehoben dadurch, daß auf Bitten jener Flüchtlinge und Hörer Calvins die Genossenschaft der Fremden [3] aus ihren bescheidenen Mitteln einen um seiner Schreibgewandtheit willen bewunderten und fleißigen Menschen als offiziellen Predigtstenographen Calvins anstellte und so ihm und seiner Familie den Lebensunterhalt verschaffte. Dieser Mann war ebenfalls Flüchtling und hieß

1) Colladon nennt CR 49,70 des Gallars, Bourgoing, Cousin; vgl. auch CR 49,361.

2) Genauer wohl zu Anfang des Sommers; CR 49,71 nennt als ersten Termin für die Sonntagpredigten den 25. Aug., bemerkt aber, daß davor noch die letzten Predigten über den Hebräerbrief liegen; wie von diesen letzteren, so gibt Colladon auch von den Wochenpredigten über Jeremia, in denen er demnach auch schon eine Weile begriffen war, kein Anfangsdatum. Dagegen nennt der unter Manuscrits français 16—40,5 in der Genfer Univ.-Bibliothek liegende Manuskriptband von Predigten über Jeremia 15—18 den 14. Juni als erstes und somit Ragueneaus Amtsantritt nächstes Datum.

3) Der genaue Name, den dieser Verwaltungskörper sich selber gibt, ist nach CR 53,588 wenigstens für das Jahr 1567: Diacres et Administrateurs des biens aumonsnez aux povres estrangers qui se sont retirez en ceste ville de Geneve pour la parolle de Dieu.

Denis Ragueneau (diese Schreibung wechselt mit Raguenier). Er hat sein Amt treulich bis zu seinem Tode, d. h. wohl bis Ende 1560 verwaltet [1]. Seine Arbeit ist die Unterlage für den genauen Bericht über die Zeitfolge der Predigten, der uns in der Vie de Calvin von Colladon gegegeben ist. Ob er einen amtlichen Nachfolger gefunden hat, und wer der war, wissen wir nicht, aber die Nachschriften sind fortgesetzt worden und zum Teil noch erhalten; auch gibt Colladon auch nach 1560 noch wie vorher die Anfänge neuer Predigtreihen mit genauen Daten an, wenn auch zweimal fehlerhaft [2]. Jedenfalls aber fällt, von wenigen Ausnahmen vorher [3], sowie den in lateinischer Übersetzung erhaltenen 1. Sam.-Predigten abgesehen, das ganze große Material, das im Corpus Reformatorum herausgegeben ist — es sind gegen 700 Predigten — in die 10½ Jahre, während deren Ragunenau in St. Peter, St. Magdalenen, St. Gervas unter der Kanzel Calvins saß; dazu muß man noch das der Herausgabe harrende handschriftliche Material in Genf nehmen, das, abgesehen von den 2. Sam.-Predigten, ebenfalls in diese Zeit hineingehört; — es sind noch einmal ungefähr 450 Predigten; außerdem ist noch zu bemerken, einmal daß z. B. Nachschriften über Nahum und Dan. 1—4 uns fehlen, weil Raguenier damals krank war [4], sodann daß von den nach Senebiers Katalog [5] einst in Genf liegenden Nachschriften eine große Menge (Gen.-, Ps.-, ca. ¼ Jes.-, Klagel.-, Hos.-, Joél-, Am.-, Obad.-, Jon.-, Zeph.-, ca. ½ Apgesch.-, ca. ½ 1. Kor.-, 1. und 2. Thess.-Predig-

[1]) Da ich sein genaues Todesdatum anders nicht habe ermitteln können, schließe ich dies, CR 74,IV mit CR 74,798 (Notiz über die Berufung eines Predigers aus Jussy nach Genf, — es kann nur d'Airebodouze sein) und CR 49,736 kombinierend. Das ergibt als Schlußdatum für jene 65 Predigten den 3. Nov. 1560, in diesem Monat wurde also Ragueneau amtsunfähig und starb wohl auch um diese Zeit.

[2]) CR 49,91: a) der 3. Febr. 1561 war kein Freitag, sondern ein Montag, wie ein Blick in die Annales Calviniani zeigt, b) der 3. Febr. 1563 war der letzte, nicht der erste Tag der Predigtreihe über 2. Sam.; angefangen hat sie am 23. Mai 1562 (vgl. S. 15 Anm. 12).

[3]) Vgl. S. 9 Anm. 4 und S. 12 Anm. 3.

[4]) CR 70,196.

[5]) Vgl. A. Watier a. a. O. S. 85 f.

ten), gut 550 verschwunden sind. So wird man für diese $10^1/_2$ Jahre stark 2000 Predigten Calvins ansetzen dürfen.

Bevor wir indessen eine Übersicht über die Predigten aus diesen uns bekannten Jahren geben, wollen wir die wenigen Notizen ins Auge fassen, die von Calvins Predigttätigkeit in früherer Zeit Kunde geben [1]. Wie die Lebensbeschreibung Colladon-Beza berichtet [2], fallen seine ersten Predigten nach Frankreich. Die äußere Möglichkeit dazu bot ihm einmal die Pfarre Pont l'Evesgue in der Nähe seiner Vaterstadt Noyon. Er hat sie nicht unbenützt vorübergehen lassen und damit früh den Dienst getan, dessen Vernachlässigung er dann später immer so sehr am päpstlichen Priester tadelte [3]: er predigt da, wo er ein Amt oder Einkünfte hat [4]. Die Stellung dieser Notiz am Ende des die erste Pariser Zeit behandelnden Abschnittchens und im Zusammenhang mit seiner ursprünglichen Neigung zur Theologie, der der Vater anfänglich mit Besorgung eben dieser Pfarre nachgegeben hatte, läßt mindestens die Möglichkeit offen, daß die ersten dort gehaltenen Predigten von ihm noch als Katholik gehalten worden sind. Zugleich ist aber mit dem Nachsatz »avant qu'il se retirast de France« der Zeitraum so weit gespannt, daß wir uns auch den schon Evangelischen dort zu den Leuten seiner väterlichen Heimat reden denken dürfen, eine Szene, die der von Luthers Predigt vor dem Volk in Möhra (auf dem Wege nach Worms) ähnlich ist. — Die zweite Notiz führt uns in die Zeit seines juristischen Studiums in Bourges, also in die Jahre 1529—31. Dort hat ihm in ländlichem Gebiet irgendein größerer Grund-

1) Ich bin mir hierbei der Unvollständigkeit bewußt; denn ich benütze hierfür nur CR 49, die deutschen Calvinbriefe von R. Schwarz und das eigentliche Predigtmaterial.

2) CR $49{,}_{54}$—$_{556}$.

3) Z. B. CR $81{,}_{432}$ il leur semble que cela derogue à leur dignité episcopale de monter en chaire pour prescher... ceux qui ne prenent point garde à la doctrine, ne doyvent point estre tenus pour pasteurs.

4) Es ist im Blick hierauf vielleicht noch etwas leichter begreiflich, daß Calvin seine Pfründe solange (—1534) behielt: er hatte seine Pfarre nicht nur als Einnahmequelle benutzt, sondern am Ort gepredigt und damit ein gutes Recht auf sie.

herr die Predigt zum Volk seines Landes erlaubt, ihn auch selber gern gehört. Die Meinung der französischen wie der lateinischen Fassung dieser Notiz [1] ist doch wohl, daß Calvin damals als evangelischer Mann sprach, zugleich allerdings so, daß er die Leute nicht zum Verlassen ihrer Kirche aufforderte, sondern ihnen einfach den neuen Inhalt möglichst wenig streitend vortrug. — Und auch nach der Flucht aus Paris, wo er bereit war, sich in den Tod zu predigen [2], bleibt er mit der evangelischen Rede im Hintergrund; Du Tillet mußte ihn erst bitten, einige Predigtentwürfe zu schreiben, und vorgetragen wurden sie von andern. Eine zurückhaltende und dem Draufgängerischen fremde Art tritt wohl überhaupt darin zutage, daß es vor allem ländliche Bezirke sind, in denen er zu sprechen wagt. Pont l'Evesque war eine kleine Vorstadt in der Nähe von Noyon; obwohl er auch an der Kathedrale von Noyon ein Benefizium hatte, wird nur erzählt, daß er in dem kleinen Ort predigte; in Bourges studierte er, aber zum Volk sprach er »auf dem Landgebiet von Bourges« (in agro Biturigum).

Man wird an dieser Stelle, ehe wir den Boden Frankreichs verlassen, eine Bemerkung zur Concio Academica erlauben. Die Bestreiter der Echtheit dieser Ansprache haben vor allem mit Handschriftenkritik und Quellennachweis gearbeitet [3]. Calvin hat aber 1560 in Genf eine Predigt [4] über dieselbe Stelle gehalten. Ein Vergleich beider Predigten zeigt eine völlige Verschiedenheit, ja einen Gegensatz in der Auffassung des Evangelientexts. Jene Predigt von 1560 sieht die Glücksfrage im präzisen Sinne als das Thema aller Seligpreisungen an [5] und demgemäß als die

---

1) Besonders der französischen: CR 49,55: Du mesme temps, il prescha quelquesfois en une petite ville du pays de Berry, nommee Lignières et eust entree en la maison du seigneur du lieu qui estoit pour lors: *lequel n'apprehendant pas autrement les choses* disoit *seulement* en general qu'il luy sembloit que M. Jean Calvin preschoit mieux que les moines et qu'il alloit rondement en besongne.

2) So sagte Calvin einmal vor dem Rat; CR 49,641: Calvin dit... quil a este autrefoys a Parys en preparation dy prescher iusques il y fut brusle mais Dieu la espargne.

3) Am gründlichsten Karl Müller in den Nachrichten der Gött. Gesellschaft der Wissenschaften 1905.

4) CR 74,771 ff.

5) a. a. O. S. 773: son intention [sc. Jesu] est de monstrer en quoy les hommes se doyvent reposer et ce qu'ils doyvent chercher sur tout.

Aufgabe der Predigt den Erweis, wie wir »dieses Glück, nach dem wir streben, mit Schande, Armut, Hunger, Durst und aller Anfechtung zusammenbinden können«[1]. Die Concio Academica stellt den Text sofort hinein in den lutherischen Gegensatz von Gesetz und Evangelium, schon damit das Thema nicht auf das von der eigenen inneren Haltung Unabhängige, Schicksalhafte hinausführend, sondern auf das bewußte Gottesverhältnis im Gewissen. Sie erweckt im Anfang die Frage, ob die Seligpreisungen nicht Gebote, also Gesetz seien[2]; sie lehnt das freilich ab, aber doch nicht so, daß sie die Worte nicht als einen Aufruf, ein »Anreizen« verstünde[3]. Die Predigt von 1560 sieht ihrem Thema gemäß in den Seligsätzen eine bestimmte Lage des Menschen, nämlich schicksalhafte Armut, Schande usw. als gegeben an; es kommt ihr darauf an zu zeigen, wie es möglich ist, sich so mit dieser Lage auseinanderzusetzen, daß es sich als wahr erweist: all das »bricht unserem Glück nichts ab«[4], mehr noch, eben darin liegt es[5]. Der deutlichste Unterschied, ja Gegensatz liegt jedoch in der Exegese des »geistlich arm«. Die Concio führt ihrem Thema gemäß das Wort auf die Forderung des reinen Herzens in der Liebe zu Gott hinaus, erweckt demgemäß die Furcht vor dem Gericht, die Angst des Gewissens und versteht es abschließend als Forderung, »an der eignen Kraft zu verzweifeln«[6] und rein durch die Verheißung Christi Ruhe zu finden ohne Zweifeln. Die Predigt von 1560 lehnt gerade diese Auslegung mit dürren Worten ab: »Einige haben dies etwas zu scharfsinnig so verstehen wollen, als sagte er, die geistlich Armen sind die, die an sich selbst verzweifeln, die erkennen, daß sie keine Tugend, Weisheit und Gerechtigkeit besitzen. Solche Lehre ist zwar freilich gut und heilsam, aber hierher paßt sie nicht«[7]. Es versteht sich, daß auch die Lösungen bei beiden Predigten den Akzent auf verschiedene Dinge legen. Die Concio hört da auf, wo sie den Glauben an die Verheißung in den schwankenden Gewissen begründet hat. Die Predigt von 1560 arbeitet die unbedingte Überweltlichkeit

---

Ce qui a este beaucoup agité entre les Payens... la fin de tout bien, comme ils l'appellent: et c'est autant comme... La felicite des hommes.

1) a. a. O. S. 774.

2) CR 38,32: praeceptis agere videtur, ut pauperes simus, mites...

3) a. a. O. S. 32: somno profundo nos excitat... Cor Dominus desiderat nulli rei, nulli creaturae addictum, nudo et libero corde se solum admittendum praedicat, nihil viribus humanis tribuendum esse.

4) CR 74,775.

5) a. a. O. 780: Si nostre salut donc gist en esperance, il est caché; et s'il est caché, il nous faut estre bienheureux, non pas par nostre apprehension ni par les biens que nous avons maintenant: mais d'autant que nous gemissons icy bas, et attendons que Dieu nous appelle à soy...

6) CR 38,33: qui de viribus suis desperant; ebenso ebd. 34.

7) CR 74,775.

des religiösen Ziels heraus, legt entscheidenden Wert auf den Gedanken, daß die Erde ein Durchgang ist, und spricht ihre Lösung am klarsten in dem S. 3 Anm. 8 gegebenen Zitat aus. So ergibt sich ein Gegensatz auf der ganzen Linie. — Anhangsweise sei auf eine ganz ähnliche Verschiedenheit hingewiesen. CR $38,_{33}$ heißt es: ... qui vitae integritatem expetunt, omnia moliuntur omnemque operam in eo collocant ut probi sint, aliosque ad meliorem vitae conditionem ac iustitiam amplectendam pertrahant. Atque *ii sunt qui esuriunt et sitiunt iustitiam*... Die Entsprechung in der auf die bisher zitierte folgenden Predigt von 1560 lehnt ungefähr gerade dies als ein »zu tiefes und scharfsinniges Verständnis« ab [1] und legt (wie schon bei den geistlich Armen) von der Lukasparalelle ausgehend, so aus: »Matthäus will [mit seinem Zusatz »nach Gerechtigkeit«] ausdrücklich hervorheben, daß die Kinder Gottes nicht nur hungern und dürsten, d. h. nicht nur ohne Hilfe und Unterstützung sind, so daß die Bösen sie fressen, sondern daß ihre Klage gerecht ist, weil sie keinen Anlaß gaben, daß man sie irgendwie hätte belästigen dürfen« [2]. Man sieht den Unterschied. — Es ist nun nur die Frage, ob man diese doch sehr große Verschiedenheit lediglich auf Kosten der Jahre rechnen darf, die dazwischen liegen. Ich will nicht Wert darauf legen, daß sich in Calvins Worten keine Spur davon findet, daß er selber einmal anders gedacht habe, auch nicht darauf, daß man ihn gern als einen früh fertigen Mann ansieht. Aber sollte der, der eben den Senecakommentar herausgegeben hatte (1532), nicht schon damals die exegetische Ehrfurcht vor dem, was »hierher paßt« oder nicht, besessen haben, so daß er einen Text nicht einfach um der Besonderheit der Situation willen in seinem Sinn verdrehte? Und wenn man den Kern der Predigt als einfache Kopie der Lutherpredigt vom 1. Nov. 1522 entschuldigen wollte, sein Selbständigkeitsgefühl ließ er sich durch das dankbare Lernen von andern doch nicht brechen. Vor allem aber ist es doch sehr auffallend, daß der damals schon bewährte Kenner der Antike nicht, wie er es eben 1560 tat, die Glücksfrage in die Mitte solchen Textes stellte; denn die Predigt will ja gerade die Überwindung des antiken Gücksbegriffs bringen [3]. Diese Erwägungen lassen mir den Unterschied der Jahre nicht so wichtig erscheinen und legen es nahe, die Concio Academica nicht unter Calvins Wirksamkeit als Prediger in Frankreich zu zählen (vgl. auch S. 60 Anm. 6).

[1]) CR $74,_{789}$ wird das abgelehnte Verständnis so bezeichnet: qu'il nous faut avoir un zele de iustice, c'est à dire un desir que les choses aillent droict, que tout soit bien reiglé... que voyans les iniquitez qui se commettent yci bas, nous souspirions envers Dieu, le prians qu'il y mette ordre.

[2]) CR $74,_{789}$.

[3]) Die in den auf das Thema hinführenden Sätzen erscheinende Formel »la fin de tout bien« dürfte Plato: Leg. II, 661 B (τέλος ἁπάσης μακαριότητος) entnommen sein.

Die Nachrichten über die Predigttätigkeit fern von seiner Heimat sind nun bis 1549 spärlich und zufällig. In Genf ist Calvin ja zunächst nicht als Pfarrer, sondern als theologischer Lehrer angestellt gewesen; sehr bald, wohl noch 1536, kam das Amt des Predigers, von dem verschont zu werden er sich erst ausgebeten hatte, hinzu [1]. Das ist aber auch schon alles, was wir aus seiner ersten Genfer Zeit über ihn als Prediger erfahren. Von Genf vertrieben, schließlich nach Straßburg gerufen, hat er dort zunächst in freier Predigttätigkeit mit Erlaubnis des Rats und Empfehlung der Straßburger Reformatoren eine französische Gemeinde geschaffen; erst später kamen die Sakramente hinzu. Noch im September 1538, im selben Monat, in dem er dorthin kam, hat er damit begonnen [2]. Schon hier tritt der Wille Calvins heraus, alles zu tun, um der Predigt Wirksamkeit zu verleihen; er sieht darauf, daß sie besucht wird, er rügt in konkretester, allerdings Namen verschweigender Rede persönliche Laster; außerdem zeigt er, sobald er das Abendmahl geben durfte, schon hier das starke Verlangen, Ehrfurcht vor ihm zu pflanzen, d. h. die Zulassung von einer »christlichen Beichte« abhängig zu machen und so der Teilnahme die Selbstverständlichkeit zu nehmen. Was seine Predigtzeiten angeht, so haben sie jedenfalls schon hier über den Sonntag hinaus in die Woche hineingereicht [3].

Die Notizen nun, die sich für die Zeit von der Rückkehr nach Genf (September 1541) bis 1549 finden, sind aufs engste mit dem auf- und abwogenden persönlichen Schicksal Calvins verwoben. Hätte man nur diese paar Angaben, man hielte dafür, seine Predigt sei Zeitpredigt im äußersten Maße gewesen. Zunächst freilich war die Begeisterung für den Wiedergewonnenen so stark, daß sein Predigen einen ruhigen Verlauf nahm;

---

1) CR 49,58 Et advint tout ceci l'an 1536 au commencement de September: mais un peu apres il fut aussi esleu pasteur.

2) H. Calvins Lebenswerk in seinen Briefen, in deutscher Übersetzung von R. Schwarz, I, S. 45; ich gebe Verweise fortan mit der Abkürzung »Br. Schwarz«; sie sind sämtlich in CR nachgesehen, nur der leichteren Erreichbarkeit wegen zitiere ich nach der Übersetzung.

3) a. a. O. I., 102.

sie wurde ordentlich besucht [1] und wohl auch mit Ernst aufgenommen. Inhaltlich aber erfährt man gerade in dieser ersten Zeit nichts von ihr. Wenn schon in dem eben zitierten Briefe die Befürchtung ausgesprochen ist, manches jetzt nur eben Unterdrückte könne einmal ausbrechen und Schaden stiften, so hat ihm die bald eintretende Bewährung dieser Befürchtung Anlaß gegeben, seine Predigt konkret zu machen. Zwischenfälle im Pfarrkreis und Unsauberkeiten in der Stadtverwaltung ließen es Calvin »wieder merken, was es heißt, in Genf zu wohnen«. Obwohl ihn der Rat möglichst wenig in Anspruch nimmt und möglichst wenig von seiner Arbeit wissen läßt, kann er doch am 12. Februar 1545 schrieben, er habe in etwa 10 Predigten die Verhältnisse der Genfer inneren Stadtpolitik durchgenommen [2]. Man darf sich die Sprache wohl nicht gar weich vorstellen, er arbeitet gern mit dem Gedanken bevorstehender [3] oder auch da und dort sichtbarer Gerichte Gottes. Und wenn schon die gewöhnliche Predigt einen scharfen — die Notizen machen den Eindruck: schärferen als später — Ton haben, so ist es in gesteigertem Maße der Fall bei außerordentlichen Anlässen; da streicht er denn nicht nur das augenblicklich Sichtbare kräftig heraus, sondern verstärkt den Eindruck noch durch aus der Erinnerung hervorgeholte vergangene Dinge. So hat er's gemacht, als im September 1546 jener Säufer auf so merkwürdige Weise ums Leben kam und Calvin, nachdem das Ereignis offiziell (d. h. unter Beisein der Syndics, des Stadthauptmanns und der Pfarrer) beglaubigt worden war, die Sache auf die Kanzel brachte. Er vergißt auch nicht, in seinem Bericht an seinen Freund Viret den auf Wirkung berechneten Schluß seiner Predigt anzugeben: »Bis Euch die Hölle samt Euern Häusern verschlingt, glaubt Ihr nicht an Gott, der seine Hand ausreckt!«, allerdings mit der trüben Bemerkung, »ob's nur einer von Herzen glaubte, weiß ich nicht« [4]. Die unmittelbare Schärfe seiner Rede zeigt eine Wendung aus einer Predigt in

[1] a. a. O. I, 141.
[2] a. a. O. I, 210.
[3] a. a. O. I, 227.
[4] a. a. O. I, 258.

dem an sich schon unruhigen St. Gervais, die einige Folgen hatte; »mehr als 100 aus diesem Viertel sind schlimmer als die Tiere« — es war im März 1546 — waren da seine Worte [1]. Immerhin, ein Vergleich mit einem seiner Kollegen lehrt, daß man von Calvin doch wohl eher den Eindruck einer unerschütterlichen Sachlichkeit in der Verwerfung des Bösen als den des fanatischen Scheltens hatte. Als im Juli desselben Jahres eine wandernde Spielgruppe, nachdem die Prediger anfänglich ihr Mißfallen kundgegeben hatten, doch vom Rat die Erlaubnis zum Spiel bekommen hatte und daraufhin die Prediger ihren Einspruch aufgaben — Calvin sah ein, »daß man den Leuten nicht alle Ergötzlichkeiten verweigern kann« —, hat doch einer seiner Kollegen den Mund nicht halten können und sehr scharfe Worte gegen die Schauspieler gesagt. Man führt Klage gegen ihn. Als nun die Ankläger ihren Widersacher in Begleitung Calvins kommen sahen, wollten sie Calvin gern los haben und erklärten, »sie dächten zu ehrerbietig von mir [so schreibt Calvin an Farel], als daß sie mit mir streiten wollten« [2]. Man hatte also Empfinden für Unterschiede in der Schärfe des Tons. Und wenn wir daher gegen Ende dieses Zeitraums (März 1548) von einem Versuch hören, von Obrigkeits wegen die Predigtfreiheit in Genf zu beschränken [3], so wird man diese Stimmung mindestens nicht allein auf Calvins Tätigkeit zurückführen dürfen.

Dafür sind von den ganz wenigen [4] aus der Zeit bis 1549 uns erhaltenen Predigten zwei Kriegspredigten [5] aus den No-

1) E. Doumergue, S. Calvin, les hommes et les choses de son temps, vol. III p. 49 s.

2) Br. Schwarz I,248.

3) a. a. O. I,300.

4) Neben den zwei besprochenen gehören wohl die vier, von Calvin selbst redigiert, wohl auch gekürzt 1552 herausgegebenen Predigten in CR 36,377 ff. ebenfalls in diesen Zeitraum. Es liegen ihnen Texte aus Ps. 16, Ps. 27 und Hebr. 13 zugrunde, also Texte, von denen wir wissen (CR 49,71), daß sie bestimmt vor Ragueneaus offizieller Schreibertätigkeit behandelt worden sind; und was Calvin von der 1. der 4 Predigten ausdrücklich sagt (CR 36,373), daß sie einer wirklich gehaltenen, entstamme, gilt doch wohl für alle vier.

5) CR 60,455 ff.

vembertagen 1545 Zeuge; die Kürze der Sätze zeigt zwar deutlich, daß der Mitschreiber nicht alles fassen konnte, aber die Verkürzungen hindern nicht, daß wir uns ein Bild von diesen Predigten machen können. Sie mildern und verbessern den Eindruck der allzu starken Zeitpredigt, den man aus den Briefnotizen bekommen könnte. Sie sind in den Tagen gehalten, als Heinrich von Wolfenbüttel bei dem Versuch, sein Land wiederzugewinnen, mit dem Landgraf von Hessen und den sächsischen Fürsten zusammenstieß, geschlagen (am 21. Oktober) und gefangen wurde. Die eine Predigt liegt vor der Nachricht von der Schlacht, die zweite ist auf Calvins ausdrücklichen Wunsch eine Sieges- und Dankpredigt gewesen, zu der Haus für Haus von der Genfer Stadtpolizei geladen wurde [1]. Dieser ihrer besonderen Stellung wegen seien sie hier kurz besprochen.

Was zunächst den Ton angeht, so kann man sich davon einen Begriff machen, wenn man das in der zweiten Predigt über Heinrich und die Papisten Gesagte mit dem Schwall von Scheltgedichten vergleicht, der in jener Zeit über »Heinz« erging [2]; demgegenüber ist, was Calvin von der Zeitlage spricht [3], beinah ein objektives Referat, das er wohl einfach auf Grund der Kenntnis eines verlorenen Briefs Bucers über die Ereignisse [4] gibt. Vor allem aber ist der Ton der Bitte in der Not in der ersten und der Ton der Freude über den Sieg in der zweiten Predigt dem Hören auf den mindestens innerhalb der Psalmen gewählten Text untergeordnet. Das Schriftwort ist beidemal gleichsam dazu da, die unmittelbare Klage oder unmittelbare Freude so zu läutern, daß sie in das wahre Verhältnis des Menschen zu Gott hineinpassen. »Nicht uns, Herr, nicht uns, sondern deinem Namen gib Ehre«, damit bindet Calvin in der ersten Predigt das rein menschliche Ruhebedürfnis ab, verbietet jede Berufung auf eigene Würde, die eine Niederlage nicht verdiene, und gewinnt damit Raum für seine Art von Trost, der davon ausgeht, daß Gott sich wirklich den Bedrängten allen schon bekannt gemacht hat und darum

---

1) CR 49,364.

2) Vgl. Koldewey, Heinz von Wolfenbüttel 1883.

3) Neben den einleitenden, über die Ursache der besondern Ladung Bericht gebenden (CR 60,467) sind es nur noch wenige Sätze auf S. 478; von den Heinz angehängten Ehegemeinheiten weiß Calvin vielleicht nichts, jedenfalls schweigt er davon.

4) Wenn dieser Bericht im Punkt der Unterstützung Heinrichs durch Kaiser und Papst der Wirklichkeit auch nicht entsprach (vgl. Betzold, Geschichte der Reformation S. 659).

das volle Vertrauen zu seiner Macht ermöglicht. Und in einem zweiten Anlauf unterstreicht er noch kräftiger, daß nicht der Sieg, sondern das Unterliegen das Verdiente wäre im Blick auf den inneren Zustand aller mit dem Evangelium beschenkten Länder. Und nachdem er so Buße zu erwecken suchte, dringt er ernstlich auf den Beweis der Gemeinschaft in der einen Kirche: »Dürfen wir uns absondern? Dürfen wir denken: die sind weit von uns!? Nein, sie gehören zur Kirche und wir sind Glieder in ihr« [1], und er schließt auch hier mit der Berufung allein darauf, daß Gott wirklich mit Ernst eine Kirche will: »ich habe nur eine Kirche [spricht Gott gleichsam], wenn man die bedrängt, so bin ich der Betroffene, es handelt sich um die Ehre meines Namens« [2]. Unbedingte Siegeszuversicht ist das nicht, wohl aber die Zuversicht: »Es wird uns nichts gegen seinen Willen geschehen« [3]. — Im Grund auf denselben Ton läuft auch die zweite, die Dankpredigt hinaus. Zunächst freilich ist die unmittelbare Freude bemerkbar, indem Calvin die Bilder für die Entronnenen im 124. Psalm alle nacheinander aufleben läßt und kontrastierend dazu die vielen papistischen Unterdrückungsversuche überhaupt und die langen unterirdischen Vorbereitungen zu diesem Akt im besondern andeutet. Und doch liegt auch schon hierin ein Stück selbstloser Sachlichkeit, denn wie ein kalter Hauch schlägt ihm von seinen Genfern die Stimmung entgegen: so sehr viel geht uns das gar nicht an, »Voilà Allemaigne, qui s'entretue« [4]. Darum rechtfertigt und reinigt er seine Siegesfreude nun mit dem Hinweis, daß das Lob sich gehöre, wenn Gott etwas für uns tut: so haben's die frommen Juden gehalten, so halten's in falscher Vermengung mit den menschlichen Anliegen die Papisten, tun wirs also recht! Aber das letzte Wort behält auch hier der Rückgriff auf den 115. Psalm, den Text der ersten Predigt und — darin bewährt es sich, daß Calvin einzig daran lag, mit seiner Siegesfreude zu Gott zu führen — die Bitte für die Brüder in Frankreich. Es hat doch etwas ganz Großes an sich, daß dieser Mann mit vollem Herzen eine Dankpredigt für einen Sieg der weit entfernten Lutheraner halten konnte und man erst am Schluß in wenig Worten etwas erfährt von der Not seines eigenen Vaterlands; man sieht zugleich hinein in die Weite und Tiefe des kalvinischen Kirchengedankens.

Damit stehen wir nun an der Schwelle des in vollem Licht stehenden Zeitraums von 1549—1560 bzw. 1564. Ich gebe zunächst einfach eine den Jahren folgende Übersicht über Data und Texte der Predigtreihen, in eine linke Spalte die Sonntag-, in eine rechte die Wochenpredigten stellend; gestrichelte Linien

---

1) CR 60,461.
2) CR 60,462.
3) CR 60,466.
4) CR 60,468.

zwischen den Texten deuten an, daß die Predigtreihe regelmäßigen Fortgang nahm, fehlt die gestrichelte Linie, so habe ich Regelmäßigkeit nicht ermitteln können; stehen die Texte bei der ersten Spalte in der Mitte zwischen den Kopfwörtern »vormittags« und »nachmittags«, so sind die betreffenden biblischen Bücher in beiden Sonntagpredigten behandelt worden. Andere Abweichungen sind besonders bemerkt. Bei der Angabe der Data habe ich auch innerhalb der Reihen möglichst noch einige feste Zeitpunkte gegeben. Mit einem Stern (*) deute ich an, daß die betreffende(n) Predigt(en) in CR überliefert sind, mit zwei (**), daß sie noch ungedruckt in Genf liege(n); nicht so Bezeichnetes ist an beiden Orten nicht vorhanden.

	vormittags	nachmittags	Werktag vormittags
1549			
	Hebr. gegen Schluß	Psalmen *(Vgl. S. 9 Anm. 4)	
14. VI.			** Jer. 15,1 ff.
16. VIII.			** Jer. 18 Schluß [1]
25. VIII.	** Apgesch. 1,1 ff. [2]	Ps. 40 [3]	
1550			
			Jer. Schluß Klagelieder [4]
12. XI.			** Micha 1,1 ff. [5]
1551			
10. I.			** „ 7,10 [5]
11. I.	** Apgesch. 7 Schluß		

[1]) Nach dem in der Genfer Univ.-Bibliothek unter »Manuscrits français 16—40,5« liegenden Manuskriptband von Jer-Predigten; ich zitiere künftig einfach: »Manus. fr. 16—40,1, 4, 5 usw.«.

[2]) Dieses und das nächste Datum über die Apgesch-Predigten nach »Manus. fr. 16—40,10«.

[3]) Von den Ps-Predigten läßt sich kein restlos klares Bild gewinnen; Colladon sagt CR 49,71, Calvin habe um diese Zeit über die noch nicht gereimten Psalmen gepredigt; mit den gereimten können ja nur die Marot-psalmen gemeint sein, über die Calvin nach Colladon schon früher gepredigt hatte. Und die nächsten paar Notizen über Ps-predigten nennen auch wirklich (bis 14. VII. 1555) nur Texte, die der maßgebende Marotpsalter von 1543 nicht enthielt, so daß man annehmen kann, Calvin habe einfach der Reihe nach, vom 16. Ps. angefangen — denn das ist der erste der nicht von Marot gereimten den Psalter durch-

	vormittags	nachmittags	Werktag vormittags	
6. II			Zeph. 1,1 ff.	} 6 (Zeph. bis Daniel)
8. II.		Ps. 80,9 7**		
2. IV.			Hos. 1,1 ff.	
5. IX.			Joel 1,1 ff.	
28. X.			Am. 1,1 ff.	
1552				
5. II.			Obad. 1,1 ff.	
			Jon.	
			Nahum	
			Daniel	
18. VII.			„ 5,1 ff. [8]	(bis Daniel Schluß:*)
21. XI.			** { Hes. 1,1 ff. [9]	
27. XI.	Apgesch. 16,1 ff. [10]			
1553				
8. I.		* { Ps. 119,1 ff. } [11]		
13. IV.			Hes. 15 Schluß	
2. VII.		„ Schluß		
3. IX.		Apgesch. 20,17 ff. [12]	(Kap. 23)	
27. X.			** { Hes. 28,11–13	
12. XI.		** Ps. 147 [13]		
1554				
	Apgsch. Ende			
21. II.			Hes. 40 Schluß	

genommen; dann fallen die S. 9 Anm. 4 genannten Ps-predigten noch vor Ragueneaus Amtsantritt, aber wohl noch ins Jahr 1549. — Restlos klar wird das Bild von diesen Ps-predigten nicht, wir erhalten nie, wie doch bei den andern Predigtreihen, eine Nachricht, wann sie geschlossen haben, sondern nur die Kunde 1. daß es 1549 Abendpredigten waren, 2. (CR 49,76) daß die auf die Apgesch. folgenden Thessalon-predigten »tant du matin que du soir« gehalten wurden; ich setze daher von diesem Zeitpunkt an (vgl. auch S. 14 Anm. 16) bis VII. 1559 alle Sonntagpredigten in die Mitte, 3. von vereinzelten Ps-predigten innerhalb des ganzen Zeitraums bis 1560.

4) CR 49,72.

5) Manus. fr. 16—40,4.

6) CR 49,72, 75.

7) Manus. fr. 16—40,40a.

8) CR 69,320.

9) Alle Data über Hes nach Manus. fr. 16—40,8 und 9.

10) CR 76,581. 11) CR 60,452. 12) CR 49,78(!).

13) Manus. fr. 16—40,40a.

	vormittags	nachmittags	Werktag vormittags
26. II.			Hiob 1,1 ff.[14]
25. III.	1. Tess. 1,1 ff.[15]		*
	2. Tess. (1,6-10: *)		
16. IX.	* 1. Tim. 1,1 ff.[16]		
30. IX.		**Ps. 148[17]	
1555			Hiob Schluß
20. III.			Deuteron 1,1 ff.[18]
21. IV.	2. Tim. 1,1 ff.[19]		*
	Tit. 1,1 ff.		
14. VII.		**Ps. 149[20]	
20. X.	** 1. Kor. 1,1 ff.[21]		
1556			
14. VI.	1. Kor. 9 Schluß[22]		
15. VII.			Deuteron Schluß[23]
16. VII.	(10 + 11 *)		Jes. 1,1 ff.[24]
1557			
22. II.			** „ 13,1 ff. [25]
29. II.	2. Kor. 1,1 ff.[26]		
30. V.		**Ps. 65[27]	
4. VIII.			„ 30,1 ff.
14. XI.	* Gal. 1,1 ff.[28]		(38,9-22:*)
31. XII.			„ 42,1 ff.
1558			
15. V.	Eph. 1,1 ff.		
13. VI.			„ 51 Schluß
22. IX.			„ ? [29]

14) CR 49,76. 15) Ebda.

16) Ebda; obwohl Colladon für diese Predigten nicht angibt, ob sie vor- oder nachmittags gehalten sind oder nur jeweils eine an einem Sonntag, ist doch das erstere durch die beinah regelmäßigen Rückweise auf »ce matin« in den Predigtanfängen gesichert, und zwar für alle Predigtreihen des Sonntags von diesen bis zu den Eph-predigten; man erspare mir die Belege, die natürlich für einzelne Ausnahmen Raum lassen.

17) Manus. fr. 16—40,40a; indem ich diese und die nächsten Ps-predigten neben hinausstelle, deute ich an, daß ich nicht weiß, zu welcher Stunde sie gehalten wurden und ob sie vielleicht die Hauptreihe unterbrochen haben.

18) CR 49,79. 19) Ebda. 20) Manus. fr. 16—40,40a. 21) CR 49,79. 22) Manus. fr. 16—40,11. 23) CR 57,218. 24) CR 49,81. 25) Manus. fr. 16—40,2. 3. 4. 26) CR 49,82. 27) Manus. fr. 16—40,40a. 28) Für Gal. und Eph. CR 49,82.

29) CR 63,521; Kap. 53 ist da wohl schon mit inbegriffen; denn noch im gleichen Jahr gab Badius Predigten Calvins über Jes. 53 heraus (CR 63,585).

Vom September 1558 bis ungefähr Mai 1559 mußte Calvin seiner Krankheit wegen das Predigen aufgeben [1]

	vormittags	nachmittags	Werktag vormittags
1559			
26. III		**Matth. 28,$_{1}$ ff. [2]	
V.	Eph. Schluß		Jes.
VII.	* Evang.-Harm. Anfang [3]		
4. IX.			Gen. 1,$_{1}$ ff. [4]
1560			
4. II.	Ev.-H. Matth. 2,$_{3-8}$ [5]		14,$_{13}$-15,$_{7}$:*)
14. IV.		[6] Matth. 28,$_{1}$ ff. **	
19. V.		Ps. 46 ** :	
26. V.		Ps. 48 **	
1. VI.			Gen. 21 Schluß [7] (-22,$_{14}$:*)
2. VI.		Apgesch. 2**	
9. VI.		Ps. 48 Ende**	(25,$_{11}$ ff.) *
27. VII.			Gen. 27,$_{36}$ [8] *
XI.	Ev.-H. Matth. 5,$_{12}$ = Luk. 6,$_{26}$ [9]		
1561			
3. II.			* Richter 1,$_{1}$ ff. [10]
8. VIII.			1. Sam. 1,$_{1}$ ff. [10]
1562			
23. III.			[11] Matth. 26,$_{1}$ ff. **
28. III.			,, 27 Schluß **
23. V.			** 2. Sam. 1,$_{1}$ ff. [12]
1563			
3. II.			2. Sam. 24 Schluß [12]

1) CR 49,$_{87}$ und $_{89}$.

2) Manus. fr. 16—40,$_{40a}$, als Osterpredigt bezeichnet; betreffend die Tageszeit siehe S. 14 Anm. 17.

3) CR 49, $_{89}$; die 3 letzten der aus dieser Reihe gedruckten »65 Predigten« sind bestimmt an 3 verschiedenen Sonntagen gehalten (vgl. CR 74,$_{798.\ 808.\ 811}$); von den übrigen fiel daher wohl auch nur jeweils eine auf einen Sonntag; erzwungen wird dies dadurch, daß man nur so die rund 16 Monate mit 65 Predigten füllen kann.

4) CR 49,$_{89}$. 5) CR 74,$_{347}$.

6) Manus. fr. 16—40,$_{40a}$; die Predigten über Matth. 28 und Apgesch. 2 sind ausdrücklich als Oster- bzw. Pfingstpredigt bezeichnet.

7) CR 51,$_{631}$. 8) CR 86,$_{8}$.

9) Letzte der Anm. 3 genannten »65 Predigten« und letzte von Ragueneau geschriebene Predigt; bezüglich des Datum siehe S. 2 Amn. 1.

10) CR 49,$_{91}$. 11) Manus. fr. 16—40,$_{40b}$. 12) Manus. fr. 16—40,$_{1}$.

	vormittags	nachmittags	Werktag vormittags
II. 1564	⋮		1. Kön. [13]
	Ev.-Harm.		⋮
2. II.	⋮		1. Kön. gegen Ende [14]
6. II.	Ev.-Harm. [15]		

Es ist dieser Übersicht Einiges erläuternd hinzuzufügen. Sein normales Predigtmaß waren also Sonntags zwei, Werktags eine Predigt, mit der Einschränkung, daß er Werktags nur jede zweite Woche zu predigen hatte. Dies letztere zeigen die Deuteron-predigten in CR 53—57, Colladon [1] redet schon 1543 davon, und zwar im Ton der Selbstverständlichkeit. Was die Predigtzeiten angeht, so liegt, wie es scheint, die Nachmittagspredigt auf 3 Uhr fest [2], man hört nie anders; für die Frühpredigt gibt die Kirchenordnung nur die allgemeine Zeitangabe »bei Tagesanbruch« [3]; vielleicht eine Stunde später als die Wochentagpredigten. Auch diese sind nämlich den Jahreszeiten angepaßt gewesen und lagen von Ostern bis Michaelis (1. Oktober) früh 6 Uhr, sonst 7 Uhr [4].

An dieser Stelle darf wohl auch noch eingeschoben werden: Calvin predigt im Verhältnis zu seinen beiden Freunden Farel und Viret nicht lange, ich schätze 3/4 Stunden [5]; wenn Colladon

13) Vgl. CR 49,96.

14) CR 49,96; letzte Werktagpredigt; »gegen Ende« legt sich nahe im Blick auf die seit Beginn der 1. Kön-predigten verstrichene Zeit (vgl. die Zeiten der Hiob- und Deuteron-predigten); sodann nennt Beza's Katalog CR 49,48 unter den noch »nicht gedruckten« Predigten solche über das 1. Buch der Könige.

15) CR 49,96; letzte (Sonntag-)predigt Calvins.

1) CR 49,66. 2) Z. B. CR 49,468. 508.

3) CR 77,711 sagt Calvin in einer Sonntagpredigt, wohl spätestens Ende September 1556, sie seien jetzt »à huit heure« versammelt; selbst wenn damit schon die Winterzeit angegeben ist, ist es noch eine Stunde später als die Werktagpredigt; ich traue diesem Zeugnis Calvins mehr als der Angabe CR 49,704, wonach die Sonntag-frühpredigt — und gar noch in der Winterzeit — auf 5 Uhr fiele.

4) CR 49,568. 746; vgl. auch E. Doumergue, J. Calvin... III, S. 439 f.

5) Das darf man wohl aus der Mahnung an Farel, sich kürzer zu fassen (Br. Schwarz I,435), schließen; ebendahin führt ein rein äußerer Vergleich: von den in »Manus. fr. 16—40,40a« gesammelten Predigten füllen mehr als 20 Calvinpredigten 179, 5 Viretpredigten 59 Blatt.

sagt[1], » eine ganze Stunde«, so dürften dabei vielleicht doch Gebete und Psalmengesang mit inbegriffen sein; soviel man das beurteilen kann, wird er, wenn er nicht »courroucé« war, mäßig schnell gesprochen haben. Sodann hat sich Calvin auf seine Predigt vorbereitet, zwar nicht so, daß er sie niederschrieb, wohl aber so, daß er Bücher wälzte und sich ernsthaft überlegte, wie das im Text Stehende dem Volk zu bieten sei. Das nannte er »meditieren« und war ein Feind der eingegebenen Rede[2]; hatte er das getan, so durfte er das Übrige getrost seinem trefflichen Gedächtnis überlassen.

Die Übersicht legt nun weiter die Frage nahe, ob denn wirklich, wie es der oberflächliche Eindruck ist, so Jahr um Jahr ein Buch nach dem andern, Tag um Tag eine Versgruppe nach der andern durchgepredigt wurde, ohne irgendwelche Rücksicht auf Kirchenjahr, öffentliche und kirchliche Ereignisse. Um hierbei das rechte Urteil zu gewinnen, muß zunächst betont werden, daß die Hochschätzung des biblischen Worts das hervorstechendste Kennzeichen der Reformation war, und daß es bei ihrer Ehrfurcht vor diesem Wort ihr ernstestes Anliegen war, das Volk gründlich damit bekannt zu machen. Predigt an sich gab es ja auch schon vorher allerlei, aber unter dem mit der Reformation beherrschend werdenden Gesichtspunkt der Hinführung zur Bibel als der großen Lehrerin stand sie doch wohl nicht. Es ist daher bei Luther und Zwingli und Calvin gemeinsamer Tatbestand, daß sie die Bibelerklärung im Großen als ihre Aufgabe und die Predigt als das Mittel erkennen, und zwar sofort auch so, daß sie ganze Bücher durchpredigten[3].

---

1) CR 49,96.

2) CR 54,473 f.: ils ne daigneront user d'aucun moyen... C'est comme si ie montoye en chaire, et que ie ne daignasse point regarder au livre que ie me forgeasse une imagination frivole...: Et bien, quand ie viendray là, Dieu me donnera assez de quoy pour parler: et que ie ne daignasse lire ne penser à ce que ie doy mettre en avant, et que ie vinse ici sans avoir bien premedité comme il faut appliquer l'Escriture saincte à l'edification du peuple: et ie seroye un outrecuidé: et Dieu aussi me rendroit confus en mon audace; vgl. auch Br. Schwarz II,87; 95.

3) Für Luther WA IX, 321 ff.; für Zwingli Opera ed. Egli, Finsler, Köhler I,285.

Calvin ist hier durchaus nicht originell. Und auch bei den andern war das Neue nicht das, daß man überhaupt wieder an die fortlaufende Erklärung biblischer Bücher heranging, sondern das, daß die Schrifterklärung einmal aus einer vorübergehenden Vorstufe in der Laufbahn eines Dozenten zum theologischen Hauptgeschäft wurde und sodann überhaupt aus den Räumen der Universitäten heraustrat als das alle, Volk und Führer einigende große Anliegen. Ob nicht auch die besondere Art der Auslegungspredigt innerhalb dieser Gattung, die Predigt über Harmonien (Evangelienharmonie bei Calvin) einfach altem Universitätsbrauch folgt? Jedenfalls ist sich Calvin damit nicht neuartig vorgekommen und hat vor allem [1] Bucer als Vorgänger genannt; auch Osiander [2] hätte er nennen können (denn ob harmonisierend kommentiert oder gepredigt wird, spielt hier keine Rolle).

Aber nun haben sich ja in Luthers Kirche bald wieder die altkirchlichen Perikopen durchgesetzt, in der kalvinischen nicht. Dennoch wäre es falsch, darum in Calvins Predigt keinerlei Rücksicht auf das Kirchenjahr anzunehmen. Namentliche Bezugnahme auf Data des Kirchenjahrs ist zwar in der Tat so gut wie nicht zu finden; man kann einer Predigt zwar entnehmen, ob und daß das Abendmahl nächstens gefeiert wird [3], nicht aber, in welcher Zeit des Kirchenjahrs man stehe. Indessen die Notizen, die ich in der Übersicht unterm 26. III. 1559, 14. IV. und 2. VI. 1560 sowie 23.—28. III. 1562 geben konnte, zeigen, daß, wenn auch die fortlaufenden Reihen vielleicht nicht unterbrochen wurden [4], doch jedenfalls in besonde-

---

1) CR 74, VII.

2) S. E. Hirsch, Andreas Osiander 1919, S. 7 Anm. 1.

3) Z. B. CR 74,258. 462. 526. 668. 954.

4) Für die genannten Data läßt sich das kaum mehr entscheiden, da von den Predigten über die Evang.-Harmonie, mit denen wenigstens die vom 14. IV. und 2. VI. 1560 zusammenstoßen konnten, an sich schon nur je eine auf einen Sonntag fiel. Immerhin, während CR 74,462 (Predigt um die Osterzeit 1560) und 526 (Predigt um die Pfingstzeit 1560) Hinweise auf das am nächsten Sonntag zu feiernde Abendmahl stehen, fehlt in den je folgenden beiden Predigten jede Erinnerung an die Festtage, so daß man Unterbrechung vermuten möchte. Dafür, ob die

ren Predigten auf kirchliche Data Rücksicht genommen wurde. Dabei liegen die von mir gegebenen Data alle später als die Abschaffung sämtlicher Festtage, ausgenommen den Sonntag, durch den Genfer Rat am 16. XI. 1550 [1]. Praktisch bedeutet diese Abschaffung vor allem das, daß die Feiertage, die in die Woche fielen, nicht gefeiert wurden und keine Rückwirkung auf die Gebetstage am Mittwoch hatten. Wie wir unterm 26. III. 1559, 14. IV. 1560 und 2. VI. 1560 sahen, gab es noch ausgesprochene Oster- und Pfingstpredigten [2], und in der Tatsache der Predigten vom 23. III.—28. III. 1562 — es ist die Woche vor Ostern — sehen wir offenbar die Wirkung eines alten Ratsbefehls vom 21. III. 1544 [3], der den Predigern das Durchnehmen der Passionsgeschichte in dieser Woche zur Pflicht machte [4]. So haben also bestimmt Ostern, die ihm vorausgehende Woche und Pfingsten Berücksichtigung erfahren. — Sodann darf man noch zwei andere Punkte nennen, an denen deutlich wird, daß Calvin mit dieser Predigtordnung sich doch nicht den Blick für besondere Lagen und Notwendigkeiten trübte; und wenn bei dem bisher Erwähnten nicht ganz deutlich ist, wieweit er aktiv oder passiv dabei war, hier war er in allen uns bekannten Fällen der Treibende. Ich meine besondere Dank- oder Bittpredigten, wie es schon die beiden

---

Predigten vom 23.—28. III. 1562 die 2. Sam.-Reihe unterbrochen haben, fehlt mir auch solch geringer Anhaltspunkt noch; die Predigt vom 26. III. 1559 steht vollends ganz allein.

[1]) CR 49,471; es sei unterstrichen, daß der Rat das tat, zwar in Erinnerung an einen von Farel und Viret einst vor Calvins Ankunft in Genf eingeführten Brauch; Calvin »hätte kaum gewagt, das zu beschließen«, Br. Schwarz I,413 f.

[2]) Für eine derartige Pfingstpredigt haben wir auch CR 76,623 ff. zu halten; in die Reihe der Apgesch-predigten von 1549 paßt sie nicht: Pfingsten fiel 1549 in den Juni, die Apgesch.-reihe begann erst im August.

[3]) CR 49,332.

[4]) In diesem Sinn wird man wohl auch die 1558 erschienenen, sonst schwer zeitlich unterzubringenden 8 Predigten über die Passion in CR 74,833 ff. zu verstehen haben, zumal die 9., angeschlossene ausdrücklich als Osterpredigt bezeichnet ist. — Die Vermutung der Herausgeber des CR hinsichtlich der für sich stehenden Predigt über Luk. 2, 1 ff. in CR 74,955 ff., dies sei eine besondere Weihnachtspredigt, erhält in unserm Zusammenhang noch mehr Wahrscheinlichkeit.

von 1545 waren. Wenn in Deutschland die Pest [1], in Frankreich die Verfolgung wütet [2], wenn die Stadt Genf einer Gefahr entronnen ist [3], erscheint Calvin auf dem Rathaus und bittet um einen außerordentlichen Bettag oder eine Dankpredigt, mindestens aber um stärkeren Kirchenbesuch. Möglich, daß auch die Heraushebung des Mittwochs als allgemeinen Bettags seine Anregung ist [4]. Das mußte nicht bedeuten, daß die Texte andere waren als die der fortlaufenden Reihen, aber die Predigt wurde dadurch doch aus der gewöhnlichen Reihe herausgehoben. — Endlich darf man wohl als einen Beleg für die Offenheit seines Blicks auch für die städtischen Angelegenheiten noch die seine fortlaufenden Predigten nicht unterbrechenden kurzen Ansprachen erwähnen, die Calvin im Rat vor den Wahlen der Syndics [5], vor der Wahl der städtischen Mitglieder des Konsistoriums [6], ja zuletzt sogar vor der Wahl der führenden Polizeipersonen [7] hielt.

Endlich zeigt die Übersicht, daß von einer gesetzlichen Gleichordnung der beiden Testamente in Calvins Predigtpraxis keine Rede ist. Der Sonntag ist allein dem Neuen Testament gewidmet, dazu noch den Calvin besonders lieben Psalmen; das Alte Testament fällt in die Werktage. Und wüßten wir restlos über seine Predigttätigkeit Bescheid, so würde sich vielleicht noch bestätigen, was angesichts des vorhandenen Bestands nur begründete Vermutung sein kann, der dieser Bestand aber nicht widerspricht: auch aus den biblischen Büchern hat er ausgewählt. Tatsächlich hat er sich bei den Ps-predigten

---

1) CR 49,284 f.; vgl. besonders auch Br. Schwarz I,146.

2) CR 49,93. 3) CR 49,810.

4) Die betreffende Verfügung ist nämlich, ebenfalls noch auf die Pest Bezug nehmend, etwa 14 Tage später erlassen worden (CR 49,286; (11. XI. 1541)); Mittwoch und Sonntag sind dann die Tage geblieben, an denen sich Predigtbesuch unbedingt gehört, vgl. CR 49,653.

5) Erstmals in CR 49,347 (1545) erwähnt, später oft; CR 74,347 ist uns eine solche Ansprache erhalten.

6) Erstmals in CR 49,502 (1552) erwähnt; 1557 heißt diese Handlung schon die »Gewohnheit«; CR 74,361 f. zeigt, daß man auch die schon Gewählten in der Kirche noch mit einer Ansprache bedenken konnte.

7) Erstmals in CR 49,792 (1562) erwähnt; auch 1563 erwähnt dasselbe.

zunächst einfach an den von Marot gereimten Teil des Psalters gehalten. Und nicht jeder Stelle der Schrift hat er gleiche Aufmerksamkeit geschenkt; man sehe nur zu, wie er gegen Ende des Hiobbuchs, wo die langen Naturschilderungen stehen, große Textpartien zusammen behandelt hat. Das deutlichste Zeugnis für diese freie Stellung zur Schrift ist jedoch das, daß er die Hes-predigten mit Kap. 40 geschlossen hat, offenbar absichtlich die Kultuskapitel bis 48 weglassend [1].

Schon von außen gesehen also darf die Pflege der lectio continua nicht so verstanden werden, daß sie das einzige und ein starr gesetzlich gehandhabtes Mittel gewesen wäre, durch das Calvin religiös zum Volke sprach.

Um nun dies äußere Bild seiner Predigt abzurunden, soll noch kurz ihre Stellung im täglichen Leben des Genfers sowie ihr Verhältnis zur städtischen Gewalt besprochen werden [2]. — Die Notwendigkeit der Predigt stand ziemlich allgemein fest. Aber dadurch, daß sie täglich erklang, trat man zu ihr auch in ein Verhältnis wie zu etwas Alltäglichem, das Urteil wagte sich viel mehr an sie heran; es war auch, wie Cruvellier (a. a. O. S. 18) zeigt, durchaus möglich, z. B. 3 Jahre in der Mittwochpredigt zu fehlen. Andrerseits beweist der, dem sie wirklich etwas galt, dies nun auch dadurch, daß er nicht nur Mittwochs und Sonntags, sondern auch an den andern Tagen erschien. Und es hat Leute gegeben, die auch einige Entfernung nicht scheuten, um Calvins Predigt zu hören [3]; unter diese Treuen wird man auch den überwiegenden Teil der Fremden, besonders der Franzosen rechnen dürfen. Auf kurze Zeit nach Calvins Rückkehr 1541 mochte solche Begeisterung auch das ganze Volk bewegen; aber sie machte bei einem großen Teil der Bevölkerung bald einer kühleren kritischen Haltung Platz. Man ging hin als freier Genfer und hörte zu, durchaus nicht gewillt,

---

[1]) Manus. fr. 16—40,9.

[2]) Dieses zeitgeschichtliche Bild ist in Cruvellier's »La predication de Calvin« Montauban 1895, ausführlicher gezeichnet, jedoch ohne Benutzung von Calvins eignen Äußerungen.

[3]) Br. Schwarz I,420 (einige hochadlige Herren, die außerhalb Genfs auf dem Land wohnen).

sich alles und jedes sagen zu lassen [1]. Freilich, die Predigt war eine feste Stunde im Lauf des Tages, der Rat bestimmte seine Sitzungen nach diesem festen Punkte [2]. Aber trotz dieser offiziellen Gesichertheit und Geachtetheit der Predigt hat Calvin reichlich zu klagen; bald stört ihn Kindergeschrei [3], bald das Schießen der Arkebusiere und anderer Schützen, die, obwohl es um diese Zeit verboten ist, weiter spielen [4]; in der Kirche sitzen neben den Aufmerkenden solche, die schlafen [5]; von der Kanzel aus sieht er einmal eine Schar Spaziergänger herkommen und zur Kirchtür hereingaffen [6] — und sie sollten doch hier sitzen; auf dem Wege zur Kirche begegnen ihm Leute, die an der Kirche vorbei ausgerechnet jetzt zum Frühstück gehen [7]. Und wenn sie auch zur Predigt kommen, es ist bei vielen nicht Freude oder Bedürfnis, die sie die Arbeit unterbrechen läßt, sondern die Angst vor dem Skandal (Zitation vor's Konsistorium, Strafe durch die Polizei) [8]. Hoch gepriesen, als Muster empfohlen [9], auf manchen Kanzeln im brennenden Frankreich, wo nicht jederzeit ein Prediger da war, zur Stärkung der Gemeinden verlesen [10] auf der einen, gering geschätzt, gescholten, wenig besucht [11] auf der andern Seite — das ist die Gestalt der Predigt Calvins in jener Zeit.

Vom Verhältnis zur städtischen Gewalt rede ich darum noch ein kurzes Wort, damit an dieser einen von vielen Stellen deutlich werde, wieviel und wie wenig Freiheit und

---

1) Vgl. den Verweis S. 9 Anm. 1 sowie den Text zu Anm. 2 ebendort; außerdem CR 49,429. 503 (Klagen von Privatpersonen oder des Rats, wenn Calvin oder sonst ein Prediger sich in Zorn geredet hatte).

2) Vgl. E. Doumergue, a. a. O. vol. III p. 327.

3) CR 49,512. 4) CR 49,426. 5) CR 76,638.

6) CR 54,123. 7) CR 81,475/476.

8) CR 55,524; vgl. auch CR 56,59: Et bien, ils viendront. Quand? Aux iours commandez. Mais s'il n'y avoit commandement expres, il leur semble qu'ils n'y sont point tenus. Et il vaudroit mieux qu'ils n'y vinssent point du tout. Car ils ne font que polluer le temple de Dieu.

9) CR 63,587 (Vorrede von C. Badius).

10) CR 61,13 (Beza's Vorrede).

11) Noch 1561 und 1562 kommen Klagen, »es kümmert sich niemand um Predigtbesuch, wenn man nicht mit Auspeitschung kommt«. CR 49,754. 775.

Einfluß Calvin hier haben konnte. So wenig wie irgendein anderer Prediger konnte Calvin die Kanzel besteigen, ohne dem Rat den Eid geleistet zu haben, in dem er sich u. a. verpflichtet, »Ehre und Nutzen der Obrigkeit und der Stadt zu wahren und zu erhalten, nach Kräften das Volk in gutem Frieden und Einigkeit unter dem obrigkeitlichen Regiment zu erhalten und nie dem beizustimmen, was solchem zuwider ist«[1]. Was Wunders, wenn Calvin seinen Einfluß grundsätzlich nur in der Form des Vorschlags geltend machen kann! Von der Erlaubnis des Rats hängt es ab, wenn er einen Bußtag erreichen, eine Dankpredigt halten will[2], der Rat gibt aus eigener Macht Anordnung, es sollten bestimmte Predigten gehalten werden[3], der Rat verringert die Zahl der Predigten[4], von der Erlaubnis des Rats hängt es ab, wenn seine Predigten gedruckt werden sollen[5]. Man sieht, er hat die Macht in Händen; er konnte sie brauchen; er hat sie gebraucht, als er 1538 den Predigern die bernische kirchliche Sitte aufzwingen wollte und sie dann wegen Ungehorsams vertrieb[6]. Er konnte sie aber auch in den Dienst eines fremden Willens stellen, wenn dieser ihm Achtung abzugewinnen und das Verlangen nach dem »Vorankommen der Kirche Gottes«, welches eine Vorrede des Druckers C. Badius[7] lobend an ihm hervorhebt, in ihm zu wecken vermochte. Das war der einzige Weg, auf dem Calvin und seine Genossen ihren Einfluß geltend machen konnten. Auf diesem Wege hat es Calvin dann allerdings auch nicht verschmäht, die rauhe Hand des Staats um Hilfe zu bitten, obwohl er wußte, daß mit solchen Mitteln der Erfolg nur vorbereitet, nicht gesichert war[8]. Diese Einschränkung festhaltend, muß man es dann auch verstehen, wenn er sich um die Durchsetzung von Edikten bemüht, die auf den Predigtbesuch Zwang legen, und wenn er dann oft im Namen seiner Kollegen erscheint und um Betätigung dieses Zwanges bittet[9], der Stäupung (chastier)

---

1) CR 49,335. 2) Siehe S. 10 Anm. 1 und Br. Schwarz I,146.
3) CR 49,332; vgl. auch S. 533. 4) CR 49,763.
5) CR 63,587 wird ihm dafür gedankt. 6) CR 49,224 f.
7) Siehe S. 22 Anm. 9 und die vorletzte Anm.
8) Vgl. das Zitat S. 22 Anm. 8. 9) CR 49,653. 754. 775.

auf Fehlen wenigstens in der Sonntag- und Mittwochpredigt legt; so sind denn auch harmlosere Dinge aufzufassen, z. B. wenn Calvin die Polizei zur Verfügung erhält, damit sie Ordnung in die Kinderschar in der Kirche bringe und Durcheinander in der Platzordnung verhüte [1]. Fußend darauf, daß die Genfer Obrigkeit ja doch die Messe offiziell abgeschafft und die Reformation eingeführt hätte, konnte er daher mit leidenschaftlichem Eifer das Hauptkampf- und Lebensmittel der Reformation, die Predigt und ihren freien Lauf, verteidigen [2]; er hätte sich wohl eher noch einmal vertreiben lassen, ehe es preiszugeben.

2. Die Theorie der Predigt und ihr Aufbau.

Calvin hat einmal das Wort gesprochen: »Es ist ein geheiligter Name: Priester; und doch wäre es besser, am Galgen zu hängen, als päpstlicher Priester zu sein« (CR 82, 412). Man darf angesichts eines solchen Worts vermuten, daß es ihm in seinem Predigen nicht um Dinge geht, zu denen er eine abwartende Stellungnahme ertrüge. Er hat daher seine Predigt nicht nach dem geistigen Bedürfnis seiner Zuhörer bemessen; darnach, seine Zuhörer intellekt zu bilden, ihnen lediglich Unbekanntes zu sagen, strebte er nicht [3]. Der beste Beweis dafür ist vielleicht der, daß er sein geschichtliches Wissen, das ihm bei der Exegese so hilfreich war, nur sehr zurückhaltend auf die Kanzel brachte; einen Beifall in dieser intellektuellen Richtung hat er nicht gesucht und nicht geachtet [4]. Es ist ganz dieser Haltung entsprechend, daß er an der Schrift das Schöne, obwohl er es kannte, doch stets nur nebenbei nannte als ein Hinzugegebenes, das ihr Recht nicht begründet [5]. — Ebenso-

---

1) CR 49,512. 719. 2) Br. Schwarz I,300.

3) CR 79,783 nous ne venons point au sermon seulement pour ouir ce qui nous seroit incognu mais pour estre incitez à faire nostre devoir

4) Z. B. CR 81,348 Voilà une secte des Encratites d'un costé, et beaucoup d'autres, lesquelles il n'est ia besoin de nommer ici, car cela ne serviroit qu'à monstre et à parade.

5) CR 82,286 sainct Paul... pour monstrer que nous devons tenir l'Escriture saincte indubitable, ne dit pas, Moyse a esté un homme

wenig wie er den geistigen Wünschen seiner Hörer nachgab, wich er ihrer Leidenschaft. Wenn sie sich in Genf manchmal gegen das »Wettern« (tempester) wehrten, so hat Calvin darin zum geringsten Teil eine Taktfrage gesehen, und auf ihre Rede: »Ihr habt kein Recht, uns zu befehlen« geantwortet: »So hat also Gott kein Recht dazu; denn er hat uns bestellt mit dem Beding, daß wir sein Wort verkündigen« [1]. Ja auch für das religiöse Bedürfnis der Leute hat er sich nicht bestellt gefühlt; denn es ist wohl noch ein Unterschied, ob man sagt, wir sind gesandt zum Heil eurer Seelen, oder ob man das religiöse Bedürfnis stillt. Nach den Menschen ist sein Predigtbegriff nicht bemessen. Er ist es auch aus einem andern Grunde nicht: Calvin hat mit den andern Reformatoren gesagt, der Pfarrer gehöre in die Gemeinde hinein, sein Recht sei dem der andern gleich [2]; wie sollte er denn autoritativ zu ihr reden, gleichgültig, ob mit süßer oder harter Stimme?

Sie nannten sich in Genf »Diener an Gottes Wort«; darin wird sichtbar, was sie reden machte.: das Eigene des Predigers hat keine Bedeutung, er ist Verkünder des Worts. Gemeint ist das Wort der Schrift, oder wie Calvin das gern umschrieben, Gesetz, Propheten, Evangelium [3]. Schon damit ist aus dem Ganzen der Schrift Bestimmtes herausgehoben, große sachliche Gehalte; sie stehen über den einzelnen Schriftstellern. Und das Drängen auf einen großen Gehalt hin wurde noch dadurch unterstützt, daß Calvin in noch größerem Maße als Luther die Einheit der Bibel empfand und sie besonders zur Aufrechterhaltung des Alten Testaments auch immer mehr betonte. Er hat auch die lutherische Unterscheidung der biblischen Worte darnach, ob sie Gesetz oder Evangelium sind, zwar

---

excellent ... Isaie avoit une eloquence admirable: il n'allegue rien des hommes pour les faire valoir en leurs personnes: mais il dit qu'ils ont esté organes de l'Esprit de Dieu. [1]) CR 82,552.

[2]) CR 81,219 Nostre Seigneur a—il voulu que ie soye ici en chaire pour estre regardé? Mais il a voulu que ie soye comme une trompette, afin de recueillir à soy et en son obeissance le peuple qui est sien, et que ie soye du troupeau comme les autres.

[3]) Z. B. CR 69,481; 74,880; 82,295.

gelegentlich benutzen können [1], aber sie doch im ganzen zurücktreten lassen, wohl darum, weil seine exegetische Arbeitsweise, die auf das einzelne gespannt achtete, diese allgemeine Regel etwas zu künstlich empfand. Ob er nun damit das, was Luther wollte, die Heraushebung eines einheitlichen biblischen Gottesbildes zerstörte, wird sich zeigen, wenn wir beachten, daß auch jener sachliche Gehalt, den er mehr der Geschichte als der systematischen Ordnung nach benannte, nicht das letzte and tiefste Wort über den Gegenstand der Predigt ist. Wäre es so, so stünde Calvin in weit größerer Nähe zu Predigttheorien nachlutherischer Theologen, als es in Wirklichkeit der Fall ist, d. h. er näherte sich viel mehr der Abhandlung von Wahrheiten, die in der Schrift enthalten sind, von loci. Man hat aber schon zu seinen Lebzeiten empfunden [2], daß er von diesen Theorien geschieden war. Woher kam das? Doch wohl daher, daß er hinter dem sachlich gedanklichen Gehalt einen persönlichen Willen als das Treibende und den Ursprung jenes sachlichen Gehalts ansah. Ein äußeres Merkzeichen dafür ist es, wenn er, was im Schriftwort in referierender Weise gesagt ist, umübersetzt in persönliche Rede an uns [3], oder wenn er oftmals bemerkt, wie Gott hier in seiner Rede sich unserem Verständnis anpasse und stammle wie eine Amme zu einem Kind; er behandelt das Schriftwort als lebendige Rede von Person zu Person. Aber das ist nur Ausdruck dafür, daß ihm ein bestimmt geprägter persönlicher Wille dahinter stand. Es kommt für den Begriff der Predigt nun alles darauf an, daß wir die Art dieses persönlichen Hintergrunds des Worts recht erfassen und

---

[1]) Zwar nicht mit den Worten, aber dem Sinn nach CR $79,_{83}$: Quand l'Escriture nous parle du iugement de Dieu, elle dira bien que selon que chacun aura fait, il luy sera rendu... voilà l'ordre que tient l'Escriture... mais cependant elle n'exclud pas ce remede qui nous est donné en nostre Seigneur Jesus Christ. (Text ist Gal. $6._{2}$-$_{5}$, bes. V. 5).

[2]) Vgl. CR $63,_{587}$ (Badius) Ce ne sont point lieux communs tous maschez, ne sermons qu'il ait en sa manche pour les faire servir à tous passages de l'Escriture comme une forme à tous pieds: ains expositions vrayes, pures, nues et propres pour le texte qu'il ha a deduire (in einer Vorrede zu Calvinpredigten 1558).

[3]) Vgl. S. 32 Anm. 3.

verstehen, in welchem Sinn er Gott und Christus gegenwärtig heißt, wo sein Wort gegenwärtig ist. Da ist nun das erste, daß dieser Gott des Worts Gemeinschaft mit dem Menschen will; das erscheint ihm als die eigentliche Natur des Worts [1]. Aber dies nun nicht als ein Wartender, sondern als einer, der diese Gemeinschaft auch selber herstellt. Und weil Calvin vom Menschen urteilte, daß er diese Gemeinschaft, obwohl sie das Leben ist, nicht will, darum hat er in den Liebeswillen, der darin liegt, daß der unbedingt Überweltliche Beziehung zu den Menschen will, die Härte hineingedacht als das Mittel, das den Menschen unter Gott beugen und zu ihm bringen soll [2]. Gerade mit dem letzteren ist noch einmal deutlich unterstrichen, daß nicht der Mensch in der Lage ist, seinen Weg allein zu finden, daß er nie anders als unter Gottes mächtiger Hand stehend gedacht ist und sein Heil davon abhängt, wie Gott an ihm arbeitet. In diesem persönlichen mächtigen Willen zum Menschen scheint mir nun eine Klammer gegeben zu sein, die das Verschiedenartige, was Calvin in seinen Gedanken über Predigt und Prediger sagt, zusammenbindet.

Zunächst, wenn das Wort Gottes, mit dem die Predigt steht und fällt, solche Art hat, so wird klar, warum er die Predigt so hoch geschätzt hat. Sie ist ihm lebendige Rede Gottes, in ihr »waltet unser Herr Jesus Christ seines Hirtenamts« [3]; es ist in der Predigt, als wäre Gott gegenwärtig, gleich einem Fürst oder Richter, und der Prediger verkündete, was dieser sein Herr ihm aufgetragen hat [4]. Daher die schroffen Antworten auf die

1) CR 54,38: ... sa Parolle en sa nature? c'est de retirer afin qu'il [le povre monde] soit sauvé; CR 57,341: hanc esse verbi Dei vim propriam agnosco, ut salutem adferat; CR 69,331: le propre naturel de la parole de Dieu est de nous attirer à luy...

2) CR 81,560 il veut que sa Parole entre en nos ames et que nous en soyons touchez, qu'il y ait un examen fait, et comme une anatomie de toutes nos pensees et affections; CR 82,148 Souffrons que la charrue de sa parole passe par dessus nous, souffrons que les ronces et les espines, et les mauvaises herbes soyent arrachees de nous.

3) CR 79,415.

4) CR 82,146. Que nous enseignions comme si Dieu estoit ici present, comme si un secretaire parloit devant un Prince, ou devant ceux qui ont la iustice en main: car il est organe de celuy qui a la superiorité souveraine.

Einwürfe wegen eines harten Tons, die Calvin sofort als Empörung des Menschen gegen den fordernden Willen Gottes auffaßt. Er hat sich nicht gescheut, diese Einheit von Gott und der Verkündigung des Predigers deutlich auszusprechen: »All die, die unterrichten, können in Wahrheit feierlich bekennen, Jesus Christus spreche durch sie« [1]; er hielt es für »genügend«, daß ein Prediger den Geist Gottes habe.

Aber deutlicher wird vielleicht der Einfluß jenes Gottesgedankens auf den Predigtbegriff noch an einer andern Stelle. Es ist eine oft von ihm gebrauchte Wendung: wenn er in der Predigt lediglich Auslegungsarbeit triebe, so sei das ein zu kaltes, eindrucksloses Geschäft [2]. Man müsse das Erklärte erst anwenden und den Nutzen für die Gläubigen daraus herausziehen. Es wäre ja möglich, hieraus die Folgerung zu ziehen, Calvin habe eben doch auf diese Weise auch zugegeben, daß der Schrift die Gegenwartsnähe fehle, und er habe sie als Mittel zum Zweck benutzt, zum Zweck des seelischen Nutzens seiner Gemeinde. Das erste hätte er damit abgestritten, daß tatsächlich eben ein gegenwärtiger Gott in der Schrift und durch heiligen Geist im Prediger spreche; und gegen das Letztere steht die deutliche Erklärung Calvins, die Mangelhaftigkeit und Unvollkommenheit liege beim Menschen, nicht bei der Schrift, diese beuge sich vielmehr helfend zum Menschen herab und spreche deswegen ihre einfache derbe Sprache [3]. Der tiefste

---

1) CR 81,$_{7}$.

2) CR 77,$_{614}$: Si un homme... en chair expose seulement l'Escriture saincte, et qu'il n'ait point esgard à ce qui sera pour le profit de ceux auquels il parle... c'est une chose morte, il n'y a pas grande utilitè; CR 81,$_{416}$: deux choses requises, c'est que nous donnions intelligence bonne et saine de ce qui est requis pour le salut des fideles; et puis que nous adioustions quant et quant la vehemence, afin que la doctrine touche les coeurs plus au vif; CR 82,$_{550}$: Si on ne fait qu'exposer l'Escriture saincte, cela s'escoule, et n'en sommes point touchez au vif.

3) CR 79,$_{607}$: Si apres avoir ouy la doctrine de l'Evangile nous demeurons tousiours en nostre bestise, il *nous* faut imputer la faute... vgl. CR 81,$_{626}$: en l'Escriture il s'accommode à noste rudesse: Car si Dieu parloit selon sa maiesté... qui... pourroit rien mordre à son style?... CR 79,$_{852}$: de prime face quand on lit l'Evangile, on verra que Dieu se fait là comme une nourrice, et... que... il beguaye avec nous. Mais... ce n'est pas que sa doctrine ne surmonte tout sens humain...

Grund zu dieser Anschauung ist aber doch wohl der, daß er den Gott im Wort als einen auf den Menschen eindringenden Willen verstand und dieses Willentliche, Aufdringliche dadurch deutlich machen wollte, daß er es bei sachlicher Aufhellung nicht bewenden ließ, sondern, wie wir sehen, in Gottes Namen auf den Hörer eindrang. Weil ihm Gott nicht nur eine Wahrheit ist, die gilt, sondern eine, die den Menschen will, darum ist es für den Prediger nicht genug zu sagen: so ist es, sondern das mahnende, rufende Wort gehört dazu. Auch zeigt eine Betrachtung seiner Anwendungen, daß er mit ihnen den Geist des Texts nicht verlassen hat. Gerade daß er beides, Auslegung und Anwendung peinlich genau betrieben hat, die Exegese sogar in einem auffallend eingehenden Maße, zeigt doch wohl, daß er mit seiner Anwendung etwas wohl nur auf diese Weise herauszuholendes Neues im Text aufzeigen, d. h. dem Geist des Texts treu bleiben wollte. — Wenn er dies beides nicht so ineinanderzulegen vermochte, wie dies heute K. Fezer [1] will, wenn er sich eine nicht Stellung nehmende Exegese überhaupt vorstellen konnte und andererseits manchmal den Eindruck des Moralisierens macht, so möchte ich dazu bemerken: Das eine ist Nachklang des humanistischen Betriebs, der diese Stimmung der Urteilsenthaltung kannte, eine Haltung, die zum Teil auch in Calvins Senecakommentar Ausdruck findet; in seinen biblischen Kommentaren ist diese Stimmung dem Kern nach überwunden; in bezug auf das Zweite, das Moralisieren, dürfte klar geworden sein, daß dies von seinem Gottesgedanken her, der über die moralische Tugendforderung hinaus den Willen zur Gemeinschaft mit dem Menschen in sich hat [2], in eine bessere Beleuchtung rückt.

---

[1]) K. Fezer, Das Wort Gottes und die Predigt, Stuttgart. 1925; ohne seine Belehrung sind meine Worte über Calvins Predigt nicht denkbar.

[2]) CR 60,654: Si Dieu estoit là comme un Philosophe qui nous preschast que c'est des vertus, qui nous declairast: Il faut qu'on se gouverne ainsi: il y auroit une piteuse froidure: et d'autant que nous n'avons que contrarieté en nous contre la iustice de Dieu, il seroit impossible que nous ne fussions là faschez. . Mais . . le principale que Dieu nous declaire en sa parole, c'est, de protester combien il nous aime, de nous convier à soy, afin . . . que . . nous ayons la hardiesse de nous presenter à luy.

Auch die nähere Bestimmung jener anwendenden Predigtweise hängt am Gottesgedanken. Es ist nicht rein Erziehungsweisheit, wenn Calvin den Prediger oft als einen beschreibt, der mit zweierlei Stimmen ruft, einer strengen, herben und einer süßen Stimme [1]. Mit der einen führt er die Gelehrigen auf den rechten Weg, mit der andern treibt er sein Hirtenamt gegen die Wölfe. Es wäre jedoch verkehrt, damit die Gemeinde Calvins in zwei Gruppen geschieden zu sehen, die eine gerichtet, die andre gelockt und geleitet. Das so bezeichnete Amt betrifft jeden, den Prediger zuerst, und ebenso jeden, in den Gott schon etwas hineingelegt hat, gerade von der Kirche Gottes gilt es, daß sie Gottes Wort ständig an sich schaffen lassen soll [2]. Er hätte es niemals zugegeben, was einmal einer, der die Predigt nicht besuchte, als Entschuldigung vorgab: die Predigt ist für die Ungläubigen [3]. Für die Unvollkommenen, das hätte er zugegeben, aber die gibt es überall. So verstummen beide Stimmen, die süße und die strenge, nicht; denn sie meinen den ewigen Gott, der den Menschen nie in Ruhe läßt [4]. Aber was sind solche Merkmale des Predigers: Heilung der Kranken, Stärkung der Schwachen, Härte gegen Widerstrebende, Gericht — anderes als das Gegenbild zu dem Gottesgedanken, den

---

1) CR 81,265: Il faut que nous ayons double voix... une voix douce pour exhorter ceux qui se rendront dociles, et pour les guider au droit chemin: et... une autre voix pour crier contre les loups et les larrons, afin de les chasser du troupeau.

2) CR 82,550: Dieu veut que sa Parole serve, et qu'elle profite. Et comment sera-ce? Quand chacun sera admonesté de son devoir, qu'apres qu'on nous aura proposé quelle est la grace de Dieu envers nous, et les thresors de sa misericorde qu'il a desployez en nostre Seigneur Jesus Christ, qu'un chacun regarde à soy et que nous ne soyons point si ingrats d'ensevelir la memoire de nostre redemption. CR 74,574: quand nous venons à la predication... que chacun pense, Helas, Dieu a mis en moy quelque peu de bien... mais ce peu de bien là encores ne laisse pas d'estre plein d'ordures... Il faut donc que ie soye vanné et criblé.

3) CR 49,482.

4) Vgl. CR 82,307: on voit les meilleurs quelques fois qui diront, Et ie fais du mieux que ie puis: pour quoy... on me presse tant? Les ministres [die Prediger] voudroyent qu'on faist tousiours plus. Et c'est d'autant qu'ils sont procureurs de Dieu...

wir bezeichnet haben? Wie grundsätzlich fern diese Anschauung davon ist, den Prediger znm regierenden Erzieher zu machen sieht man schließlich am besten daran, daß gerade hier der Prädestinationsgedanke wirksam wird: der Prediger hat zu arbeiten, Evangelium an alle zu verkündigen, Gott um Erfolg seines Worts zu bitten, aber er schafft diesen Erfolg nicht im geringsten, muß vielmehr sehen, wie das eine Wort doppelte Wirkung hat, die einen anzieht, die andern abstößt [1].

Man darf wohl sagen, daß diese Predigtanschauung nicht denkbar ist ohne die reformatorische Beurteilung des Gottesverhältnisses; die ganze Predigt ruht darauf, daß Gott in Heiligkeit und Güte in ihr gegenwärtig ist. Soziale und kirchliche Zweckmäßigkeitserwägungen spielen in der entscheidenden Betrachtung keine Rolle; alles liegt daran, daß Prediger und Hörer in der Nähe dieses Gottes da sein dürfen.

Dann, in zweiter Linie, sind auch die praktischen Erwägungen Calvins wert, gekannt zu werden: das Studium der Schrift— denn aus ihr hörte Calvin jenen Gott —, die Achtsamkeit auf den Hörer, damit man ihn gewinne, die Aufmerksamkeit auf die Zeit und ihre Probleme, damit man mit Grund Gottes Wahrheit gegen sie setze. Man darf es an Calvin rühmen, daß er auf diese Dinge mit Ernst geachtet hat. Für das erste ist Zeuge seine exegetische Treue, die Weise, wie er Bild und gewöhnliche Ausdrücke vor seinen Hörern aufleben ließ [2], wie er sich nicht scheute, Schwierigkeiten [3] ihnen zu zeigen, wenn er auch dann

---

1) CR 54,37: Celuy qui est constitué pour annoncer la parolle de Dieu, ne sait pas quand il aura fait ce qui lui est commandé, si sa predication tournera au salut des auditeurs, ou à leur condamnation: mais travaillons cependant, et prions Dieu qu'il luy plaise donner vertu à sa parolle... que le povre monde soit retiré de la perdition à laquelle il tend.

2) Z. B. das »Säen auf den Geist« (Gal. 6,8 f.) in CR 79,93 ff. oder über den Sinn der Genealogien CR 58,74 oder über den Sinn von »reputer« bzw. »imputer« CR 51,691 oder über den Sinn der Handauflegung CR 57,224 f.

3) Z. B. CR 74,480: on pourroit ici [Luk. 2,50] faire une question: Comment Joseph et la Vierge Marie ont ignoré ce qui leur estoit dit, veu qu'auparavant Dieu leur avoit assez manifesté que Jesus Christ estoit le redempteur du monde? (D. F. Strauß!); CR 82,591 die schöne

die orthodoxe Lösung gab, wie er einfach durch sein Zitieren einen Schatz biblischer Sprüche [1] in die Herzen seiner Hörer hämmerte und sie mit alledem, selber aufmerksam lesend, zum Lesen der Schrift erzog. Für das zweite ist Zeuge die eindringliche, aber denkbar schlichte Sprache Calvins, der Gebrauch von Bildern [2] zur Klärung der Sachen, der Rückgriff auf die Redeweise der Leute, die Verwendung des Sprichworts, die reichlich und gern benutzte Umübersetzung erzählender Rede in direkte [3], die Möglichkeit des Scherzes [4] auf der einen und

---

Auskunft über die Sauberkeit des lukanischen Geschlechtsregisters: Sainct Luc en traitte tellement, que c'est comme en courant, afin qu'on ne s'y amuse pas trop, deutlicher noch CR 74,237; Widerspruch in Gottes Handeln Luk. 1,18 — Gen. 18,11 f.: CR 74,47; Verfasser von Deuteron Schluß und Jos. unbekannt, aber e i n e r: CR 57,217; über Jes. 7,14: CR 74,265 ff.

1) Als ihm besonders liebe Stellen sind mir dabei aufgefallen: Jak. 2,10 (für die Einheit des Gesetzes) CR 51,713; 54,493; 55,558; 56,354; 78,494, Jes. 2,3 (Gemeinschafts- und Kirchengedanke): CR 33,245; 56,242; 57,175; 74,301, Hab. 2,1 (zur Beschreibung des Glaubens): CR 54,293, 640; 60,657; 69,611, Matth. 11,28: CR 51,700; 54,197; 57,663, das Lied des Hiskia Jes. 38,9 ff.: CR 53,722; 54,478, 616 (Jes. ist überhaupt gern zitiert), Ps. 69,10: CR 60,691; 74,424. — Dabei ist mir sicher, da ich erst im Lauf der Lektüre hierauf achten lernte, noch vieles entgangen.

2) Vgl. hierfür das folgende Kapitel.

3) Z. B. CR 62,439: quand Dieu foudroye du ciel, ou qu'il tonne, ce sont autant de reproches qu'il nous fait: comme s'il disoit: Malheureuses creatures, ie vous ay logez au monde, ie vous ay donné la terre pour y habiter, et là ie vous ay rempli de tous biens: et quand i' ay esté si liberal envers vous pour me monstrer un Pere si benin et si pitoyable, vous ne me cognoissez point,... vous ne demandez qu'à obscurcir la clarté qui est devant vos yeux. Puis qu'ainsi est, il faut que... ie vous adiourne pour vous faire sentir qu'en despit de vos dents vous ne pouvez fuir ceste maiesté incomprehensible qui est en moi; CR 74,181: S'il [Abraham] estoit ici au milieu de nous et que nous vinssions prier et que nous voulussions qu'il nous addressast à Dieu,... que respondroit-il sinon: Et povres gens, que venez vous cercher en moy?... J'ay prins tout de la bonté infinie de Dieu, ie n'ay rien qui me soit propre. Irez vous cercher à boire en un rocher qui est tout sec, ou à manger en une pierre qui ne nous en peut donner?... Et si Dieu m' a fait quelque grace... Puisez, puisez donc en luy, et ne regardez en moy, sinon ce qu'il luy a pleu m'eslargir afin que vous appreniez de recourir à luy, car alors vous serez estimez mes enfans.., et par consequent heritiers de Dieu, quand vous

seine Anschauung vom Trösten[1] auf der andern Seite, dazu das, daß er lieber zwei- und dreimal etwas sagte, als daß er's unverstanden gelassen hätte. — Für das dritte ist Zeuge sein Eingehen auf diesen und jenen Brauch von Städten und Ländern, auf den Geschmack der Zeit, auf das allgemeine Lebensgefühl des Durchschnittsmenschen, sowie — was einen ziemlich breiten Raum einnimmt — die Auseinandersetzung mit dem Katholizismus und das stiller verlaufende Ringen mit der geistigen Macht der Antike.

Wir können dem Gesagten eine gewisse Stütze damit geben, daß wir uns am Beispiel den Aufbau einer Predigt vor Augen führen. Wenn es recht ist, was wir sagten, dann muß trotz aller Aufmerksamkeit auf das Einzelne doch ein einheitlicher Wille hinter einer Predigt stehen und diese Einheit auch in der Form sich ausprägen. Ich wähle dazu eine gewöhnliche Wochenpredigt mitten aus der Reihe der 1. Sam-predigten über 1. Sam 24, 21-25, 1, also eine reine Erzählung[2].

Nach einem kurzen Rückblick auf die letzte Predigt stellt Calvin die Person Sauls, wie es scheint, themaartig voran als ein Zeichen, wie Gott mit den Menschen handelt, daß er nämlich Verfolgern wider ihren Willen das Bekenntnis ihrer Bosheit abpressen und andrerseits schon fast verschollene Unschuld ans Licht bringen kann.

---

cercherez ses promesses par foy et que vous adhererez pleinement à luy. Ähnliche Beispiele CR 61,648; 70,44; 58,582.

4) CR 74,767: nostre Seigneur Jesus Christ n'a point voulu icy louer les vertus lesquelles ils eussent d'eux-mesmes. [»Donnersöhne« Mark 3,17]. Car Jacques et Jean à qui eussent-ils peu estre tonnerre? Car ils estoyent tousiours sur l'eau, et toute leur rhetorique a este de parler à de poissons, qui sont creatures muettes.

1) CR 62,5: nous sommes admonnestez quand nous voudrons consoler... de n'y point aller à la volee: comme il y en aura beaucoup qui n'auront iamais qu'une chanson, et ils ne regardent point à la personne à laquelle ils s'addressent... ebda 41: Il ne faut point qu'un homme pense estre iamais propre pour consoler ceux qui sont en trouble... sinon qu'il... se mette là comme en leur lieu... ceux qui sont les plus vaillans (ce semblera) pour consoler les povres gens qui sont en destresse, n'auront nulle pitié, s'ils vienent là avec une langue, une rhetorique excellente...

2) CR 58,515 ff.

Nun führt er im Anschluß an die Geschichte auf das erste hin, indem er die sonderbare Unruhe und Angst herausdreht, die Saul bewegt, einem Landstreicher wie David einen Schutzeid abzunehmen. Eben diese Unruhe scheint ihm Gottes Strafe zu sein. Aber er beschreibt nun Sauls Stimmung noch näher: in seinem Gewissen weiß er sogar von Davids Erwählung durch Gott (zum künftigen König) und doch wehrt er sich dagegen. Noch deutlicher: hätte man Saul gefragt, ob er gegen Gottes Ratschluß ankämpfen wolle, so hätte er's mit Schauder von sich gewiesen; und doch tut er's. In diesem Anstürmen gegen Gott, von dessen Willen man doch weiß, sieht Calvin nun das Teuflische. — Dieses geschichtliche Bild sieht er sofort auch als das der Gegenwart an und hört aus ihm heraus, daß der Mensch also das Zittern vor Gott nicht verlernen darf und den erkannten Gotteswillen mit ganzer Kraft ergreifen soll. Und um dieser Mahnung Nachdruck zu geben, zeichnet er nochmals das Bild solcher Menschen wie Saul, aber nun abgesehen vom textlichen Hintergrund, und zugleich bringt er einen neuen Akzent hinein: Sich selber und Gott erkennen diese Ungläubigen nicht, denn der heilige Geist fehlt ihnen, und trotzdem zwingt Gott sie zu beiden, aber es ist wie die Worte eines Betäubten; sie suchen es zu ersticken, hören auf kein Mahnwort, das an ihre Lage rührt. Die rechte Gotteserkenntnis aber entsteht freiwillig. Es kann jedoch sogar so sein, daß die Qual über die von Gott erzwungene Erkenntnis sie traurig macht, aber sie halten in diesem Leid nicht still, ihre Unruhe macht alles zunicht. — Dem stellt er nun das Bild des Glaubenden gegenüber, der selber mit Schwanken, Zweifel, Angst wohlbekannt doch an dem im Wort ihm gesagten Gotteswillen hangt, Gottes Hilfe auch wirklich erfährt und fortschreitend ihm näher kommt, und wenn er doch fallen sollte, hat er die Sünde nicht lieb, sondern verdammt sie. — Und jetzt erst, nachdem Geschichte und allgemeines Bild der Gegenwart gezeichnet sind, erfahren wir vom konkreten Ursprung solcher Gedanken: der Streit mit den Katholiken, wo besonders die erste von den beiden Wirklichkeiten zutag trat. — Er schließt diesen Abschnitt mit der Mahnung, in Gott zu ruhen und seinem offenbaren Willen zu fassen [1].

Nachdem er kurz noch einmal den Text eingeführt und das Gesagte in eine bündige Formel gefaßt hat (»Mit unzerreißbarem Band sind der Glaube an Gott und seine Wahrheit mit dem Gehorsam in allem, worin er uns erziehen will, verbunden«), betrachtet er dieselbe Sache nun von einer andern Seite. Der Text spricht von dem Vertrag Sauls mit David; so stellt er nun Glaubende und nicht Glaubende einander gegenüber hinsichtlich ihrer verschiedenen Art von Friedensverlangen und Friedensbesitz. Hier ein Frieden, bei dem man Gott nicht dabei haben will und der die leidenschaftliche Wut nicht bricht; dort glaubendes Hingehen zu

[1]) Dieser Abschnitt schließt a. a. O. 519: Et hactenus de ista cognitione dictum esto.

Gott, ohne Umschweif auf ihn alles Streben richten, Aufhören aller hartnäckigen Leidenschaft. Man kann nicht Frieden haben, wenn man dem Gott des Friedens widersteht. Nachdem er hieran ein mahnendes Wort geschlossen, fügt er einen weiteren Gedanken an: bei den Leuten falschen Friedensverlangens kann sogar dann und wann ein wirkliches Hören auf Gott stattfinden, aber es ist kein dauernder Ernst dahinter; eben ihn aber brauchen wir, um »in Wahrheit und Reinheit« Gott zu suchen. So verweilt er denn des längern bei dem anschaulichen Bild des Friedensmenschen David, indem er mit Benützung der Davidischen Psalmen einmal seine Geduld und Ergebenheit im Verhältnis zu seinem Dränger Saul hervorhebt, sodann, wie er trotz seinem Elend doch immer wieder Atempausen bekommt, die ihm Gottes Schutz zeigen und darum mehr wert sind als das gottverlassene Glück Sauls [1].

Das Folgende läßt nun erstmals einen noch tieferen Ton anklingen: die Anfechtung Davids — der Text von der Flucht nach Pharan bringt ihn darauf — von Gott gesandt, bedroht seine Zuversicht zu desselben Gottes Verheißung, daß er König werde und Israels Heil an ihm hange. Aber noch tritt dies nicht genug heraus, statt dessen gibt Calvin nun dem Trost in der äußeren Notlage die bestimmtere Form der Zuversicht zu Gottes Vorsehung, die sich wirklich um die Dinge in der Welt kümmert; so gewinnt er die neuen Akzente: das Unglück steht als Erziehung im Plan Gottes, die menschlichen Unglückbringer sind Gott völlig durchsichtig, dies alles wieder mit Worten aus den Davidischen Psalmen durchsetzt. Der bei David nur erst angeklungene Gesichtspunkt, in der Anfechtung steht Gott wider Gott, beherrscht nun ganz das zu Samuels Tod Gesagte: er ein Seher, besonderer Offenbarung gewürdigt, stirbt, ohne anderes als das Gegenteil des Verheißenen zu sehen. Calvin deutet hier schon an, Glaube habe ihn da überwinden lassen, und weist als auf Parallelen auf Lagen hin, in denen Gottes Kirche darnieder liegt. Dieselbe Sache malt er nun von David aus gesehen: David hat die größte Stütze seines Glaubens mit Samuel verloren (denn — sagt der große Calvin! — es ist uns mit einem Menschen, der uns hilft, »eine einzigartige Wohltat Gottes gewährt«). Aber Worte aus 2. Petr. (1,12-15) und Hebr. (13,7) heben als das Tröstende hierbei heraus, daß Gottes Wort über diesen vergänglichen Schicksalen stehe und geduldig warten unsre Pflicht sei, ja hierzu sei dann ein standhafter Tod wie der Samuels eine Stütze [2].

Der Schluß steht nun anhangsweise unter dem Gesichtspunkt, daß Gott diesem seinem Wort auch dann und wann äußerlich Geltung verschaffen könne, indem er z. B. hier Samuels Tod vom ganzen Volk

[1]) Dieser Abschnitt schließt a. a. O. 522: ...omnes tentationes fortiter superare.

[2]) Dieser Abschnitt schließt a. a. O. 526: ...afflictiones quibus urgebatur lenitae sint.

feierlich betrauert werden läßt, was Saul zum Trotz ein Ja zu Samuels Verheißungen bedeutet. Und mit dem Blick auf Sauls und Davids Stimmung angesichts dieses Begräbnisses wendet sich der Schluß zum Anfang zurück: »So pflegt Gott seinem Wort Ansehen und Würde zu verschaffen, den Ungläubigen zur Bestürzung, den Gläubigen zur Belehrung«. —

Ich habe durch die Abschnitte schon angedeutet, wo ich die Absätze in dieser Predigt sehe. Es läßt sich in ihr, wie mir scheint, eine gewisse Entwicklung bemerken. Im ersten Teil liegt der Hauptton auf der Weise, wie Gott die ihm Widerstrebenden doch an sich bindet; im zweiten darauf, wie der mit solchen Verkehrende innerlich friedvoll bleiben und seinerseits sogar die Gemeinschaft suchen kann; im dritten, wo hinter dem menschlichen Ungluck Gott als der Anfechtende erscheint, tritt das Trauen auf ihn, seine Vorsehung und sein Wort ganz deutlich heraus; und der Schluß erscheint wie das Siegel Gottes in jener Geschichte auf solches Trauen. Freilich, meine Trennungen sind nicht in dieser Schärfe von Calvin herausgehoben, er folgte in der Tat zunächst den Versen des Texts; aber — soviel muß doch durch die Analyse klar geworden sein — es ist kein loses Aneinanderreihen, sondern ein inneres Wachsen. Das Verhältnis von Text und Predigtentwicklung ist richtig bestimmt, wenn man es sich etwa so denkt: die Textteile sind ihm wie Stufen auf eine Plattform hinauf: je weiter er hinaufsteigt, desto mehr wird sein Blick frei und klar; und doch ist es immer das eine Land, das seinem Blick nacheinander ersteht. Daher kommt es, daß man die Scheidelinien in der Fortbewegung der Gedanken nicht so deutlich sehen kann. Es ist nicht so, als ob von der Ruhe in Gott nicht schon im ersten Teil die Rede wäre, als ob nicht auch im dritten Teil der Trost über das Unglück im Äußern nachklänge, nicht so, daß er das Wort als die Stütze des Bedrängten nicht in allen drei Teilen hervorhöbe und empföhle — es ist ein ständiges Neuansetzen zur Verdeutlichung der einen Sache, ein Schritt zurück, zwei Schritt vorwärts. Und wenn man auch einen Teil dieser Methode auf Kosten davon setzen wollte, daß Calvin frei sprach, so wird, obwohl man diese Art mit ebensoviel Recht pädagogisch von Calvin gemeint heißen könnte, doch mindestens für die Meditation Calvins deutlich, wie ihm eins im andern lag und daraus hervorwuchs. Es ist also doch wohl wahr, daß ihm die Predigt nicht in die Erklärung einzelner Verse auseinandergebrochen ist, sondern eins mit dem andern innerlich verbunden und der Rückgriff auf den Anfang am Schluß der Predigt nicht bloß Formsache, sondern Ausdruck dieser Bindung ist; ein kleines äußeres Zeichen dieses Willens zu einem Gesamteindruck sind auch die zwei oder drei Sätze, die Calvin jeweils frei in das mit Or nous nous prosternons devant la maiesté de nostre bon Dieu beginnende Gebet nach der Predigt einfügte [1].

Und wenn man nach dem Grund dieser Form fragt, so wird man ihn doch eben im Inhaltlichen suchen dürfen: was ihm als Aufgabe aus der Einsicht in einen Text entgegenwuchs, war: — man darf es schon so ausdrücken, wie Fezer gerne tut — das Handeln des einen Gottes in mancherlei Weise an mancherlei Menschen zu zeigen. Eben dahin weist auch das andre: er spricht in seiner Predigt dauernd von Verhältnissen von Person zu Person, von Wille zu Wille. Hier, im inneren Leben der Menschen fallen ihm die Entscheidungen, auf sie achtet er in Schrift und Geschichte. Was sind die Stichworte, Gottes Willen erkennen, Frieden suchen und stiften, Anfechtung erfahren und überwinden, trauen, warten, geduldig sein anders als Tätigkeiten persönlichen Lebens, auf die es ihm also allein ankommt? Gerade die Behandlung des zweiten Teils des Texts, des Berichts von Samuels Tod, macht dies deutlich: die Begebenheit selbst streift er nur kurz, dagegen, was ihr in Samuels Seele voraufging, und was sie in Saul und David innerlich wirkte, darauf geht er ein, und dies kann er dann zugleich in das Ganze der Predigt einordnen, die man ja etwa überschreiben könnte: Wie Gott auf die Menschen drückt und sie so an sich bindet zum Guten oder zum Bösen, oder kürzer: Heil und Fluch der Angefochtenen.

Ein Wort noch zu den exegetischen Erwägungen in der Predigt. Calvin bekam wohl, von Texten wie Matth 26—28,

---

[1]) Unverständlicherweise läßt CR diese Sätze in den allermeisten Predigtreihen weg.

Apgesch 2, vielleicht auch Luk 2 abgesehen, schwerlich einen Text mehrmals in die Hand (zur Behandlung auf der Kanzel vor dem Volk). Da es ihm nun darum zu tun war, die Leute die Bibel lesen zu lehren, war es nicht vermeidbar, je an seinem Ort rein Wort- oder Sacherklärendes anzumerken. Aber dies ist doch, wo es nicht zum »Thema« hinführt, durchaus in der Stimmung der Anmerkung gesagt. Ein Beispiel dafür in unsrer Predigt ist die Bemerkung zum Begräbnis Samuels, die ich in der Analyse weggelassen habe: er fügt den an solcher Stelle immer wiederkehrenden Hinweis auf die symbolische Bedeutung des Grabs bei, daß nämlich solche Bewahrung des Leibes auf ein andres ewiges Leben hinweise. Aber er verweilt nicht dabei und hebt statt dessen, wie gezeigt, die Beziehung dieses Ereignisses zum Thema heraus.

Wenn man nun solches von einer gewöhnlichen Wochenpredigt, dazu über einen Text, in dem erst der Aufmerkende Einheit sehen kann, behaupten darf, so gilt das natürlich noch mehr für Sonntagspredigten und Texte, die eine gewisse eigene Komposition von vornherein erfordern. Ein besonders schönes Beispiel dafür ist die Predigt über Matth 5, $_{1-4}$ (= Luk 6, $_{20}$)[1]; man mag an ihr auf den Gedanken kommen, daß es Calvin nicht gegen die Natur gegangen wäre, Rhetor zu werden. Um nicht zu wiederholen, muß ich mir die Analyse dieser Predigt versagen. Nur einen Zug aus ihr möchte ich nicht unerwähnt lassen, weil an ihm die Gewolltheit unverkennbar ist: daß die Selig-sätze die Gegenwart und jeden Einzelnen meinen, bringt Calvin dadurch fein heraus, daß er die direkt redende Lukparallele (Selig seid ihr usw.) einführt und dann mit direkter Rede Jesu schließt (denselben Kunstgriff wendet er auch in der nächsten Predigt über die Seligpreisungen an).

Wenn man also auch Calvins Predigt in ihrer dem Text nachgehenden Art Homilie heißen kann; so ist doch ein über die Homilie hinausgehender einheitlicher Zug in ihr, und gerade das letztere Calvins persönliche Eigenart.

---

[1]) CR 74, $_{771}$ ff., sie steht übersetzt in „Monatsschrift für Pastoraltheologie" hrsgeg. von R. Frick Nov.-Dez. 1930.

3. (Anhang zu 2) Die Bilder in der Predigt Calvins.

Überblickt man die Menge der Bilder und bildhaften Redensarten bei Calvin, so fällt auf, daß er nicht allen Möglichkeiten bildhafter Rede gleich empfänglich gegenübersteht. Man sucht z. B. bei ihm vergeblich nach der poetischen Benutzung der menschlichen Liebe, so fehlt auch die Kehrseite davon in Luthers »armem Hürlein«; um noch einen andern Unterschied zu Luther anzudeuten, die doch wohl vorhandene eigenartige Liebe Luthers zum mathematischen Bild [1] kennt Calvin nicht. Ziemlich vergeblich wird man auch nach in die Predigt eingelegter Erzählung suchen. Überhaupt das Verweilen beim Bild und seine Ausmalung ist nicht seine Art; die dienende untergeordnete Art der bildhaften Rede wird hieran deutlich. Selbstverständlich war dies nicht; die antike Rede [2] mit ihrem Beifallsbedürfnis und dem ihm entsprechenden Zierat hat ihn nicht so gelehrt. Auch die Symbolik, die in einen Tatbestand ihm fremde Momente hineinlegt, fehlt fast völlig bei ihm; das einzige Beispiel [3] dieser Art, das mir aufgefallen ist, ist die Deutung der am Kreuz ausgespannten Arme Jesu und seiner offenen Seite, darauf, daß Christus ein offenes Herz für uns habe und alle zu sich einlade. — Aber auch von den von ihm benutzten Bildern läßt sich sofort eines sagen, sie verraten nicht nur gegenüber dem Mittelalter, sondern auch etwa Augustin gegenüber einen bestimmten Geschmack, dem das Schwülstige, Übertriebene fremd ist. Wenn man nun bedenkt, in welch großem Maße das Unnatürliche, ja Alberne mittelalterlicher und altkirchlicher Geschmacksverirrungen mit der Einführung der Allegorie in Auslegung und Predigt zusammenhangen und andrerseits, wie völlig diese Welt der Allegorie für Calvin versunken ist, so möchte man eben in diesem Nein [4] einen der

---

[1]) Luther, Bonner Stud-ausgabe I, 57,24 ff.; III, 443,14 ff. und Umgebung; Zeitschrift für syst. Theologie, 6. Jahrgang 1928 S. 138 ed. Hirsch sowie Holl, Ges. Aufs. I, 35[1].

[2]) Vgl. Ed. Norden, Antike Kunstprosa 1898 Bd. I.

[3]) CR 63,635; 74,494; ist das wirklich Calvin selber? vgl. Bernhard: Sermones in Cant. 61,4.

[4]) CR 58,223/224: Hic. si quis allegorias quaesiverit... ridicule fecerit

Gründe sehen, die ihn vor albernen Bildern bewahrt haben. Stärker als dies Negative hat aber ohne Zweifel das Positive seiner eignen der Affektiertheit fremden Persönlichkeit sowie die Sprache der Bibel gewirkt; beides hat Natürlichkeit in seine bildhafte Sprache hineingebracht. Einleuchtende Kraft können diese Erwägungen jedoch erst aus der konkreten Anschauung gewinnen.

Da stehen nun der Menge ihrer Verwendung nach voran Worte und Redensarten, die dem militärischen und gerichtlichen Leben entnommen sind. Bezeichnungen wie lieutenant, chef, capitaine, porte-enseigne, officier, prince, gendarme, vassal, archier, haquebutier für Christus, den Prediger oder die Glaubenden sind geläufig; die Predigt das Königszepter in Gottes Kirche, die Erkenntnis Gottes eine Burg, in die der Teufel Bresche legen möchte, Krieg unter der Fahne Christi, die Standarte in die Hand nehmen, Waffenstillstand schließen

et de sacrae scripturae autoritate tantundem detraxerit. Neque enim ita ludendum est in sacris, quae cum simplicitate et reverentia sunt explicanda [Es handelt sich um die augustinische (MSL$38,_{198}$) Allegorie zu 1. Sam. $17,_{40}$]; vgl. auch CR $55,_{279}$ und $_{567}$; $56,_{297}$; $81,_{245}$. Auch einem Nachklang der augustinischen (MSL $38,_{41}$ f.) Allegorie zu Gen. $27,_{14}$ ff. spürt man doch die Bedenklichkeit Calvins an, es bleibt schließlich aufgrund der Gewißheit, die Calvin allerdings fest in sich trug, daß das Alte Testament auf das Neue zu sei, bei einem in bezug auf das Einzelne möglichst zurückhaltenden Vergleich: CR $86,_{173}$ f.: en ce qui est contenu en Moise nous pouvons avoir une figure qui ne sera point mal convenable. C'est combien qu' Isaac ait esté trompé, et qu' Esau ne fust point là, que Jacob à fausses enseignes ait obtenu sa benediction, toutesfois encores avons-nous ici comme une image de la benediction qui nous est donnee de Deu... il faut que nous soions revestus de la robbe de nostre Seigneur Jesus Christ. Car qu'apportons-nous, sinon toute souillure et pollution? Nous sommes tous confits en iniquité; il faut donques que nous soions comme puans à Dieu: mais quand nous sommes revestus de l'obeissance de son Fils unique, voilà une bonne odeur, enquoy nous lui sommes agreables... il n'est pas question de trouver ici tout semblabe. Si on disoit qu' Esau ne resemble point à Jesus Christ: il est vray: mai aussi en comparaison, il ne faut pas que toutes les piéces se raportent: c'est assez qu'en partie en voye quelque convenance: comme... la venue de n. S. J. C. sera comme un larron. Et que desrobera-il? C'est une chose sotte, de penser cela: ...c'est assez que nous voions que ceux qui s'endorment en ce monde seront surprins soudainement.

wollen mit den Empörern gegen Christus, Gott, der gleichsam die Trompete bläst, die Zerstreuten sammelt und sie mit fliegenden Fahnen in die Heimat kehren läßt, Gedanken und Leidenschaften ein gegen Gott zu Feld ziehendes Heer, das Glück ein in fürstlicher Vollmacht gegebenes Lehen —, das sind nicht gar seltene Wendungen. Aber auch darüber hinaus bietet ihm das Leben der Zucht und Ordnung Vergleichsmöglichkeiten: »Wenn wir mit dem Bogen geradwegs in die Höhe schießen, der Pfeil fliegt nicht bis zu Gott hinauf, er muß vielmehr auf uns zurückfallen und uns selber durchbohren«[1] oder »Wollte man mit dem Bogen, der Armbrust oder der Feuerwaffe schießen, und es wäre kein Ziel da, ein jeder schösse irgendwo ins Blaue hinein, was sollte dabei herauskommen? Aber so tun alle die, die sich nicht an unsern Herrn Jesus Christ wenden«[2]. Oder von den ängstlich bei jeder Speise Bedenklichen, ob sie wohl erlaubt sei: »Wohin kämen wir damit! wir wären dauernd skrupulös; jedes Stückchen Speise, das wir herunterschlucken, müßte uns in Rechnung gesetzt werden, als wär's ein Schwert, Gott zu durchbohren.«[3] Oder: »Ihr kämpft gegen mich [spricht Gott], wenn ihr einander zu schädigen trachtet, denn ich habe euch mein Bild aufgeprägt. Wenn man eines Fürsten Wappen auch nur verletzt, so ist die Untat schon so groß, daß man sie straft wie Mord. Hier aber handelt es sich um [noch viel Größeres, nämlich] Gottes Bild, das den Menschen aufgeprägt ist.«[4] — Frägt man sich, woher es wohl kommt, daß Calvin gerade diese Redeweise so liebte, so springt der schon genannte Gesichtspunkt der Zucht und Ordnung in die Augen: das unbedingte Unterstellt-sein unter einen Herrn, der Pflicht und Glück gibt und stets der führende bleibt. Und gerade das letztere, daß Gott der gegenwärtige Regierer ist, birgt vielleicht noch einen andern Grund in sich: vor diesem Herrn liegt alles klar, da ist kein Geheimnis, alles spielt sich in hellster Öffentlichkeit ab wie eine offene Feldschlacht oder das städtische Schützenfest in Genf. An sich legt das Innerliche der Religion diese so sachliche, beinah unpersönliche Rede-

---

1) CR 74,398. 2) CR 79,570. 3) CR 77,604. 4) CR 54,325.

weise nicht nahe; sie wird dann verständlich, wenn auch vom religiösen Leben in seiner menschlichen Art der Schleier gezogen wird und die Menschen »vor Gott« sind. Calvin hat dabei für das Geheimnis in der Religion doch Platz gefunden, aber nun an vielleicht charakteristischer Stelle. Es liegt nun nicht mehr in der unzugänglichen Verborgenheit menschlichen Innenlebens, sondern in der Herrenmacht Gottes, der seine Untergebenen immer überragt und ihnen so diesen sachlichen, von der jeweiligen persönlichen Eigenart gelösten Zug gibt, wie ihn ein Fähnrich, Vasall usw. haben.

Reich, überreich ist auch der Schatz juristischer Ausdrücke und Bilder. Mehr noch als bei den militärischen Wendungen liegt ja hierzu freilich ein Antrieb in der Sprache der Bibel, genauer: der jüdischen Religion, die das Verhältnis der Menschen zu Gott und zueinander unter die Rechtsnorm stellt. Wenn daher bei Calvin von Siegel, Unterschrift, Pfand, von zitieren, einschreiben, unterzeichnen die Rede ist, so wird man das gewiß nicht nur auf Calvins eigenes, sondern ebensosehr auf das Konto der biblischen Sprache setzen müssen. Aber Calvin gebraucht die Bilder aus dem rechtlichen Leben doch auch weit über das von der Bibel ihm Gegebene hinaus. Ich gebe Beispiele: Wenn es nach den Menschen ginge, »so müßte alles vor ihr Büro kommen, wie man sagt; sie machen sich kein Gewissen daraus, alles von Gott Geschaffene nachzuprüfen«[1]. In erlaubten Dingen soll uns die Bescheidenheit »gleichsam ein Zügel sein, als hätten wir einen Vormund an ihr«[2]. — »Wenn einer irgendwo vereidigter Notar ist, so müssen die Schriftstücke, die er annimmt, für glaubwürdig gelten. Wenn nun die Obrigkeit, die nur ein kleines Fünklein von Gottes Majestät besitzt, solches [d. h. einen Menschen mit solcher Vollmacht begaben] kann und dies eine gute und (im Regiment) bewährte Ordnung ist, so bitt' ich euch, wenn Gott Menschen in solcher Eigenschaft schickt und sie als seine Zeugen gehalten wissen will, tut man da Geschöpfen [und nicht vielmehr Gott] Unrecht, wenn wir ihre Botschaft verwerfen?«[3] Sobald sodann Calvin

---

1) CR 77,634 f. 2) CR 81,203. 3) a. a. O. 181.

von Erwählung oder Sakrament spricht, kehren beinah mit Regelmäßigkeit bestimmte Bilder wieder, die Entgegensetzung von Urschrift und beglaubigter Abschrift, von (anschließend an Röm 4, 11) Siegel und Besiegeltem. Für beides gebe ich je eine der Stellen wieder. »So wie das Original oder die Urschrift der Abschrift oder einem andern Schriftstück, das aus ihm erhoben ist, nichts abbricht, ja vielmehr dessen Bekräftigung ist, und wie man sich nicht um die Beischaffung der Urschrift bemüht, wenn man die glaubwürdige Abschrift besitzt, so müssen wir auch unsrer Erwählung sicher sein. . . . Nicht daß wir die Urschrift Gottes und sein eigenes Register durchblättern müßten, als wäre da irgendein Zweifel, wir haben ja die unfehlbare Abschrift [nämlich die Offenbarung oder die Schrift oder Christus]: was wollen wir mehr?!«[1] Entsprechend verwendet er das Siegelbild für die Geisterfahrung: »Wie wenn man ein wenig Wachs auf ein Siegel aufträgt und die Gestalt des Siegels trotzdem ganz und unverändert bleibt, aber das Wachs seine Figur und sein Bild bekommt, ebenso [ist's], wenn unser Herr durch seinen heiligen Geist die Furcht vor ihm und einen Gehorsam, wie ihn Kinder ihm schulden, uns einprägt — da ist es auch, als setzte er das Siegel seiner Erwählung hin und zeigte uns so, daß er uns wahrhaftig zu Söhnen angenommen hat . . ., weil wir das Pfand seiner freien Annahme besitzen, nämlich seinen heiligen Geist.«[2] Dasselbe Bild erfährt eine kleine Verschiebung, wenn Calvin vom Wert der Sakramente und ihrer Verbundenheit mit dem Wort spricht: »Wenn einer ein Siegel abtrennte [vom Schriftstück] oder einer solch Siegel auf ein leeres Blatt Papier drückte, wozu wäre dies nutz? . . . Aber wenn ein Siegel einem Schriftstück oder einer Urkunde angeheftet ist, so macht es sie glaubwürdig. So . . . mit der Taufe . . ., wenn die Lehre des Evangeliums (nicht) mit ihr verbunden ist.«[3] Ja, er hat die Sprache des Rechts sogar benutzt, um die freie Tätigkeit der Liebe, die ungerufen in der Not hilft, zu verdeutlichen: »Laßt uns nicht warten, bis man:

---

1) CR 82,57; vgl. 81,152; 79,281; 70,127 ff. 2) CR 86,75.
3) CR 74,584; vgl. 79,393; 752.

Hungersnot! schreit, auch nicht, bis man uns nötigt oder beschämt, sondern jeder denke: . . . »Gott stellt mir dies [Elend] vor Augen . . . das genügt: denn es ist, als zitierte er mich und stellte mir hier seine Einnehmer und Anwälte vor, die seine Einkünfte eintreiben sollen.« [1] — Sucht man nach der Geistesart, die hinter diesen Bildern steht, so erscheint angesichts des behandelten Gebrauchs solcher Rede als ihr Haupterfolg und darum auch wohl als ihr verborgener Grund dies, eine falsche Unmittelbarkeit des Verkehrs mit Gott durch zwischen Gott und Mensch gestellte Instanzen zu verhindern. So ist doch der Vergleich des Predigers mit dem beauftragten Beamten zu verstehen, so auch das Abschneiden der in Gottes Innerstes dringen wollenden Frage: »Bin ich prädestiniert?« mit dem Hinweis auf die glaubwürdige Kopie des göttlichen Willens. Man kann und darf nicht in Gott selber hinein; wenn sich Calvin gegen die Einungsmystik verschließen wollte, so war ihm gewiß diese rechtliche Redeweise ein naheliegendes Mittel dazu. Eigenartig ist, daß die so in seinen Bildern steckende Betonung der unerreichbaren Jenseitigkeit Gottes ihn der Welt nicht entfremdete, daß vielmehr diese Jenseitigkeit aus dem geschichtlichen Geschehen herauszuwachsen scheint; denn darauf laufen doch die Bilder hinaus, daß die Abschrift wirklich die Meinung der Urschrift, das Gesiegelte wirklich der Gehalt des Siegels ist. Wohl weil er so das Ernstnehmen des Geschehens in der Welt bildhaft aussprach, konnte er sogar die innerliche Berührung von Gott und Mensch, die Geisterfahrung, mit diesen Bildern beschreiben, ohne damit das ewige Gegenüber von Gott und Mensch aufzugeben, wie es etwa im letzten Zitat erscheint, wo in der selbsttätigen Liebe noch das Pflichtmäßige herausgehoben ist.

Ich gehe über zu den reichlich benutzten Bildern, die ihm die Natur darbot. Es fehlt auch hier wie sonst alles Gesuchte, Künstliche, es fehlt das lange Verweilen beim Bild. Hier haben nun hauptsächlich zwei große Dinge immer wieder seinen Blick gefesselt: die S o n n e auf der einen, die Unruhe des Meers oder

---

1) CR 79,641.

das stille Fließen einer Quelle auf der andern Seite. Offensichtlich ist das Bild der Sonne der Liebling seiner Vergleiche: zu den mannigfaltigsten Gedanken bot es sich ihm als aufhellend an. Christus die Sonne der Gerechtigkeit, die Sonne des göttlichen Worts sind gewöhnliche Wendungen. Des nähern ist für ihn ihre blendende Helle [1], ihre belebende Kraft, ihre nie in ihren Wirkungen sich erschöpfende Majestät, ihr unermüdliches Schaffen das Auffallende. Ich gebe Belege: »Wenn unser Auge die Klarheit der Sonne nicht ertragen kann, ich bitt' euch, wie sollte dann unser Geist die unendliche Majestät in Gott ertragen?« [2] und in Weiterführung dessen: »So wie die Augenleidenden den Glanz der Sonne nicht ertragen können, deren Strahlen sie wie Stacheln stechen, so ist es mit den Ungläubigen, deren Gewissen in Verderben und Fäulnis erstickt . . . so daß es sie nicht rührt, wenn man sie einmal tadelt, ja ihnen gleichsam ins lebendige Fleisch brennt« [3]. »Wenn wir die Klarheit der Sonne lieb haben, weil wir ohne sie nicht leben können; wenn wir das Brot und alles, was uns nährt, lieb haben: dann wollen wir doch auch die Ordnung des Rechts lieb haben [d. h. den Staat].« [4] »Wie der Lichtstrahl seine Klarheit über alle Welt breitet, so sind die Engel die Strahlen von Gottes Ruhm, da wir ihn durch sie erkennen.« [5] — »Wenn auch dichte dunkle Wolken da sind, die Sonne hört doch nicht auf mit Leuchten; freilich, ihre Klarheit dringt nicht bis zu uns . . . aber die Sonne bleibt doch stets in ihrer Kraft (ihrem Wesen) . . .; nun, Gott

[1]) Diese Seite des Sonnenbilds klingt auch mit in den Bildern vom Spiegel, in dem man etwas klar sieht oder der aufhellenden Lampe. Z. B. CR 80,230: [an Himmel und Erde] Dieu nous revele comme en un miroir sa maieste et sa gloire, et n'y a celuy qui ne soit convaincu de cela...; 79,105: il a imprimé son image en nous... nous avons une nature commune... cela nous doit inciter à subvenir les uns les autres... il faut que nous contemplions comme en un miroir nostre face en celuy qui sera poure, ... et fust il le plus estrange du monde. — CR 81,168: nous ne pouvons pas prier Dieu que l'Evangile ne precede, car c'est la lampe pour nous esclairer...; 79,537: la ville de Geneve devroit estre comme une lampe ardente pour esclairer ceux qui sont encores eslongnez de l'Evangile.

[2]) CR 81,155. [3]) CR 58,517. [4]) CR 55,410. [5]) CR 81,524

ist [noch] über der Sonne.«[1] Ähnlich: »Sicherlich ist die Sonne das Hellste und Klarste. Wer sollte denn den nicht närrisch heißen, der sagt, sie sei dunkel, weil sie ihn blendet?«[2] Gern hat er den Vergleich auch verwendet, um die Einheit im Mannigfaltigen anzudeuten: »Wenn wir sagen, die Sonne ist heiß, so leuchtet sie doch auch; und doch ist das Leuchten nicht ihre Hitze. So auch, wenn ... wir durch Vergebung der Sünden gerechtfertigt sind, so soll das nicht heißen, Jesus Christ dulde es nun, daß man sich über ihn belustige oder ihn verachte.«[3] Dem katholischen Einwand: »Wir sind gerechtfertigt durch Tod und Leiden unsres Herrn Jesus Christ, also nicht allein durch den Glauben« setzt er entgegen: Das ist, »als sagte einer, wir werden erwärmt durch die Wärme, also nicht durch die Sonne; wir stehen im Licht durch die Helle, aber nicht durch die Sonne«[4]. Ein wenig anders wendet er das Bild gegen die Anschauung von Gott im Brot und den Verdacht, er gebe Gott die Allmacht nicht hinsichtlich des Sakraments: »Wir sagen, wenn auch unser Herr Jesus Christ im Himmel bleibt, so belebt er uns doch [auch so]. Und seht doch (et de faict), die Sonne, die hoch da droben leuchtet, um uns Kraft und Helle zu geben, muß sie etwa zu uns heruntersteigen, um ihres Amts zu walten?«[5] Auch der Wechsel von Tag und Nacht dient nur ihrem Ruhm, darauf achtend hält er den Verächtern des Alten Testaments mit ihrem Consummatum est entgegen: »Wenn auch die Sonne mit ihrer Klarheit alle Finsternis verjagt, es ist doch nicht unnütz, während des Tags an die Nacht zu denken ..., gäbe es solchen Wandel nicht, wir hätten nicht Gelegenheit, so vom Staunen hingerissen zu werden zu Gottes Verherrlichung.«[6] Eine ganz andre und doch wohl wirklich poetische Seite gewinnt das Bild in den beiden folgenden Zitaten, in denen freilich die Sonne nur insofern noch Gleichnis und Bild ist, als Calvin durch ihre Wirklichkeit hindurch Willen und Wort des Schöpfers hört: »Wenn die Sonne aufgeht, so ist das mehr, als wenn Gott in ein Horn stieße;

1) CR 70,107. 2) CR 58,107. 3) CR 78,438. 4) CR 63,672.
5) CR 74,98. 6) CR 55,280.

denn sie stellt uns ins Licht, damit nun ein jeder an seine Arbeit gehe; ... [das ist so geordnet,] um uns zu zeigen, daß man sich an irgendein Werk machen muß Gott und unsern Nächsten zu Dienst.«[1] Und welches Leben gewinnen doch die Worte Hiob 38,12—14, wenn Calvin sie so umschreibt: »Wenn die Sonne [über der Erde] zu scheinen beginnt, so ist's als hätte man einen Erdklumpen zu Töpfen genommen, sie gebildet und schön geschmückt. Nun ist der Erdklumpen geformt, der zuvor keine Gestalt hatte. So wenn Gott die Tageshelle schickt, da ist's, als bildete er die Erde und gäbe ihr Schöne, damit wir sie bewundernd betrachten; so bekleidet er sie, die zuvor nackt war ... wenigstens für unsern Blick.«[2]

Ich habe die Haupttypen der Abwandlung des Sonnenbilds verzeichnet; man sieht auch hier hinein in die geistige Eigenart Calvins. Der Gebrauch des Bilds und die Liebe zu ihm beweisen, daß das Erhabene, Machtvolle[3], Unausweichliche Grundzüge in seinem Gottesbild sind. Und diese Grundzüge sind ihm durch das christliche Bewußtsein der Nähe Gottes nie verwischt worden; daß Gott nie ganz eingeht ins Weltliche und Menschliche, das galt, wie die Verwendung des Bilds im Abendmahlsstreit zeigt, auch im christlichen Bereich. Andrerseits ist ihm gerade dies Überweltliche, Machtvolle, Ewige trostreich gewesen; so wie Kierkegaard in Gottes Unveränderlichkeit »doch auch eine Beruhigung und Seligkeit«[4] gefunden

1) CR 62,378. 2) CR 63,382.

3) Manchmal, aber im Vergleich zum Sonnenbild viel seltener, dient ihm zur Betonung dieser Seite auch das Bild des unveränderlichen Felsgesteins, CR 58,109: Deus est nimium dura rupes: ante cuius conspectum ipsi montes instar nirvs colliquescunt: quare licet totis viribus homines adversus eum conspirarint, quid aliud in ipsius conspectu futuri sunt quam aquae gutta ad magnum incendium?, so wird CR 54,88 die religiöse Größe Mose damit bezeichnet, daß er ein »rocher« ist. — Meist aber dient dies Bild der Verdeutlichung menschlicher Härte und Unempfindlichkeit: CR 58,670: multi solent admirabilem nescio quam fortitudinem dicere, si nullis minis terreantur... duriores Marpesia caute... Sed saxisne aut truncis honori dabitur si neque lugeant neque mali quidquam apprehendant?; vgl. CR 56,83; 57,451; 74,779.

4) »Angriff auf die Christenheit« hrsg. von Dorner und Schrempf, Sttgt. 1898 S. 629.

hat, so ist Calvin die Gewißheit des ewig gleichen Wesens Gottes ein Trost, wenn das Geschehen in der Welt den Gottesgedanken verdunkeln will. Die nächste Wirkung, die er von solchem Gottesgedanken erwartet, ist, wie er auch selbst sagt, das Staunen und Bewundern des Menschen, das Gefühl dafür also, daß das Große und Gute nicht in uns ist, sondern über uns steht. Er hat deshalb manchmal auch den Sonnenvergleich als ungenügend empfunden und gelegentlich [1] betont, daß Gottes Herrlichkeit die der Sonne hoch überragt. — Wenn jedoch das Gefühl des Fremden, Unerreichbaren so fest in seinem Gottesgedanken saß, so macht doch gerade diese Bilderrede deutlich, daß sein Begriff von Macht nicht der ganz gewöhnliche war, nach dem sie an sich keine Beziehung zu dem bedeutet, der unter ihr steht. Ist das Staunen noch ohne den Schöpfergedanken möglich, so ist dieser dann gefordert, wenn Calvin sagt: Diese Macht gibt uns das Leben, ihre Wärme und Helle sind uns nötig. So färbt die Bedeutung, die der Sonne an sich zukommt — sie ist das Licht und der Lichtträger zugleich im Dienst der göttlichen Liebe zum Menschen [2] — auch ab auf die Sätze, in denen sie nur zum Vergleich dient. Und erst von hier aus wird es auch voll verständlich, wenn für ihn Tröstendes im Gedanken an diese Macht liegen konnte. — Endlich konnte Calvin mit diesem Bild deutlich sagen: Gott ist einer, er zerfällt nicht in seine Wirkungen.

Dient die Sonne Calvin fast ausschließlich zur vergleichenden Verdeutlichung göttlicher Art, so machen die meisten andern Bilder aus dem Bereich der Natur das menschliche Wesen hell. Das Meer in seiner Unendlichkeit ist ihm das Bild für das Elend menschlichen Lebens, seine Wogen [3], die ewig beweglich sind und einander überstürzen, sind ein Gleichnis

---

1) CR $60,_{458}$; $76,_{615}$; $79,_{319}$; $70,_{107}$. 2) CR $54,_{158}$.

3) CR $61,_{735}$: quand il y aura une tempeste voilà l'eau qui sera esmeue..., les vagues se viendront ruer l'une contre l'autre, et se rompent. Ainsi... un homme qui ne sera point assisté de Dieu, n'aura point seulement *une* passion...; $74,_{776}$: quand nous avons tous nos souhaits, ..certain nos cupiditez se desbordent: ce sont comme les escumes d'une mer: il n'y a rien qui les puisse retenir.

der ewigen Unrast menschlicher Leidenschaften, oder überhaupt des Treibens der Welt, wenn diese Fluten den Himmel auch nicht überspülen [1]; die Tiefe des Meers ist ein Bild für die allein Gott durchdringliche noch unergründlichere Tiefe des Menschenherzens [2]. Man fühlt sich unwillkürlich erinnert an die uralte Anschauung vom Meer als der gottfeindlichen Macht; ein richtig bewunderndes Wort für die Herrlichkeit des Meers, wie Calvin es für die Schönheit der Sonne sagen konnte, findet sich denn auch nicht. Dagegen dient es reichlich dazu, die Unsicherheit menschlichen Daseins zu verdeutlichen: Kein schwankendes Schiff auf dem Meer ist mehr hin und her geworfen als der Mensch in seinem Innern; oder um die Gefahr allen Besitzes zu beschreiben, bei arm und reich, malt er das Schwankende solchen Guts [3]; überhaupt der ganze Lebenslauf des Menschen gleicht der Fahrt auf unsicherm Meer, stets mit einem Fuß im Grab [4]. Kraft und Freude gibt nicht der Anblick des Meers, sondern der Blick auf den rettenden Hafen [5]; wenn

---

1) CR 70,129: les flots, les vagues, les tempestes et les tourbillons de ce monde ne viendront point iusques au ciel, pour barbouiller ce registre de Dieu...

2) CR 76,603: On ietteroit bien un anchre au fons de la mer, mais il n'y a que Dieu qui pouisse sonder nostre coeur.

3) CR 61,35/36: comme si quelqu'un estoit en une petite nacelle, et en une riviere petite: et bien... il pourra chanceler... il pourra heurter contre quelque arbre, contre un bord de la riviere, mais il n'est pas en tel danger comme celui qui est en quelque navire au milieu de la mer, là où les vagues, et les tempestes sont beaucoup plus impetuenses. Ainsi est-il des povres et des riches: car estans en ce monde... nous nageons, et pouvons estre agitez de tempestes,... mais les povres sont comme en un petit ruisseau, et les riches comme au milieu de la mer.

4) CR 81,106: Nous sommes ici comme en une mer... et nous n'avons nulle fermeté: nous sommes comme ceux qui sont en un basteau, ils sont tousiours à demi pied près de leur mort, et le basteau est comme un sepulchre, d'autant qu'ils voyent l'eau tout à l'entour, qui est preste de les engloutir...

5) CR 82,337: les nautonniers quand ils approchent du rivage, combien qu'ils fussent lassez auparavant... ils se resiouissent au seul regard du port...: Or sus, dedans deux ou trois heures nous avons à nous reposer toute à nostre aise... que devons-*nous* faire quand nous approchons de nostre but...? ;78,669: nos coeurs doivent là courir

man seiner ansichtig wird, da kommt gleichsam Wind in die Segel des menschlichen Lebensschiffs, sodaß es schneller dahin fährt, dem erkannten Ziel zu. Es wäre doch wohl auch denkbar gewesen, daß die Unendlichkeit des Meers ihm denselben Eindruck der Macht gegeben hätte wie die Erhabenheit der Sonne, es wäre doch auch denkbar gewesen — und ohne Beispiel ist es nicht: »ich will, anstatt an mich zu denken, ins Meer der Liebe mich versenken« (Tersteegen) —, daß ihm die Höhe frommen Lebens als ein Versinken im Meer göttlichen Wesens erschienen wäre. Aber Calvin hat soviel ich sehe nie, auch wo er von seiner Art Mystik spricht, so geredet. Es ist dies eine der Stellen, wo sich einem die Meinung aufdrängt, er habe wie seine Sprache überhaupt [1] so auch seine Bildersprache in die Zucht seiner Gedanken über Gott und Mensch genommen. Denn, was unsern Fall angeht, es schlägt einem aus Calvins Frommsein zweifellos eine Stimmung entgegen, die man, mit dem Sonnenbild vergleichend, so ausdrücken kann: ihm schien da mehr Religion zu sein, wo Gott als ein blendendes, verzehrendes, aber auch belebendes Licht angesehen wird als da, wo seine Unendlichkeit ein uns verschlingendes Meer ist. — Dieser Verwendung des Meerbilds steht gegenüber der immer wiederkehrende Vergleich von Gottes Art mit einer nie versiegenden Quelle [2], aus der Tugend, Heil und Leben fließt. Neben der Freude an der Reinheit und Frische dieses Stücks Natur macht sich auch hier wohl theologischer Einfluß bemerkbar: es liegt der Verweis auf etwas Letztes, Ursprüngliches in diesem Vergleich. Er kann das Bild daher auch ganz entsprechend jenem rechtlichen von Urschrift und beglaubigter

viste, comme si un navire estoit poussé du voile, quand nous sçavons que Dieu nous veut estre propice...

[1]) Ich denke an seine Worte auf dem Totenbett CR 37,893: Quant à ma doctrine, i'ay enseigné fidellement, et Dieu m'a faict la grace d'escripre ce que i'ay faict le plus fidellement qu'il ma esté possible.. et quand ieusse bien peu amener des sens subtils, si ie me fusse estudié à subtilité, i'ay mis tout cela soubs le pied et me suis tousiours estudié à simplicité!

[2]) CR 51,736: Dieu... ne se lasse iamais, et c'est une fontaine qui ne se peut tarir; 77,797; 78,672; 81,319: le Dieu vivant, la fontaine de vie.

Abschrift so wenden: Der ist wahnsinnig, der das Wasser nicht trinkt, weil er den im Erdreich verborgenen Ort, wo die Quelle ist, nicht kennt [1]; so sind ihm Glück und Segen Kanal, aber Letztes sind sie nicht; auf die Quelle muß man zurückgehen, d. h. auf Gottes Huld [2]. Daß er für Jesus Christus [3] beide Bilder verwenden kann (canal oder fontaine), mag wie eine Andeutung seiner Doppelstellung klingen. Endlich, wenn ihm das Meer einen zureichenden Vergleich für das Leben eines frommen Menschen nicht abgab, eine kleine, nie stolz und wild schäumende, aber stets ein bischen Wasser gebende Quelle schien ihm ein gutes Bild für die stille Stetigkeit eines bescheidenen christlichen Charakters [4] zu sein. Das Bestimmte, Klare,

1) CR 79,561: [Fortsetzung des im Text gegebenen] quand il y aura de beaux canaux qui rendront l'eau vive en abondance, on viendra là puiser...: ainsi nostre Seigneur a voulu que sa parole nous fust ici exposee quand il a institué les hommes pour organes de son Esprit.

2) CR 57,191: la benediction de Dieu est un tesmoignage et un effect de sa faveur et de sa bonté et... amour gratuite qu'il nous porte. Or ceste amour gratuite de Dieu est comme la fontaine... sa benediction... est comme le canal.

3) CR 81,194: que nous recourions à nostre Seigneur Jesus Christ qui est la fontaine de toute pureté, comme c'est là aussi qu'il nous faut chercher tout bien; ebda 557: appuyer du tout sur nostre Seigneur Jesus Christ, cognoissans qu'il nous est donné pour fontaine de vie et de salut. — 79,256: les biens de Dieu ne pourroyent parvenir iusques à nous, sinon que Jesus Christ en fust comme le canal....

4) Da die Stelle uns wohl gut in Calvins Herz sehen läßt, möchte ich sie ganz wiedergeben: CR 61,311: Le principale en un homme, c'est qu'il ait une fermeté égale... il vaut beaucoup mieux que nous soyons comme une petite fontaine... que d'estre de grands torrents pour dessecher par fois. Il y pourra avoir une fontaine... il n'y a qu'un petit trou, à grand peine en pourra-on tirer un pot d'eau: toutesfois la fontaine demeure tousiours, on s'en sert, elle a son usage, elle ne tarit point... Voilà un homme qui sera paisible, et ne fera pas grand bruit, il travaille, ce sera quelque homme mechanique, qui ne sera point de grande reputation: mais... il n'a point de reproches en sa vie, il travaille fidelement, et en se remettant à Dieu, il se contente du peu qu'il a: si Dieu lui a donné des enfans, il les nourrit, il est en bon exemple, il ne fait point scandale... il ne pourra pas faire beaucoup de troubles...: car il n'a pas les mains si longues: mais... en sa petitesse... il peut aider à ses prochains... on se pourra servir de luy: ..un tel homme... pourra estre accomparé à une petite fontaine.

Stille, aus einer letzten verborgenen Wurzel Hervortretende, das ist es demnach, was er gern mit diesem Bild verdeutlicht hat und was es ihm lieb machte; und einem unwillkürlichen systematischen Drang folgend hat er diese Bestimmungen auf Gott wie auf das menschliche Lebensideal angewandt, ohne daß man deswegen Gekünsteltheit von ihnen behaupten dürfte.

Ein kurzes Wort verdient auch die Verwendung des Tiers in Calvins Rede. Man darf wohl sagen: die Schroffheit, mit der Calvin gelegentlich seine Hörer »bestes« nannte, ist doch nicht nur ein Ausdruck unmittelbaren Unwillens, sondern auch bewußter Appell an die Menschenart im Unterschied vom Tier [1]. So dient es in der Regel dazu, dem Tadel Ausdruck zu geben oder mindestens den Menschen zu beschämen durch den Verweis auf das, was schon das Tier an sich hat, der Mensch also selbstverständlich haben sollte. Es ist also regelmäßig menschliches Wesen, was er mit den Tierbildern verdeutlicht; die Zucht seines Geschmacks hätte ihn wohl davon zurückgehalten, etwa wie ein mittelalterlicher Autor [2] Gottes Verlangen nach einem reinen Gewissen beim Menschen mit dem Verlangen des Dachses nach einem sauberen Bau zu vergleichen. Dagegen, wo kein Friede zwischen den Menschen werden will, sagt er: Ihr seid wie Hund und Katz [3] oder er weist darauf hin, wie sogar die Wölfe und wilden Tiere in Feld und Wald mindestens ihre Artverwandten leben lassen; die eitle Meinung von der eignen Würde vergleicht er dem Stolz des Pfaus über seine Federn [4]; wo der Blick nie über's Nächstliegende hinaus zur unsichtbaren Weltlenkung geht, solche vergleicht er mit Hunden, die nach einem Stein rennen und sich an ihm verbeißen, ohne den zu beachten, der den Stein geworfen hat [5], die so

[1]) CR 54,106: N'en voit-on point qui diront tous les coups: O vous n'avez rien à me commander? El, mon ami, tu es donc une beste brute, il y ha autant de Chrestionté en toy comme en un chien si ie n'ay rien à te commander. Car quand nous annonçons la parolle de Dieu, à quelle condition est-ce? faut-il que Dieu soit vallet ou maistre? Qu'on regarde à cela..

[2]) P. Bercharius, Repertorium morale, Nürnberg 1489; Tom I Bl. 199 a/200 b; darauf bin ich durch H. Prof. Hirsch aufmerksam geworden.

[3]) CR 82,559 u. oft; 81,134. [4]) CR 78,568; 77,742. [5]) CR 79,823

leicht von der Hand gehenden Einreden gegen die Erwählung heißt er Hundegebell; und wo der Sinn für ethische Sauberkeit verloren geht, hat er die Schweine zum Vergleich bereit [1]; er kann dabei auch einmal recht derb sein und Gottes Verhalten zum Glück der Bösen so beschreiben: er »mästet sie wie Ochsen und Schweine« (die dann geschlachtet werden) [2]; so ist es auch nicht verwunderlich, wenn auch bei ihm die geläufige Bezeichnung des Teufels als Gottes Affe sich findet [3]. — Ein Stück allerdings aus der belebten außermenschlichen Natur gibt es, bei dessen Verwendung man Calvin eine stille Freude und Teilnahme anmerkt. Das gern gebrauchte »Wir sind hier wie die Vöglein auf dem Ast« [4] ist ihm freilich auch ein Ausdruck für die Kleinheit menschlichen Daseins, aber es schwingt dabei doch immer der Ton kindlichen Vertrauens mit, dem er einmal in der Schilderung des Vertrauens Armer Ausdruck gab. »Er [der Arme] befiehlt sich Gott und weiß, daß er doch mindestens so viel gilt wie die Vögel, die ihre Schnäbel zum Himmel auftun und denen Gott das Futter gibt. So sind die Armen hier wie die jungen Raben [vgl. Ps 147, 9]« [5]. Auf diesen Ton ist es auch gestimmt, wenn er oft Genf das sichere friedliche Nest der erschreckten Vöglein nennt, die von überall her geflattert kommen [6].

Wären die bisher genannten Bilder die einzigen, so möchte man meinen, Calvins Rede habe eine besonders Sachliches, Objektives, Naturhaftes herausstreichende, wohl kühle Art gehabt. Aber wie wir schon bisher mehrfach Einschläge persönlichen Lebens in diesen Bildern sahen, so ist das nun viel deutlicher dadurch, daß er Gottes Verkehr mit den Menschen und den der Menschen mit Gott reichlich in Analogie mit den Formen menschlichen Verkehrs stellte. Die Art wie er hier den Stand des Kaufmanns, Arzts, Bauers, Lehrers, Vaters zu

---

1) CR 86,43; 81,518; 80,236. 2) CR 62,464. 3) CR 82,246. 4) CR 74,787; 81,153. 5) CR 62,183.

6) CR 70,70: Celuy qui ha ordonné que son Evangile se preschast ici [à Geneve], il y ha mis comme un nid, et une retraitte pour ses pauvres fideles qui sont comme des oiselets effarouchés par les oiseaux de proie...; ebenso CR 54,456; 69,674.

Vergleichen benutzte, gibt auch zugleich einen gewissen Begriff davon, wie Calvin diese Berufe an sich beurteilt hat. Es ist doch nicht reiner Zufall, daß allein der erste der genannten Stände dazu dienen muß, zu sagen, was Religion nicht ist. Der Anstoß ist genau derselbe wie bei Luther: Religion ist keine Handelsware, man rechnet nicht mit Gott, mit Abzahlungen [1] ist es vor ihm nicht getan [2]. Im übrigen stehen die aus diesen Berufsgebieten genommenen Bilder manchmal unter dem Gesichtspunkt, der aus den Gleichnissen Jesu bekannt ist: die Kinder der Welt verstehen ihre Sache auf ihre Art vorbildlich gut! So wenn er im Anschluß an 2. Tim 2, $_{3-6}$ ausführt: Keinem Bauer und keinem Händler muß man sagen: mach dich an die Arbeit!, sie tun's von selber, ihr Leben hängt daran; darum gehn sie immer wieder ans Werk, obschon ihr Erfolg in der Schwebe ist; und der Fromme will sich nicht darein finden, daß hier auf Erden ›la saison de travailler‹ ist, will nichts aushalten, obwohl doch sein Erfolg ewig gesichert ist! [3] — Ehe wir indes die meist gebrauchten hauptsächlich dem häuslichen Verkehr und der Schule entnommenen Bilder betrachten, wollen wir die vom Arzt und der Werkstatt des Handwerkers erwägen. Die erste Gestalt ist natürlich in der kirchlichen Sprache altbekannt; es kommt darauf an, welche Züge bei Calvin an ihr hervortreten. Es darf vielleicht als bezeichnend gelten, daß er das Bild vorwiegend in Fragen sitt-

1) Diesen Gesichtspunkt hat er dann und wann auch so hervorheben können: CR 74,$_{422}$: Voilà une dame qui s'en va à l'Eglise, elle aura son chapelain tout prest... si elle retourne à la maison, ce sera à crier et tempester... elles se viendront ainsi iouer avec Dieu, comme si c'estoit un petit enfant, qu'on peust appaiser d'une hochette; ebenso CR 63,$_{645}$; 81,$_{172}$.

2) CR 77,$_{749/750}$: le monde voudroit que Dieu acceptast en payement et recompense une partie de ce qu'il luy doit, et qu'il le teinst pour quitte au reste; ebda. $_{826}$; 62,$_{543}$; 81,$_{570.\ 601}$ und oft.

3) CR 82,$_{110}$: nostre vie est reservee au ciel en si bonne garde qu'elle n'est point suiette ni à orages, ni à tourbillons, ni à gresles, ni à rien qui soit... ainsi...nous ne travaillons point à l'aventure, mais..nous sommes asseurez du fruict, ne devons-nous point avoir plus de courage que les laboureurs de la terre? — Für die den Gleichnissen Jesu verwandten Art vergleiche man z. B. die beiden Predigten CR 79,$_{85}$ ff. und $_{97}$ ff.

licher Zucht brauchte. Dem Prediger, der der Gemeinde nützen soll und allgemeine Reden führt, hält er entgegen: »Das ist, wie wenn man zu einem Arzt geht, ihn um ein Heilmittel gegen eine Krankheit bittet, und nun käme der und handelte im allgemeinen von seiner Kunst . . . — und inzwischen gibt der Kranke den Geist auf.«[1] Das klare ungeschminkte Aussprechen des Tatbestands und dessen, was not tut, hat ihm am Arzt imponiert, dazu dann auch das unbedingte Regiment[2], das ihm auch eignem Wohlbefinden zu Trotz[3] gelassen werden muß, wenn seine Arbeit etwas fruchten soll; dahinter steckt die Gewißheit: der Arzt weiß, was not tut, der Kranke weiß es nicht. Innerhalb der Zuchtfrage bleiben auch die andern Verwendungsarten des Bilds, bei denen entweder Wert gelegt ist auf das rasche Zupacken von Anfang an[4], das der sich und andre Erziehende vom Arzt lernen kann, oder, wenn das Übel tief drin sitzt (die Bösen in Gottes Kirche), auf das schrittweise Vorgehen und Sich-bescheiden[5], das nicht ungestüm gleich alles Kranke wegschneiden will und damit den Kranken nur töten kann.

Vergleicht man dies etwa mit Luthers Wendung des be-

---

1) CR 62,423; vgl. 77,616.

2) CR 56,456: Un medicin baillant le regime, ne laschera point la bride à l'appetit de son malade... il dira: ie veux que vous vous gouverniez ainsi. Or si le malade excede un peu: et bien, il n'est point encores desesperé, le medicin poursuyvra tousiours à le panser: mais s'il veut iouer au huite et au double (comme on dit) et qu'il reiette tout regime, et qu'il face de l'insensé et bien il aura son payement tel qu'il le merite... Voilà donc comme Dieu en fait.

3) Sehr scharf CR 69,331: [man sagt zu Calvin:] on crie tousiours à l'encontre de nous. [Calvin antwortet:] Et povres malheureux, ... S'il y a un malade... si on luy donne à boire tout son saoul, on ne le fera que gaster.

4) CR 81,246.

5) CR 61,626: Quand il y aura une apostume... un chirurgien ne percera pas du premier coup l'apostume. Et pourquoy? Il y feroit une inflammation, pource que la matiere n'est pas encores meurie: mais il y fera une attraction auparavant, il y mettra quelque emplastre pour faire meurir l'apostume: et alors il y mettre la lancette hardiment. Ainsi... Dieu...; im Zusammenhang mit der Frage der reinen Kirche dasselbe: CR 81,543.

kannten Bilds im Römerkommentar (hrsg. von Ficker II, 56, 25ff.) [1], so tritt hier, bei Calvin, das innere geistige Verhältnis von Arzt und Kranken vielmehr zurück. Sein Blick haftet nicht so sehr daran, wie der Kranke über seinen Zustand denkt, als daran, wie er mit seiner Krankheit fertig wird, sie überwindet oder trägt, und entsprechend ist der Hauptton beim Handeln des Arzts nicht darauf gelegt, daß er den Kranken zu einer Einsicht, einem Geständnis bringt — womit ja Luther das Bild abschließt — sondern darauf, daß und wie er ihn anpackt und in seinem Regiment zur Genesung führt. Man darf vielleicht sagen: Das Arztbild ist bei Calvin im Unterschied zu Luther völlig aus dem Problemkreis herausgenommen, in dem es die kirchliche Sprache seit alters verwandte: der Gnadenerfahrung oder Rechtfertigung im engeren Sinn [2]. Es verrät sich auch hiermit ein natürliches Empfinden für das Passende: das Rauhe, rücksichtslos die Dinge beim Namen Nennende, innerhalb dessen dann freilich auch Behutsame, ist die wesentliche Art des Arzts — darum verwendet er das Bild auch nur da, wo dieser Art Ähnliches vorliegt, beim Brauch des Gesetzes, und nicht zur Deutung der innerlich geheimnisvoll wirkenden Gnade.

Das Bild der Werkstatt hat er gern dazu verwandt, um das geschäftige Treiben und Werden im menschlichen Geist in gutem und in bösem Sinne zu malen. Für Calvins Auffassung vom Menschen ist das Bild bezeichnend. Ich gebe ein-

[1]) Et est simile (ut Persius) scient medicus volens sanare egrotum iuveniat hominem qui neget se egrotum esse et stultum proclamet medicum et peins egrotum quam ipse sit, utpote qui sanum hominem presumat curare. Per huius ergo resistentiam medicus non potest pervenire ad commendationem artis sue et medicine. Perveniret autem si ille egrotus confessus egritudinem sineret ipsum, mederi et diceret: vere ego sum egrotus, ut tu lauderis sanus sis, sc. cum me sanaveris. — Ita isti impii et superbi, cum sint egroti coram Deo ,sibi ipsis sanissimi videntur...

[2]) Näher und vielleicht im Verhältnis des Anregung Gebenden stehen Calvin die ihm bekannten antiken Vorbilder (vgl. CR 33,117), nur daß das Böse, die Sünde ganz anders von ihm ernst genommen und ihm die Stimmung »morbis medentur [die Fürsten in ihrem Richteramt], non irascuntur« fremd ist.

fach zwei Beispiele, das eine die Bosheit, das andre Gottes Wirken verdeutlichend. »Der Menschengeist ist eine Werkstatt des Götzendiensts und Aberglaubens; und wenn jeder seinem eignen Sinn glaubt, so wird er sicherlich Gott verlassen und sich irgendein Götzenbild in seinem Hirn zurechtschmieden.«[1] Und für das andre: »Seht, so [nämlich daß er »d'une façon sauvage« mit ihnen umgeht, sie viel aushalten läßt, aber auch kräftigt«] schafft Gott in den Herrlichsten, damit sie uns Spiegel und Beispiel seien und wir ihnen nachfolgen. Kein Wunder (et de fait), in einer kleinen Werkstatt macht man nicht solche Kunstwerke wie in einer großen, wo Material und Arbeiter in Menge sind, wo man mit Handwerkszeug glänzend versehen und alles in bester Ordnung ist (où .. tout sera bien equippé, et en ordre); wo die Werkstatt klein ist, da kann man nicht Großes schaffen (faire grand' besongne). So macht es Gott.«[2] — An dieser Stelle mag auch angefügt werden, daß er den Betrieb in einer Werkstatt gern verwendet hat, um eine Analogie zum langsamen Wachstum, das ihm auch zum religiösen Leben gehört, zu zeigen[3]. Sie zeigt ihm, daß Gottes Schaffen eine Entwicklung hat und will, und sie mahnt den Menschen, daß er warten lerne, wie ein Bauer warten kann, wenn die Saat in der Erde ist.

Ständigen Gebrauchs erfreut sich das Bild der Schule und des Lehrers. Es ist nicht so vieler und feiner Abwandlungen fähig wie das Sonnenbild, aber es steht ihm bei Calvin an Beliebtheit nahe. Christus der Lehrer, die Christenheit zeitlebens die Schüler, bald mit dem a-b-c des Christentums beschäftigt, dann wieder im Examen unter Gottes Wort stehend, das Christenleben die Schule Gottes — solche Wendungen

---

1) CR 79,395; vgl. auch 74,531; 78,547.

2) CR 61,83; vgl. 86,107.

3) CR 78,471: il [St. Paul] leur [den Galatern]... qu'ils veulent estre parachevez par la chair, c'est à dire par les choses inferieuses [nachdem sie mit dem Geist (Gal. 3,3—5) angefangen haben]... N'est ce point pervertir tout ordre...?... on sçait bien que celuy qui entre en une boutique du premier coup ne sçaura pas comprendre ce qu'il fera au bout d'un au ou de deux: mais on luy monstrera les principes et là dessus il se conferme de plus en plus.

kehren immer wieder. Regen und Sonne und alle Ordnung der Natur ist ihm Gottes große Schrift in die Welt hinein, damit man etwas über ihn wisse und ihn verherrliche [1]. Wenn er sagen wollte: alle Lehre ist wirkungslos ohne Gottes geheimes Bewegen durch den Geist, so verglich er diese Lehre einem verschlossenen oder unlesbaren Buch [2]. Gewiß kündet sich in diesen Bildern schon der Geist einer Zeit an, in der die Lehre zum Merkmal der Kirche wird, die ihrerseits einer Schulklasse gleicht; er kündet sich an, sofern in solchen Bildern das intellektuelle Moment in der Religion heraustritt, dessen Überschätzung dann zu jener Kirche führte. Immerhin darf zweierlei doch einschränkend gesagt werden: Einmal der Vergleich ist nie dazu verwendet, irgendeinen grundsätzlichen Unterschied etwa zwischen den a-b-c-Schützen im Christentum und den lehrenden Pfarrern zu setzen, nie auch dazu [3], die Bekehrung im spezifischen, pietistischen Sinne notwendig erscheinen zu lassen, sondern er ist stets ein Bild für die Zucht, in die alle Christen zeitlebens hineingestellt sind. Sodann ist der Gebrauch dieses Bildes bei Calvin auch darum mehr gegen die Verwandlung der Religion in Orthodoxie gesichert als etwa bei einem gleichzeitigen Lutheraner, weil, wenn von Schule Gottes und Examen gesprochen wird, in der Predigt Calvins jeder

---

1) CR 81,177.

2) CR 56,576: iusqu'à faut que Dieu ait besongné, sa parolle nous sera secrette... ie[spricht Gott (im Anschluß an Jes.)] leur parleray le haut hallemand, qu'on y entendra note. et toutes les Propheties seront comme un livre clos... si on l'apporte à un homme savent, il dira: Il liroy bien dedans, mais le livre est clos... qu'on l'ouvre et que ie verray ce qu'il y a. Apres ce sera comme un livre ouvert; mais qui sera presenté comme à des idiots,...: ils diront: il est vray que voilà un livre, il est ouvert, on y voit bien les lettres: mais ie n'ay point esté à l'eschole,...

3) Vgl. z. B. CR 79,567: ... ces Chrestiens volages, quand ils auront au bout de la langue quelque mot de l'Evangile, les voilà... comme demi Anges, et ne tiennent plus conte de profiter. Mais ceux qui appliquent toute leur estude à tousiours apprendre en l'escole de Dieu, ceux-là cognoissent au bout de dix et de vingt ans ce qui leur defaut; CR 81,428: Dieu ne vent pas que nous cessions quand nous aurons ouy deux ou trois ans, comme si nous estions assez grans clercs, mais il veut que nous soyons escholiers tout le temps de nostre vie.

Gedanke an Bekenntnis und Loci fehlt und einzig an die Schrift als die Lehrmeisterin gedacht ist. Wenn wir diese Einschränkung festhalten und auch festhalten, daß es sich doch immer um ein Bild handelt, so bleibt schließlich als Kernbedeutung dieses Gleichnisses das übrig, daß Erkennen, ein klarer Gedanke für Calvin unentbehrliches Element der Religion ist und er deshalb Gottes Wirken mit dem eines Lehrers vergleichen kann, der seine Schüler bildet [1].

Endlich hat auch Calvin die immer gebrauchten Vergleiche Gottes mit der elterlichen Art gern benützt; ich notiere nur einigermaßen Auffallendes und besonders Schönes. So hat er gern, wenn er von der Einfalt der Schriftsprache redete, gesagt, Gott werde hier gleichsam zur Amme und stammle mit uns [2], damit wir's verstehn. Auch auf die Geschichte der christlichen Religion sah er mit dem Gedanken: Gott läßt das Menschengeschlecht langsam aus kindlichen Anfängen heraus in seiner Erziehung wachsen [3], und auch im einzelnen Menschenleben ist es noch immer so, daß das Kind-sein gegenüber Gott nie aufhört [4]. Den Kontrast hierzu bildet die abwehrende Wendung gegen die religiöse Gemütlichkeit, die mit Gott verkehren will »comme pair à compagnon« [5]; ja, auch in den Vatergedanken legt er diese Antithese noch: der Verkehr des Frommen

---

1) Man vergleiche hiermit Calvins Auffassung vom Wesentlichen und Unwesentlichen in der christlichen Religion: CR 54,89: apprennons à distinguer entre ce qui est de la substance de nostre salut, et les accessoires... Exemple, c'est de la substance de nostre salut que Dieu nous pardonne nos pechez, et qu'il nous retienne sous sa protection, et qu'il habite en nous par son sainct Esprit, et que la clarté qu'il nous a donnee par son Evangile ne soit iamais esteinte, que nous le tenions pour pere, pour l'invoquer et avoir nostre refuge à luy...; vgl. auch 86,72; 78,309. 320.

2) CR 79,852; 81,155; ebenso konnte er den Beruf des Predigers und Deuters der Schrift mit dem eines Hausvaters vergleichen, der seinen Kindern das Brot klein macht, damit sie es essen können (CR 82,150).

3) CR 69,619: le peuple qui a vescu sous la loy, estoit semblable des petits enfans... Auiourd' huy il nous a fait grandir... mais de son costé, ce n'est pas qu'il ne demeure tousiours en un mesme propos. Le changement, qui y est vient du costé des hommes; ähnlich CR 82,485.

4) CR 78,574. 5) CR 81,183.

mit Gott ist nie der Verkehr zwischen Gleichen.[1] In feiner Weise hat er sodann das Vaterbild in Stellen über die Anfechtung verwendet, und ebenso schön, um seinem Vorsehungsgedanken Farbe zu geben. Ich zitiere einfach diese drei schönen Stellen: »Die Schrift nennt die Anfechtungen »bittre Tränke«, damit wir wissen: es ist nichts von ungefähr; vielmehr teilt Gott wie ein Hausvater jedem sein Teil zu, . . . so zeigt Gott, daß er und seine Hand es ist, die schlägt und anficht.«[2] Und in derselben Sache: »Wenn ein Vater sieht, wie sein Kind am Ertrinken ist oder ins Feuer fällt, wird er's nicht [auch] an den Haaren packen oder an einem Arm, und ihm Gewalt antun, damit er ihm das Leben rette? Das Kind schreit, spürt Wunden, und doch ist es auf solche Art gerettet!«[3] Konnte Calvin besser deutlich machen, daß nach seiner Meinung hartes Schicksal auch von liebender Hand kommen kann, als indem er gerade in diese Situationen das Vatergleichnis setzte? Schließlich gebe ich noch ein wieder Kierkegaard[4] ins Gedächtnis rufendes Bild für das heimliche, nur dem Glauben bemerkliche Walten der Vorsehung: »wenn eine Amme ihr Kind gehen läßt, würde das Kind nicht hinstürzen, wenn seine Amme es nicht hielte, wenn sie nicht stets hinter ihm wäre, es aufzufangen [relever]? Das Kind merkt von all dem gar nichts, sollte man aber deswegen die Hilfe, die die Mutter ihm [in der Amme] gab, nicht preisen? So können wir Gottes Güte betrachten, auch wenn wir nichts von ihr wahrnehmen.«[5]

Die Überleitung zu den Bildern, die Calvin dann und wann brauchte, um seinem Gemeinschaftsgedanken Nachdruck zu verleihen, mag das unendlich oft verwandte Bild vom Zügel und gezügelten Roß geben. Tenir en bride und brider sind stehende Ausdrücke bei ihm[6]. Dabei ist der Ausdruck — das

---

[1]) CR 51,775: Nous ne l'aimons pas... comme nostre compagnon et pareil: mais comme nostre Pere.

[2]) CR 74,838. [3]) CR 77,829.

[4]) »Reinheit des Herzens« übers. von E. Geismar, S. 58.

[5]) CR 69,673.

[6]) Z. B. CR 62,15; 78,568; 82,361; für die Entsprechung: CR 61,363; 78,441. Das Spezifische ist die Häufigkeit der Verwendung (davon abgesehen ist es aus Ovid und Vergil wohl bekannt genug); darum

zeigt, wie er sich zu deutlicher Vorstellung von seinen bzw. den Worten der Schrift zwang — nicht abgeblaßt wie heute in unsrer Sprache, sondern immer wieder erscheint das Entsprechungswort zum Zügel: das zu zügelnde Roß, ein Bild menschlichen Wesens in seiner leidenschaftlichen Abneigung gegen Ordnung und Zucht. Wir sehen hier dasselbe Interesse an der die menschliche Art überwindenden Zucht Gottes, die ihm auch gern das Psalmbild (Ps 129, 3) in den Mund legt: Gott führt den Pflug über uns hin.[1]

Und eben dieses Bild erscheint nun auch in erweiterter Form zur Verdeutlichung dessen, daß Gott die Menschen zueinander bringen und so mit ihnen als einer großen Schar etwas schaffen will. Ich gebe eins der Beispiele: »Wenn die Pferde an Wagen oder Pflug nicht einträchtig sind [s'accordent], eines [von den Pferden] genügt schon, um die andern aus dem Schritt zu bringen [pour rompre le train des autres]: so machen wir's; wir können [aber] unmöglich Gott dienen, wenn wir uns nicht einträchtig daran machen und jeder dem andern zu helfen bereit sind«.[2] Wie schon zweimal, so fällt uns auch hier die Parallele zu Kierkegaards Sprache ein; und ein Vergleich mit Kierkegaards, nur absichtlich etwas trivialer gestimmtem Kutscherbild[3], kann gerade Calvins Art deutlich machen. Über Kierkegaards Bild — die Ausmalung fehlt natürlich wieder bei Calvin — steht: »Einst gefiel es der Gottheit, selbst sozusagen Kutscher zu sein ... o was vermochte ein Mensch nicht dazumal!«, und eben darum zeigt er uns das Bild in seiner idealsten Gestalt, jedoch mit dem Gefühl: heute ist das nicht so, die Leute sind nicht da, mit denen Gott fahren könnte.

---

möchte ich aus seinem Vorkommen in der Concio Academica keine Schlüsse ziehen (CR $38^{b},_{30}$); wenn auch die Sätze, die auf die Überlegenheit des Menschen über das Tier abheben (ebd. 30: Hac qui excellunt... und 34: Ergo omnibus animantibus...), anders denn als spezifisch calvinisch — was sie jedenfalls bestimmt auch sind — erklärt werden könnten, schwände bei mir jeder Zweifel daran, daß Calvin nicht Verfasser der Concio ist. 1) CR $69,_{647/648}$; $82,_{148}$.

2) CR $77,_{756}$; vgl. auch $53,_{636}$; $55,_{611}$; $62,_{120}$; $74,_{115}$.

3) »Angriff auf die Christenheit« herausg. von Dorner und Schrempf Bd. I, 1898 S. 86 ff.; 495 ff.

Calvin verwendet das Bild an der Stelle, wo es das Werden des Erfolgs ausdrückt, wo Roß und Lenker im Kampf miteinander sind, deswegen steht bei ihm auch immer die Wildheit und Widerspenstigkeit der Pferde im Vordergrund. Sein Gebrauch des Bilds ist ein Ausdruck des leidenschaftlichen Interesses gerade am Jetzt; eben darum liegt ihm an der Zucht der Rosse. So wird das Bild ein Dränger zur Gemeinschaft in Gottes Dienst, damit Gott etwas schaffen könne mit uns. [1] — Im Dienst des Gemeinschaftsgedankens steht auch ein andres Bild: das aus vielen Tönen zusammenklingende Lied. In dieser schönen Form sagte er gern, daß es Gott an einer großen Schar, einem Reich liegt, das ihm einmütig dient. Und dieses Bild verwandte er nun mehr in der Weise, wie Kierkegaard das vorige; es spricht mehr vom Idealen, Vollkommenen, das am Ende steht und durch seine Idealität rühren soll. Was Hiob 38, 7 vom Lobpreis der Sterne steht, hat er mit diesem Bild ausgedrückt: »das war [nach der Schöpfung des Himmels] wie ein geordneter (harmonischer) Sang und ein Lied zu seiner Verherrlichung«. [2] Und ebensolchen reinen vielstimmigen Klang hat für ihn der Gedanke an die jetzt noch nicht erreichbare vollkommene Kirche Gottes [3]. Mit diesem Bild hat er vom Gebet gesagt: »Gott will nicht einen jeden besonders hören, sondern er will, daß da ein Widerhall sei und ein Lied aus aller Mund, wiewohl ein jeder für sich spricht . . . ja, ein jeder an seinem besonderen Ort steht und wir heimlich zu Gott beten« [4]. Im Zusammenhang mit diesem bildhaft gefaßten Gemeinschaftsgedanken steht auch die Vergleichung des Führers der Gemeinde mit einer Trompete oder einem Trompeter, der die Scharen zusammenruft und entsprechend die Abwehr eines Sangs, der nicht in solchem Dienst steht, ein »süß und gefällig Lied singt, ohne etwas damit zu schaffen (sans aucun profit)» [5] [6].

---

1) Man vergleiche auch Zwingli's: »Ach Herr, nun heb den Wagen selb. . .!« 2) CR 63,369; vgl. 74,880. 3) CR 81,542.

4) CR 81,191. 5) Z. B. CR 55,320; 81,105. 219; 74,825.

6) Anhangsweise mag an dieser Stelle auch erwähnt sein, daß Calvin die eigenartige Zusammengehörigkeit unserer beiden Augen und ihr Auf-einander-Abgestimmtsein, da sie nur miteinander das volle

Schließlich möchte ich noch einige Bilder nicht unerwähnt lassen, wiewohl ich sie unter keinen größeren Gesichtspunkt habe bringen können und wiewohl sie vereinzelt sind; aber ihrer Schönheit und Klarheit wegen verdienen sie genannt zu werden. Ist es nicht ein schönes evangelisches Wort über die guten Werke?: »Wenn wir uns in einem Spiegel betrachten, so hat der Spiegel kein Gesicht, sondern das Gesicht des Menschen bietet sich ihm dar, und der Spiegel zeigt es. So ist's, wenn wir wohl tun, das kommt nicht von uns ..., sondern unser Herr breitet seine Güte und Gerechtigkeit über uns aus.» [1] Und dasselbe sagt er unmittelbar vor der zitierten Stelle mit dem Bild der Sonne, die ihren Glanz über Häuser und Land legt, sodaß der Glanz über der Erde steht und doch nicht von der Erde kommt [2]. — Um mit einem Bild zu schließen, durch das hindurch uns das klare, durchdringende Auge Calvins anschaut: »Wie man unter einem schönen Kleid mancherlei verbergen kann, so verbirgt das Glück den Menschen, sodaß man ihn nicht erkennt, wie er ist. Aber wenn Gott ihn anficht, dann »entdeckt« er ihn Stück um Stück.« [3]

Daß »die Zutat des Sinnlichen und Sinnigen, diese schönen anmutenden Eigenschaften der Rede Luthers« bei Calvin »ganz fehlen« [4], wird man wohl angesichts des vorgelegten Materials nimmer sagen dürfen.

Gesicht geben, zur Aufhellung entsprechender Zusammengehörigkeiten benutzt hat, so der Ordnung und der Lehre in Gottes Kirche (CR 74,760), der Obrigkeit und der Kirche (CR 57,659/660), der beiden Naturen Christi (CR 81,326). [1]) CR 62,272.

[2]) CR 62,272: il est certain que nous n'avons pas le bien en nous: mais c'est comme nous voyons que le soleil reluit ici bas, quand il iette ses rayons. La clarté que nous voyons ici bas, ne vient point de la terre: nous verrons la clarté sur les maisons, sur la terre: et toutes tois elle ne procede point de là: mais c'est une clarté reflexe (qu'on appelle) qui se reiette selon que la terre la reçoit: elle se tient donc là sur la terre.

[3]) CR 54,593.

[4]) So H. Hering, Die Lehre von der Predigt 1905 S. 112; im übrigen aber ist diese Darstellung der Predigt Calvnis sehr sachlich und schön.

II. Die religiösen Grundgedanken der Predigt Calvins.

1. Güter.

Vom Elend der Menschen hat Calvin oftmals geredet, mochte er bedenken, wie beschämend es ist, daß der Mensch mit Totem sein Leben erhalte [1], oder das Unerfüllbare des tief im Menschen wurzelnden Wissensverlangens [2] betonen oder auch mit ans Herz greifenden Worten davon reden, wie Mensch und Tier nach Glück sich ausstrecken [3]. Solche Rede ist ihm nicht allzuschwer vom Munde gegangen, und der Eindruck, er sei Pessimist, konnte aus solchen Worten wohl erwachsen. Und wenn man sich die Schwierigkeit seiner Arbeit vor Augen hält, wird man ihm mehr als vielen seiner Nachfolger in der Predigt über das Elend der Menschen es nachsehen, wenn er mit den Worten hierbei nicht sparte; denn auch er, den sie

---

1) CR $81,_{363}$: Quand un homme boit et mange, en cela voit-il combien il est fragile: car il faut qu'il prene substance d'une chose qui est morte et insensible. Le pain n' ha point de vie, et toutesfois c'est un instrument que Dieu a donné pour nous fortifier. L'homme donc recognoist en cela que c'est de luy; ebenso CR $54,_{596}$; $77,_{698}$ und oft.

2) CR $81,_{566}$: qui est ce qui chatouille ainsi les hommes et qui les solicite de s'addonner ainsi à des vaines speculations? C'est que nous voulons sçavoir: voilà un desir naturel, Je veux sçavoir... nous ne sçavons quelle est la vraye science: ... ebd. 626: Que les hommes aguisent leurs esprits tant qu'ils voudront, qu'ils estendent toutes leurs sagesses et haut et bas, si .. iamais ne pourront contempler Dieu... tel qu'il est...; vgl. $62,_{538}$.

3) CR $74,_{773}$: il n'y a celuy qui n'appete d'estre bien-heureux: et mesmes si les creatures insensibles pouvoyent parler, et qu'elles fussent capables de cette felicité, elles diroyent: ouy, il n'est que d'estre bienheureux: et aspireroyent à cela...; oder, wie beim Tier der Schmerz allein das Empfinden ausfüllt und kein Wissen oder Ahnen um einen Sinn des Leids da ist: CR $63,_{410}$: une povre beste quand il aura le ventre plein, elle ne sçait pas que c'est qu'elle porte: elle sent seulement son fardeau qui l'empesche...

schon zu Lebzeiten einen »stets gespannten Bogen« nannten, konnte müde werden, so müde, daß es ihm um die Jahre 1554 und 1555 auf der Kanzel den Wunsch abgepreßt hat, Gott möge ihn aus der fruchtlosen Arbeit und aus dieser Welt nehmen [1]. Dennoch hat A. Schlatter [2] mit Recht betont, nicht Calvin, sondern der Heidelberger Katechismus fange den Unterricht in der christlichen Religion mit der Erkenntnis des menschlichen Elends an, Calvin beginne damit, daß der Mensch als Gottes Geschöpf ihn kennen solle. Dem gibt auch die Predigt Calvins in gewissem Sinne recht. Denn letztlich sind es nicht die Tatbestände, die ihm jene Worte über das menschliche Elend abgerungen hätten, sondern er hat sie gesprochen unter Absehen und Verlassen des religiösen Standorts, auf dem er stand. Es ist ein Eingehen auf die Betrachtung des vom Gottesgedanken nicht berührten Menschen, der an diesen Tatbeständen hangen bleibt, oder deutlicher, weil es ein Unberührtsein von Gott für Calvin nicht gibt, es ist ein Ausziehen der Folgen für eine Welt- und Menschenansicht, die im Irdischen bleiben will. Die betreffenden Ausführungen sind letztlich rein methodisch [3] begründet; und wiewohl er die genannten Tatbestände nicht zurücknimmt, das Pessimistische in den betreffenden Sätzen ist nicht eigentlich auf seine Rechnung zu setzen; denn jene Tatbestände bestimmen seine Gedanken

---

1) CR 81,315 f.: Quant à moy, voyant qu'il y a si peu de fruit des admonitions qu'on fait tous les iours, s'il n'estoit question sinon de dire, ie profiteray en redarguant, si ie continue, i 'aymeroye mieux me faire... s'il estoit à mon souhait particulier, ie desireroye que Dieu m' eust retiré de ce monde, et que ie ne deusse point ici vivre trois iours en tel desordre qui y est. ebda. 438: Je voudroye estre bien loin de Geneve: et pleust à Dieu, que iamais ie n'en deusse approcher de cent lieues pres pour leur faire plaisir, moyennant qu'il y eust gens qui desirassent leur salut. — Es sind dies neben 3 oder 4 in andrer Richtung gehenden die einzigen Jch-äußerungen in den mehreren Hundert Predigten des CR!

2) Das christliche Dogma 1923² S. 557.

3) Vgl. CR 61,349: il faut que nous commencions tousiours par ce bout-là, de cognoistre quelle est nostre foiblesse: et puis que nous montions par degrez pour cognoistre ce que Dieu a mis en nous. Qu'est-ce doncques des hommes? un vent: mais d'autant que Dieu nous a inspiré une vertu permanente, voilà pourquoy nous sommes immortelles.

nicht allein — und nur dies letztere wäre doch im eigentlichen Sinne Pessimismus. Wie hätte Calvin auch sonst die Theodizeefrage so leicht nehmen können, sofern sie die Übel in der Welt betrifft: damit, daß hier der Mensch Gottes Werk messen und sich nicht bescheiden will, schien ihm diese Frage eigentlich erledigt [1].

So muß es denn wohl Calvins Meinung sein, daß Gott dem Menschen doch ganz anders nahe ist, als es jener Betrachtung erscheint. Neben den Übeln, die den Menschen elend machen, stehen Güter, von denen er lebt und die er nicht vergessen soll. Dasselbe, was ein moderner Resignierter in die Formel: Der Mensch ist, was er ißt, fassen kann, eben das ist für Calvin auch ein Zeugnis der göttlichen Güte; denn der Mensch lebt ja wunderbarerweise von diesem Toten [2]. Davor hat Calvin Ehrfurcht gehabt. Ein andres, was er einige Male nennt, und wobei man ihm das Staunen anmerkt, bezieht sich auf die vernünftige Art des Menschen: er hat die entscheidende Bedeutung der Erinnerung für das eigentümlich menschliche Geistesleben unmittelbar gefühlt [3]: daß wir nicht den Tieren gleich

---

[1]) CR 56,666/667: quelques phantastiques [sagen:]... on verra beaucoup de deffauts en ce monde: l'un sera borgne, l'autre... boiteux, . l'autre . bossu, l'autre n'aura qu'une main... : nous verrons ainsi des arbres où il y aura beaucoup à redire... Et en cela nous voyons.. la rage de ces belistres qui auiourd' huy veulent babiller contre tout ce qui leur est trop haut pour leur capacité. ... O ie ne comprens point cela. Et beste, qui est-tu? ...quand les Anges de paradis viendroyent, il faut qu'encores ils adorent les secrets admirables de Dieu.

[2]) Vgl. S. 64 Anm. 1; besonders CR 54,596: Il semble bien que nous tirions la vertu du pain; car si un homme est lassé, et abbattu d'avoir trop iusné, s'il a faim, et qu'il prenne son repas: le voilà comme renouvellé... au lieu qu'auparavant il estoit comme demi mort... mais il faut regarder que Dieu a constitué cest ordre en nature.

[3]) CR 56,682: Le sens d'un bœuf ou d'un asne ne s'estendra point plus loin qu'aux choses presentes: or les hommes ont une raison qui recueille les choses passees, les choses à venir: car nous avons une prevoyance des choses à venir nous faisons comparaison de ce qui est passé, l'experience nous monstre comme nous devons disposer des choses en nous-mes-mes: si nous n'appliquons tout cela à cognoistre comme Dieu a tousiours gouverné, et comme il s'est monstré pere envers nous, ne serons-nous point coulpables d'avoir perverti tout l'ordre de nature?;

nur das unmittelbar vor uns Stehende sehen und auffassen, sondern auch nicht Gesehenes verstehen und daher Vergangenes wie Zukünftiges in unserm Geist bewahren können, »il n'y a rien qui nous puisse plus estonner«. Und daß dies auch für das religiöse Leben nicht gleichgültig ist, diese Folgerung hat er selber gesehen; denn die christliche Religion ist nicht ohne Geschichte denkbar, und die des Einzelnen auch nicht [1]. Ebenso sah er auch die auf jener einen fußenden andern Fähigkeiten des Geists, die Urteilskraft und das Vermögen, in die Zukunft hinein Pläne zu machen, an. Man darf diese doch andächtige Anschauung vom Denken, mindestens an der Wurzel des Denkens, unterstreichen, da er, der Eiferer gegen Spitzfindigkeit und Freund der einfachen Rede, doch auch der Vater einer theologischen Scholastik geworden ist. — Neben diesen besonders herausgehobenen Gaben stehen natürlich noch viele andre individueller Art, die Calvin geachtet haben will; denn so ist die Rede vom Übersteigen der Welt in der Religion nicht gemeint, daß der Mensch nur mit Mißtrauen angesehen werden dürfte. Leib und Geist des Menschen in ihren mannigfachen Prägungen wollen gesehen sein in ihrer Herrlichkeit; wo man das Auge dagegen verschließt, ist man nicht fromm, sondern

---

$61,_{490}$: il n'y a rien qui nous puisse plus estonner que ceste raison que Dieu a mise en nous. Car voilà un homme qui oit des choses que iamais il n'a veues, il les comprend en son esprit. Quand les hommes regardent aux choses à venir, et qu'ils les conferent avec-les choses passees, ils mettent tout cela en memoire: et puis quand on lira ou qu'on dira quelques choses, encores iugent-ils pardessus; $62,_{411}$: Nous avons intelligence et raison. Ainsi donc la clarté de Dieu luit sur les hommes; $54,_{438}$: que nous ayons ce don de consulter, . . l'election pour discerner entre le bien et le mal, que nous puissions concevoir des choses pour dire: Nous ferons ceci ou cela. Voilà un don excellent...

[1]) Freilich kannte er Plato.; aber der für Calvins dankbare Achtung vor dem geschichtlichen Leben charakteristische Unterschied ist, daß dort die Erinnerung dadurch so wunderbar ist, daß sie hinter die Geschichte auf die ewigen Ideen sieht, hier dadurch, daß sie überhaupt Vergangenheit und Zukunft in sich bergen kann. Es fehlte Calvin offenbar dort die Achtung vor der Wirklichkeit, daß Erinnerung in der Geschichte erst wird und nicht mitgeboren ist; darum wohl hat er Platos ἀνάμνησις abgelehnt (CR $61,_{541}$).

»lästert« Gott [1]. Vor allem aber ist Calvin der Zuversicht, daß keiner auf der Erde ganz ohne etwas sei, was Preis verdient [2]; unberührt von moderner klagender Betrachtungsweise hat er gerade den Idioten nicht ungern dazu vor das geistige Auge seiner Hörer gestellt, damit — sie sich ihres Geistesreichtums als einer Gabe bewußt würden [3]. Gewiß gehörte ihm aber auch diese Menschengestalt zu den Unwissenden, die doch irgendwie ihrem Nächsten zu etwas nutz sein können [4].

Weit über die rein menschliche Wirklichkeit hinaus reicht die Natur mit ihrer Unendlichkeit. Wenn von den Gaben die Rede ist, muß auch von ihr gesprochen werden. Die meiste Anregung zu Ausführungen in dieser Richtung gab ihm das Hiob-buch in seinen letzten Kapiteln. Zwar wird Calvin wohl auch jetzt [5] nicht ganz darauf verzichtet haben, seine Kenntnisse namentlich hinsichtlich der Tierwelt, nach alter, eben erst anfangsweise erschütterter Methode aus antiken Schriftstellern zu holen. Aber selbst, wenn da und dort das Mytho-

---

1) CR 78,358: nous ne pouvons pas obscurcir les graces et les vertus qui sont en un homme, qu'il n'y ait un blaspheme conioint quant et quant...; 74,821/822: si un homme ha quelque don excellent de l'Esprit de Dieu, il ne dira pas qu'il en soit du tout vuide; car autrement il seroit hypocrite..; 81,624: Dieu n'est il pas l'origine de tout? Puis qu'ainsi est, que tout ce qu'il y a de clarté au monde vient de luy, et que c'est luy qui illumine tout, il faut bien qu'il soit tout environné de clarté; vgl. 78,340. 599.

2) CR 74,108: il est certain qu'il n'y aura si malotru... en ce monde auquel on ne trouvast ie ne sçay quoy qui meriteroit d'estre prisé.

3) CR 62,503: Voyons nous un homme du tout idiot qui n'ait point de sens ne de raisons? là il nous faut arrester: car c'est un miroir de nostre nature. D'où vient la raison et l'intelligence que nous avons? N'est ce point un don singulier que Dieu nous a fait?; ebenso 57,693.

4) CR 70,143: il n'y ha point de si ignorant qu'il ne puisse donner quelque instruction à son prochain...

5) Ich denke dabei an den Senekakommentar, wo er z. B. für die Entstehung des Donners auf eine ganze Reihe antiker Autoren verweist (CR 33,62); es ist auch von dieser Art, wenn wir lesen CR 63,432: une partie des aigles iettent leurs petis, tellement qu'ils sont contraints de se prouvoir eux-mesmes: et on dit qu 'il n'y a que les aigles noires qui les nourrissent... *ceux qui en ont escrit varient en cela*...; vgl. auch das ebenda 410 über die Hirschkuh Gesagte.

logische in der Nähe ist, man steht doch immer dem Wirklichen nahe, und vom Schwelgen in Absonderlichkeiten kann keine Rede sein. Immerhin wird man die Stellen in den betreffenden Hiobpredigten, wo ihn der Text, nicht sein Wille ins einzelne führte, mit Zurückhaltung behandeln. Tut man dies und zieht das übrige Material heran, so ruht in der Regel seine Aufmerksamkeit auf solchen Seiten an der pflanzlichen und tierischen Natur, die unmittelbar zu einem schlichten Gemüt sprechen. Die Schönheit im ganz Kleinen, Unscheinbaren erfreut ihn. »Kein Hälmlein wächst auf Erden, der Himmel hat's betaut« wäre ihm ganz aus dem Herzen gesprochen gewesen [1]. »Die Kunst liegt in der Natur«, dies Dürerwort lag unausgesprochen in seinem Bewußtsein, wenn er das kleinste Kräutlein oder den Vogel in der Luft betrachtete. Daß die Natur so Freude bereiten kann, empfand er dankbar. Der andre Zug, den er gern hervorhob, wenn er von der Tierwelt sprach, war die Fürsorglichkeit der Tiere füreinander, wenigstens innerhalb derselben Gattung; diese Beobachtung hat er manchmal dazu verwandt, die menschliche Roheit und Lieblosigkeit zu beschämen [2]. Man hört diesen Sätzen Calvins an, daß für ihn die Natur in einem ganz andern Maße als das Menschentum noch Gottes schöpferische Hand erkennen läßt; den biblischen κοσμος-begriff hat er auf die Menschheit beschränkt [3]. Freilich frei und rein lag die Natur für Calvin auch nicht da, aber das Übel, das in ihr waltet wächst nicht aus ihr heraus, es ist vom Mensch her über alles

[1]) CR 77,698: il n'y a point un petit brin d'herbe, il n'y a nulle couleur en ce monde qui ne soit pour *resiouir* les hommes. Dieses »brin d'herbe« auch 54,204; 61,532. Und allgemein 86,18: il n'y a rien si petit où il ne veuille qu'il n'y ait quelques marques de sa bonté paternelle imprimees.

[2]) CR 55,290; 63,423; 81,469.

[3]) CR 78,296: sous ce mot de Siecle et de Monde est comprins tout ce qui est des hommes en leur naturel. Le monde de soy n'a pas de vice ni de corruption, mais tout le mal procede du peché qui habite en nous... quand il est dit que... tout ce monde-ci est confit et plongé en malice, cela n'est pas ni au soleil, ni à la lune, ni en la terre, ni és eaux, ni en tout ce qui y est contenu...; 74,278: les boeufs et les asnes et les chiens retiennent leur origine telle que Dieu leur a donnee: il n'y a sinon cette malediction qui a esté espandue par tout à cause de nos pechez.

gebreitet. — Mehr indessen als bei der Tier- und Pflanzenwelt hat Calvins Auge beim Himmelsraum verweilt und dessen ganz großen Ordnungen. Man sieht an dieser Stelle hinein in die religiöse Bedeutung des alten Weltbilds, das sich Calvin von Kopernikus nicht verrücken ließ. Aber gerade angesichts des schroffen Urteils [1] über solche »Wahnwitzigen« ist es von Wert, auf Seiten an Calvins Ansicht hinzuweisen, die zeigen, daß er grundsätzlich dem Geist, aus dem heraus Kopernikus seine Thesen entwickelte, nicht fremd war. Einmal, das methodische Prinzip, auf dem die Berechnungen solcher Art fußen, hat er gut geheißen, das Prinzip nämlich, mit Hilfe von Hypothesen, die sich erst im Lauf der Untersuchung bewähren und berichtigen müssen, langsam über das zunächst allein Sichtbare hinauszukommen [2]. Und von Angst vor der Forschung ist bei ihm keine Rede, im Gegenteil, ehrerbietig lernend stellt er sich zu den ernsthaften Erforschern der Natur und verachtet phantastische Künste, etwa in der Astronomie. Ihn hat die neu aufkommende Forschung offenbar noch nicht einmal erschüttert, er fühlt sich auf der Höhe der wissenschaftlichen Bildung, und eben darum ohne Angst, jenes zugegebene Prinzip könne ihm gefährlich werden. Sodann, wenn man in dem aus der kopernikanischen Weltansicht entspringenden Bewußtsein der Kleinheit und Verlorenheit der Erde im Weltraum das Merkmal modernen Gefühls sehen möchte, so hat Calvin modern gefühlt; dazu brauchte er sich nicht umstellen auf eine neue Weltansicht [3]. Ja, man kann noch einen Schritt weiter gehen: er

[1]) CR 77,677: aucuns frenetiques... pour monstrer par tout qu'ils ont une nature monstrueuse, diront que le soleil ne se bouge, et que c'est la terre qui se remue et qu'elle tourne. Quand nous voyons de tels esprits, il faut bien dire que le diable les ait possedez.

[2]) CR 61,423;: Il est vray qu'ils imagineront des choses qui ne sont point au ciel [nämlich la droite Astrologie]: mais ... pas sans raison, c'est afin de monstrer par degrez et certaines mesures, les choses qui pourroyent estre trop hautes... à comprendre...; aufgrund eben dieses Prinzips aber empfahl A. Osiander das Werk des Kopernikus in seiner Vorrede dazu, vgl. E. Hirsch »A. Osiander...« 1919 S. 290.

[3]) CR 63,368: qu'est-ce de la terre ? Quelque grosse masse qu'il y ait... si nous la comparons avec ceste grandeur du ciel: ne faut-il pas que nous confessions avec les Philosophes que ce n'est qu'une petite boulle?

hat mit Bewunderung die Einheit, das Aufeinander-abgestimmt-sein, die Ordnung auf der Erde und im Kosmos hervorgehoben; in den gewaltigen Maßen sieht er ein Spiegelbild der Majestät und Herrlichkeit Gottes, Kraft und Weisheit [1]. Es wäre denkbar gewesen, daß Calvin wie dann Kepler [2] gerade darin eine Art Gotteserweis aus der Natur gesehen hätte, daß man ihre Maße errechnen kann und unsre Zahlen an der Natur nicht zerbrechen. Er hat dies nicht getan. Und er hat es wohl darum nicht getan, weil ihm nicht das der Berechnung Zugängliche, sondern gerade das Unberechenbare und Unendliche den Durchbruch zum Gottesgedanken zu gewähren schien. Rein historisch betrachtet hat er damit eine richtige Ahnung gehabt: denn der Umschlag jener Keplerschen Andacht beim Berechnen in die Herrenstimmung gegenüber dem Berechneten kam bald. Aber eben diese letztere Stimmung, die vor dem Errechenbaren und Gewohnten mit dem kühlen Urteil: »Nun ja, ganz natürlich« steht, war Calvin zuwider [3]. Und hiergegen half ihm das ältere Weltbild in schlagenderer Weise. Es sind da in der Regel ein paar einfache Gedanken gewesen, die ihn staunen machten und Kraft und Güte hinter der Natur sehen ließen. Daß die Erde, diese gewaltig schwere Masse, nicht im Wasser, das sie rings umgibt, versinkt, sondern völlig in der Luft hängend sich

---

1) CR $63,_{368}$: Dieu y a mis une telle proportion et mesure, que la terre se tiendra tousiours en son lieu: et combien qu'il semble que les montagnes la doivent renverser, si est-ce que l'une responde tellement à l'autre que le contrepoids demeure tousiours; $56,_{593}$: Nous voyons comme il travaille, comme il [die Sonne] est en labeur continuel: quels voyages est-ce que le soleil fait tous les iours... la lune... fait le semblable, et les autres planettes,... depuis que le monde est creé, cest ordre est continué...; $80,_{230}$: contemplans le ciel et la terre nous devons penser qu'il y a un Createur...: Dieu nous revele comme en un miroir sa maiesté et sa gloire.

2) Nach Holl »Die Bedeutung der großen Kriege...« 1917 S. 32.

3) CR $74,_{243}$: Quand ils voyent que le soleil se leve et se couche tous les iours, qu'ils voyent les saisons de l'annee retourner chacun en leur ordre: et bien, Nature, nature ... quand la terre produit substance pour la nourriture des hommes, ils s'amusent là, et n'est point question de Dieu. Et pourquoy? Cela leur est tout accoustumé. Or voilá une ingratitude bien vileine...

halten kann, daß ihre so mannigfach geformte Oberfläche, die hohen Berge hier und dort sie nicht aus dem Gleichgewicht bringen, ist ihm unergründlich, das erstere sogar ganz gegen die »Natur« des Wassers, das alles überspülen möchte [1]. Da hat er dann stets gern festgestellt, daß angesichts solcher Unerklärlichkeit auch die Philosophen Zweck und Sinn zugeben mußten; der Zweck und Sinn ist nämlich der: der Mensch soll auf dem wunderbarerweise trocken gebliebenen Land wohnen [2]. Was er bei der Welt im Großen bedachte, machte ihm auch das Kleine merkwürdig: daß der Regen, nachdem er sich durch den aufwärts ziehenden Dampf oben in der Luft gebildet hat, nicht gleich herunterfällt, obwohl es doch, wie gesagt, dem Wasser natürlich wäre, sich zu ergießen, legt ihm das Wort in den Mund: »Wenn wir drei- oder viermal haben regnen sehen, seht, damit hat uns Gott genugsam seine Majestät bezeugt« [3]. Vor allem aber hat er dem Lauf der Sonne, des Monds, der Planeten stets staunend zugesehen. Und es ist gerade das Tätige, Bewegte [4] am großen Kosmos, was ihn anzieht; er versucht es seinen Hörern deutlich zu machen [5], welcher Art diese Bewegungen sind, bald um die Erde herum und zugleich — bei der Sonne — auf sie zu und von ihr weg. Der Wechsel der Jahreszeiten, der Wechsel von Tag und Nacht ist ihm nicht durch die Gewohnheit bedeutungslos geworden; er hat die Helle des Tags als ein Geschenk empfunden. Aber nicht nur das, daß all dies mächtige Geschehen in einer fürsorglichen Beziehung zu uns Menschen steht, hat es ihm groß erscheinen lassen; es ist nicht einmal die vorwiegende Betrachtungsweise. Diese ist vielmehr die, daß all dies einfach einmal und immer wieder

---

1) CR 60,620; 61,420; 62,434 f.; 63,366 f.

2) CR 57,307 f.; 62,435; 63,367. 3) CR 63,312.

4) CR 56,593: le ciel est la comme bruslant pour servir à Dieu..; 79,397: voilà le soleil qui n'est soustenu sinon d'une vertu secrette de Dieu, et c'est toutes fois une masse si grande et infinie qu'il surmonte toute la terre: qu'il hausse, qu'il baisse, qu'il tourne, qu'il vire de costé et d'autre...; vgl. auch die Stellen in Anm. 5 und CR 79,348: ... la revolution et du iour et de la nuict.

5) CR 61,421; 62,430; 63,379.

gesehen sein will, nicht bloß weil es uns nützt, sondern weil Gottes Herrlichkeit aus ihm herausklingt [1]. Es lag ihm daran, daß aller menschliche Mißklang davon ferngehalten werde: wozu die Sterne benennen! Die menschliche Albernheit soll diesen »schönen Spiegel« nicht auch noch trüben! [2] Und wenn er das Wechselnde, Bunte an diesem kosmischen Geschehen mehr heraushob als das Gesetzmäßige, Errechenbare, wenn er im menschlichen und tierischen Bereich das Ungleiche [3] der

---

1) CR 74,880: quand le soleil se leve le matin, ne nous appelle- il pas *afin que nous adorions* nostre Dieu...; 63,369:... Dieu y [am bestirnten Himmel] a manifesté sa *grandeur*, sa bonté, sa *vertu* et *sagesse*, c'est autant comme s'il parloit haut et clair...; ebd. 382: quand Dieu envoye la clarté du iour, c'est autant comme s'il formoit toute la terre pour lui donner beauté, *afin qu'elle soit regardee* de nous en admiration.

2) CR 61,421 f.

3) CR 56,392: S'il y avoit un ordre continuel en nature, il nous sembleroit que Dieu n'y mettroit point la main... mais nous verrons un hyver plus long, nous verrons un hyver qui commence tard, l'autre plustost, et qui durera plus: nous verrons un hyver qui sera pluvieux, et l'autre sec, nous verrons force neiges en une annee, et en l'autre il n'y en aura point: une annee sera chaude et l'autre froide. Une telle inequalité donc ne monstre-elle pas qu'il faut que Dieu besongne?...; 57,296 f.: quum Deus sit immutabilis, et eius etiam opera oportere tenore semper eodem fluere, ratio humana iudicet, quae plerumque sic ratiocinatur: Quare Deus istius modi confusionibus et veluti fortuitis casibus delectatur...?... si continua rerum serie ac vicissitudine hunc orbem regi conspiceremus, certe Dei providentia longe obscurior esset... si sol terrarum orbem semper sine noctis vicissitudine radiis illustraret, nunquam. nobis in mentem veniret illa... doctrina, Deum res omnes a se creatas gubernare... Idem esto de variis in hominum vita casibus..: nae, Deum honore proprie spoliantes, fortunae administrationem orbis tribueremus...; 63,433 f.: quand un oiseau sera d'un naturel, l'autre d'un autre, que les bestes seront aussi diverses: on ne peut pas dire, Voilà une nature... si .. on vist une correspondance egale en toutes bestes... incontinent Nature, diroit-on, Nature: on ne penseroit point à Dieu... si tous hommes avoient une mesme face, et toutes femmes, et qu'il y eust une mesme stature,... couleur,... proportion de corps,... contenance,... esprit semblable: nous ne cognoistrions point si bien qu'il y eust un Createur qui nous eust formez,... qu'il distribue... les dons de son Esprit en telle mesure qu'il luy plaist: il sembleroit que ce fust le ventre de la mere qui nous formast..., la semence du pere... Mais quand nous voyons... tant de diversitez que l'un sera petit, l'autre

Gaben und Ausstattung unterstrich, so geschah das freilich zunächst einfach darum, weil ihm die Wirklichkeit es aufdrängte; aber zugleich stand ihm diese Wirklichkeit in schöner Einheit mit dem Walten Gottes überhaupt. Diese Wirklichkeit macht es dem Menschen schwerer, Gott zu vergessen, denn wenn das Wirkliche ständig in einerlei Weise sich darböte, würde die menschliche Vernunft sich schnell beruhigen, mit dem immer Gleichen sich abfinden, es Schicksal nennen und Gott das Herrenrecht nehmen, um gottloser Weise selbstbewußt zu werden [1]. Ja, auch zum doppelten Prädestinationsgedanken steht das natürliche Geschehen in einer gewissen Nachbarschaft: Gott verteilt die Gaben, »wie es ihm gefällt« [2], und Calvin holt aus diesem Tatbestand nicht Grund zur Klage, sondern folgert lediglich: also bildet uns Gott.

Nun wuchsen ihm aus dem Gesagten gewisse allgemeine Gedanken über Gott heraus. Denn über alle Natur breitet sich ihm der Schöpfergedanke und bekommt Fülle durch sie. Der, der von Brot uns leben läßt, zeigt sich als Vater, die Gaben des Geistes machen seine Güte deutlich, der Lauf der Natur zeigt ihn als den Mächtigen und Weisen, der im unendlich Kleinen wie im gewaltig Großen seine Kraft und Kunst zeigt. Über Natur und Menschenleben übergreifend offenbart er sich im ständigen Wechsel als der unbedingt alleinige Herr, als der Unveränderliche. Aber — und hierauf [3] möchte ich den Finger legen — nicht nach unserm Verstand von Unveränderlichkeit, wonach sie gleichmäßige einlinige Bewegung, wenn nicht überhaupt völlige Ruhe ist. Er ist der Unveränderliche gerade in der wechselnden Bewegtheit. So geht der Gottesgedanke hinaus über unsern Verstand; denn wir — so ist doch wohl sein Gedanke —, ein Stücklein in dieser Mannigfaltigkeit, sehen hochmütigerweise immer von ihrer Unermeßlichkeit ab, weil wir sie nicht umfassen können. Um so mehr sollte der Reichtum

---

grand: que les façons de faire sont aussi tant differentes, que l'un aura un esprit aigu, l'autre pesant... ne faut-il pas, si nous ne sommes plus que malins, et pervers, confesser que Dieu... nous forme?

[1]) Vgl. vorige Anm. zweites Zitat. [2]) Vgl. S. 73 Anm. 3 drittes Zitat.

[3]) Vgl. S. 73 Anm. 3, besonders das zweite Zitat.

von Gestaltungen unter uns es uns klar machen, daß wir nicht aus uns selber sind und mehr noch, daß unser Schöpfer ein Herr ist, dessen Kenntnis nie das Staunen und die Bescheidung verlöschen lassen darf. Damit konnte für ihn im Grunde die Frage nach den Übeln in Natur und Menschenleben erledigt sein; denn wer so überwältigt ist von der Macht der Natur und ihrem Reichtum, will die Welt nicht als die »beste Welt« erweisen; damit träte er ja aus ihr heraus, sondern beugt sich unter das Wirkliche. Und dies beides, schenkende Güte und menschliches Denken überragende und beugende Macht legt sich ihm auch in den Gedanken der Vorsehung [1] hinein. Der Zweckgedanke, den Calvin ja, wie wir sahen, wohl kennt, hat damit seine selbstische Fassung verloren, d. h. die Natur ist nicht erst dann zweckmäßig, wenn sie uns nützlich ist, sondern schon und vor allem dadurch, daß sie ihre d. h. Gottes Macht und Herrlichkeit zeigt.

Diesen Zügen im Gottesbild entspricht nun auch das Verhalten des Menschen, das sich Calvin dieser Wirklichkeit gegenüber als das sachgemäße denkt: Dankbarkeit und Staunen [2], oder ins spezifisch religiöse Verhalten gefaßt: Anbetung. Darum ist er scharf dagegen gewesen, daß man sich bei der Natürlichkeit des Wirklichen beruhige, weil man es so gewohnt ist; darum hat er, wenn er es schon gelten ließ, in die Ursachenerforschung sich hineinzubegeben, darauf gedrängt, daß man sich auch dabei nicht aufhalte, sondern bekenne, da sei ein Letztes, demgegenüber die sichere Haltung des Begreifens aufhöre, oder wie seine Sprache es ausdrücken mußte: Da sei eine »erste Ursache« [3].

Nun ist aber ja diese ganze Wirklichkeit, auf die Calvin

---

1) CR 81,273: nous tenons nostre vie de la main de Dieu . . . nous n'avons autre refuge qu'à sa providence; — und für die Seite der Macht z. B. 79,465: il nous faut prendre . . . la providence de Dieu . . . Quand les guerres s'esmeuvent au monde, qu'il y a du sang espandu . . .

2) Vgl. z. B. S. 71 Anm. 3 und S. 73 Anm. 1; vgl. auch CR 63,423: on verra là [in der Himmelsordnung] des choses admirables, que quand les Astrologues parlent, chacun sera esbahi.

3) CR 56,392.

gern den Blick lenkt [1], nicht persönlicher Art. Wenn Calvin in ihr doch die Stimme Gottes hört, so muß da ein andres Moment mit wirksam gewesen sein, wodurch es ihm verweigert wurde, jener Wirklichkeit sich zu verschließen oder nur die zum Menschen beziehungslose Macht in ihr zu sehen. M. a. W. der Schöpfergedanke hängt doch letztlich nicht an der Natur, sondern am persönlichen Leben [2]. Und nur, wenn er da feststeht, dehnt er sich auch über alles Wirkliche aus. Und doch hat Calvin wohl etwas Wahres damit festgehalten, wenn er, wie wir es ihm nach auch getan haben, den Hinweis auf Güter und Macht der Natur in den Vordergrund religiöser Unterweisung stellte; er handhabt damit den Gedanken des allem menschlichen Tun, auch der menschlichen Religion, zuvorkommenden Handelns Gottes. Er durfte daher wohl auch in der Wirklichkeit, die uns vor unserm Wissen um sie und über es hinaus ergreift, das Von-einer-Person-her und Auf-unsre-Person-zu sehen. Wir sind ja, längst ehe Religion in uns erwacht, schon Gebilde der Natur und empfangen von ihr; der Gottesgedanke hat aber die Art, einmal gefaßt als schon immer wirksam zu gelten. Allerdings wenn man das Aufzeigen des Hinweises auf Gott in der Natur von dieser persönlichen Beziehung löst und zum selbständigen und völligen Gotteserweis machen will, dann ist man auf schwankendem Boden. Ganz wird man Calvin von dieser Art des Beweisen-wollens nicht freisprechen können. Jedoch hat er tatsächlich doch selber, indem er dankbares Erstaunen als den Ertrag des Eindrucks von der Natur bezeich-

---

[1]) Mit meinen Ausführungen über Calvins Naturansicht möchte ich gern bestätigt haben, was K. Holl in seinem Calvin-vortrag »Joh. Calvin« 1909, S. 6 betont: »Er empfand ihre [der Welt] Wirklichkeit herzhaft und war offen für ihre Schönheit . . . sein Natursinn war nicht stumpf«.

[2]) In der Institutio (ed. Tholuck 1834 S. 50) hat er dies klarer gesagt, als die Predigten es vermuten ließen: quorsum tamen potissimum spectent [die Werke Gottes in der Natur], quid valeant, quem in finem a nobis sint reputandae, tum demum assequimur, *dum in nos ipsos* descendimus ac consideramus, quibus modis suam *in nobis* vitam, sapientiam virtutem Dominus exserat: iustitiam, bonitatem, clementiam *erga nos* exerceat.

nete, davon Zeugnis gegeben, daß sich ihm aus der Natur niemals das Ganze des Gottesgedankens und der Religion erschlösse. Denn mit beidem — der Dankbarkeit und dem Erstaunen — sind doch nur die ersten Regungen eines demütigen, d. h. unter einem mächtigen Eindruck von außen stehenden und diesen ehrlich zugebenden Verhaltens bezeichnet. Andrerseits könnte man in diese beiden Begriffe am ehesten Calvins Ansicht von einer religiösen Anlage fassen, wie er denn auch in der kindlichen Dankbarkeit gegen die Eltern ein Stücklein Religion gesehen hat[1]; nur hat er diese Anlagen recht wenig entwickelt gesehen, unendlich viel mehr als von Dankbarkeit ist in seinen Predigten von ingratitude die Rede. Jedenfalls aber das, was er sonst zu Merkmalen des religiösen Lebens macht: Gott anrufen, seiner Hilfe gewiß sein, liegt nicht in diesen Anfängen; schon die Anbetung der göttlichen Majestät greift eigentlich darüber hinaus.

2. Der Schöpfer und sein Gesetz.

Wo ist nun die Stelle, wo ihn ein persönlicher Wille Gottes ergreift? Um zur Antwort hinzugelangen, erinnern wir uns, wie hoch Calvin von der Geistart des Menschen dachte. Aber all das dort als das kostbare Eigentum des Menschen Geschilderte kann einer haben und brauchen, ohne dadurch persönlich in ein Gottesverhältnis getrieben zu sein. Ja gerade bei dieser Weite des geistigen Lebens empfindet Calvin es besonders deutlich, daß der Mensch in ihr sich verlieren kann, vergessend, wozu er eigentlich lebt. Aber solch unbewußtes Zehren vom Leben, d. h. von den Gaben Gottes, ist Calvin zuwider. Sich nichts vormachen, sich selber erkennen, das gehört ihm schon mit zu menschlicher Klugheit und Geisteskraft, wenn sie des

---

[1]) CR $55,_{686}$: s'il y a quelque religion, il faut que cela soit cogneu en la personne du pere et . . . de la mere. Et mesmes les Payens ont eu un mot commun pour l'obeissance qu'ils rendoient à Dieu, et au pere et à la mere [εὐσέβεια] . . .; $81,_{454}$: . . . il y a une espece de pieté quand les enfans honorent pere et mere.

Namens wert sein soll [1]. Und wo einer dies mit Ernst tut, da rechnet nun Calvin allerdings damit, daß er sich als ganzer Mensch unfrei [2] finde. Auch wenn gar kein Gesetz da wäre, das uns beanspruchte, trotzdem hörte die Selbständigkeit des Menschen auf, er würde merken, daß in ihm selber der Sinn seines Daseins nicht gefunden werden kann. Diesen Sinn nun, in der Tiefe seines persönlichen Reichtums unfrei zu sein, hat für ihn der Schöpfergedanke. Und auf diesem Hintergrund geht es dem Menschen nun erst recht auf, wie er auf Kosten dessen lebt [3], an dem er im Grunde seiner Person hangt. Freilich liegt es nicht so einfach auf der Hand, daß dies so ist. Es will erkannt sein, ein unbewußtes Gottesverhältnis, als menschliches Verhalten gedacht ist für Calvin eine Unmöglichkeit: Der, der Gottes Brot ißt und es nicht weiß, daß es so ist, ißt in Wirklichkeit nicht Gottes Brot [4]. So gehört ihm die Klarheit des Bewußtseins mit zum persönlichen Ernst der Religion [5]; das ist einer der Gründe, warum

[1]) CR 57,30: qu'un homme ait circuit le ciel et la terre, qu'il ait tout comprins, et cependant qu'il ne pense point à son Dieu, ... point à soy-mesme ... quelle est toute son intelligence? Quand il sera l'astrologue le plus subtil du monde, qu'il aura toute la philosophie enclose en son cerveau toutes les sciences du monde, et cependant il se mescognoist, il ne luy chaut de Dieu: ... il ne sçait que c'est de religion: cest homme-là sera-il plus à priser qu'un simple idiot qui chemine en la crainte de Dieu, et qui cognoist à quoy il est créé? — 1. Kor. 13 im 16. Jahrhundert!

[2]) CR 51,709: prenons le cas qu'il n'y eust iamais nulle Loy publique: tant y a que pour cela les hommes ne seront point plus agreables à Dieu. Et de son costé il ne nous peut rien devoir: car il est dit [folgt Luk. 17,10]. Et pourquoy? *Sommes-nous en nostre liberté*? Y a-il rien en nous qui nous appartiene et qui nous soit propre?

[3]) CR 79,511: desia de nature nous sommes assez tenus de servir à Dieu et de l'honorer: car nous tenons nostre vie de luy, et vivons ici à ses despens ...

[4]) CR 81,358: si ie pren ma refection, il est impossible que ie mange du bien de Dieu, ... si ie ne le cognoy. ..; ebda. 367: Si quelqu'un tasche de servir à son pere et à sa mere, cela est bien un service agreable en soy: mais si un homme ne cognoist point qu'il s'acquitte de son devoir, et que Dieu l'a obligé à pere et à mere, tout le service qu'il leurno fera, n'est qu'abomination ...; vgl. 77,692; 82,483.

[5]) CR 61,575: O voilà, ie ne puis pas discerner, on me pourroit tromper sous ombre de Dieu et de religion, il vaut mieux donc que ie

er die Bezeichnung des Menschen als Holzklotz [1] nicht mochte. Klarheit des Bewußtseins also, aber keineswegs Völligkeit des Wissens, im Gegenteil, das Wort Schöpfer, das auch die Schlimmsten noch heilig halten, drückt ja gerade den Abstand des Menschen von Gott aus, den keine Erkenntnis überbrückt; nur der ihm Gleiche erkennt Gott [2].

Trotzdem er den Menschen in seiner Kreaturart mit der ganzen Welt zusammenschloß, empfand er doch das Menschsein als Gabe des gütigen Schöpfers, der, der Vollkommene, sich gewissermaßen für unvollkommen hält, wenn er nicht eine Menschheit mit sich in Gemeinschaft setzt. Beides, das freie Schaffen und die Güte, gehört zusammen und machen das Wort Schöpfer zu einem »geheiligten« Wort; beides gehört daher im eigentlichen Sinn nur ihm allein zu [3]. Zugleich erwächst nun hieraus der Gedanke der Pflicht diesem Schöpfer gegenüber und zwar in dem schrankenlosen Sinn von Luk. 17, 10 [4]. Wir stehen hier wohl vor einem eigenartigen Gedanken Calvins, mindestens vor einem, den er sehr liebte: Nur der Schöpfer kann verpflichten [5]. Er hat sich damit gern

---

n'en cognoisse rien. Voire? mais quelle ingratitude est-ce? . . . c'est comme si on disoit, ie ne veux point manger: car il y a des viandes mauvaises.

1) CR 74,197: Dieu ne veut point sauver ses esleus comme des troncs de bois, mais il veut qu'ils acceptent par foy la grace qu'il leur offre . . . Et . . . le diable a regné en la Papauté: car ils disent que c'est assez de croire tout ce que l'église croit.

2) CR 81,626-627: Voilà la perfection de nostre felicité, c'est nostre ioye accomplie, quand nous serons conioints à nostre Dieu pour le contempler *estans semblables á luy*; 62,341: quand nous serons semblables à luy, non seulement nous le verrons tel qu'il est, mais nous cognoistrons en perfection les choses qui maintenant nous ne sont point revelees.

3) CR 79,380: celuy qui s'attribue quelque franc-arbitre et qui presume d'avoir quelque moyen et faculté de bien faire, . . . il se veut mettre en la place de Dieu pour se monstrer createur . . .: les plus . . . enragez encores auront-ils ce mot de creation sacré: ils diront que Dieu est le vray createur.

4) Vgl. S. 78 Anm. 2, außerdem: CR 79,73: au regard de nos personnes nous ne sommes rien, car nous sommes obligez du tout à luy . . .

5) CR 55,194: En quelle authorité est-ce que les hommes ont *commandé* et deffendu telle chose? [Speise- und Trankvorschriften].

gegen jede Verpflichtung durch menschliche Autorität gewehrt, andrerseits liegt ihm gerade darin der »geistliche« Charakter des Gesetzes, daß Gott allein es geben kann [1]. So ist der Gehorsam gegen das Gesetz entweder, wie es sein muß, Gehorsam gegen den Schöpfer oder er ist nichtig. Man kann es deswegen wohl begreifen, daß er schon in der Gabe des Gesetzes mehr als einen drückenden Befehl gesehen hat, nicht nur insofern Gott aus freiem Willen an die Gesetzeserfüllung die Verheißung des Glücks geknüpft hat (»Wer alle diese Dinge tut, soll durch sie leben«), sondern auch in dem Sinn, daß er im Gesetz die Tatsache erkannte, daß Gott sich überhaupt mit uns abgibt und unser Heil will [2]. — Daß eben dieser Gotteswille uns erreicht, das gibt dem Menschentum seine einzige Würde. Da Calvin den Schöpfer ernst nahm, nahm er den Menschen da ernst, wo er sich vom Kreaturbewußtsein her Gott verpflichtet fühlte. Da wo ihn die Reinheit, Rundheit, Einfachheit des Gesetzes ergriff, da spürt er den Schöpferwillen an sich oder, mit Calvin zu reden, wo das Gewissen über gut und bös zeugt, da sieht man »Gottes Bild« im Menschen durchschimmern [3]. Das ist's, was neben seiner

---

Car le Pape et tous les siens ne sauroyent pas *creer* une mouche: ...; ebenso 77,685; 82,479; noch deutlicher 81,357: ceux qui entreprenent d'imposer loix pour obliger les ames, veulent usurper l'office et l'authorité de Dieu. Or qu'on scache si le Pape et tous les siens peuvent creer une mouche ...; vgl. auch 54,111: Un papiste cuidera estre un petite Ange, s'il observe la *loy d'un ver, d'une ordure*, et dira que c'est la loy de Dieu.

[1]) CR 58,117: Solus. Deus est legislator, non futura alioquin lege spirituali: et ideo legislator et servator nuncupatur: quae duo proprie conveniunt et individuo inter se nexu cohaerent. Unus enim legislator est qui possit servare; quare qui hominum conscientias rebus insertis legique Dei contrarius adstrinxerunt, apostatas esse certum est. Praedicant sane papistae magnopere obedientiam ... Sed ... Matri nostrae ... sanctae ecclesiae. *At qui obedientiam profitetur Deo creatori exhibeat illam necesse est.*

[2]) CR 60,489: Dieu ne nous demande point à son service pource qu'il ait affaire de nous: il n'ha ne faut n'indigence des creatures ... nostre Createur ... puis que son profit ne le meine point à telle solicitude, il regarde donc à nostre salut.

[3]) CR 61,489: l'image de Dieu est imprimee en nous, d'autant que nous avons intelligence et raison, que nous discernons entre le bien

Geistart den Menschen übers Tier erhebt [1], das bleibt ihm in all seinem Aberglauben erhalten [2], das kann er sich vor Augen halten, wenn das Widergöttliche ihn vom rechten Weg abbringen will [3]. Es ist die von Gott ihm gewordene Ehre [4] des Menschen, daß er Richter sein kann und soll über sich selber. — Diese Gottesbeziehung ruht, wie man sieht, ganz auf dem Drängen Gottes auf den Menschen zu, nicht auf dem Sehnen oder Bedürfnis des Menschen zu Gott hin [5]; sie ist daher auch nicht von den Einwänden derer bedroht, die die Religion als eine Angelegenheit des Schwachen und Bedürftigen von sich stoßen; ihr Gegner kann nur der sein, der sich nicht mehr als Geschöpf und darum nicht mehr verpflichtet fühlt. Zugleich eröffnet sich von hier aus ein

---

et le mal, que les hommes sont nais pour avoir quelque ordre, quelque police entre eux: qu'un chacun a sa conscience qui luy rend tesmoignage qne eela est mauvais, cela est bon; 81,590: quel est le propre de l'homme sinon de sçavoir discernes? si nous n'avous prudence de iuger du bien et du mal, sommes nous dignes d'estre au rang des hommes?

1) Vgl. das zweite Zitat der vorigen Anm. und die folgende; CR 81,136: c'est l'office des Magistrats, d'estre . . . attentifs pour garder que les hommes ne soyent dissolus: que s'il ne prenent garde à cela [vorher auch mit »honnesteté« bezeichnet], il n'y aura plus de discretion de bien ne de mal, ni honte d'aucune turpitude, tellement que les choses iront comme entre les chiens et pourceaux; vgl. auch S. 52 Anm. 1.

2) CR 63,238-239: au milieu de toute nostre ignorance et de toutes nos erreurs, et de toutes nos superstitions, encores nostre Seigneur nous tient convaincus, que nous avons une obligation inestimable envers luy de ce qu'il nous esleve par dessus les bestes brutes, quand il nous laisse quelque discretion de bien et de mal imprimee en nous.

3) CR 60,638: quelques efforts que Satan face pour nous desbaucher, incontinent ceci nous doit venir au devant, Comment? que nous soyons alienez de nostre Createur? de celuy auquel nous sommes?

4) CR 62,278: Et ie vous prie, quand Dieu nous fait cest honneur de nous constituer iuges de nostre vie, voire et qu'il le fait pour nostre salut: serons nous excusables si nous sommes nonchalans; ja sogar das Vernunft-sein des Menschen biegt Calvin nach der Richtung des Gewissens um: CR 79,323: Tous hommes . . . avec le temps auront quelque discretion entre le bien et le mal: *Et voila pourquoy aussi ils sont appelez Creatures raisonnables.*

5) Vgl. hierfür etwa CR 81,557: il est impossible que nous approchions de Dieu, sinon d'autant qu'il luy a pleu se communiquer à nous.

Verständnis dafür, warum er angesichts der ihm so eindrücklichen Macht und Schönheit der Welt im Kleinen und Großen sich nicht im All verlor; das mußte ihm gerade so vorkommen, als wenn er sich in seiner eignen Personwirklichkeit verlöre und sie gegen das allein ihr Sinn und Ehre gebende verschlösse.

So gibt es also einen »Samen der Religion«[1], den Calvin niemand absprechen möchte. Nicht daß er aus ihm den Gehalt des Sittlichen und der Religion ableiten wollte; denn damit hätte er, für sein Gefühl, vergessen, wie der Mensch am liebsten nichts mit Gott zu tun haben wollte. Wohl aber so, daß er dieses Dämmern der Gottverpflichtetheit immer wieder irgendwie durchblitzen sah, zumeist dem Menschen gar nicht in seiner Bedeutung bewußt. Seine Stimmung diesem im Menschen eingegrabenen Gesetz gegenüber ist nicht so: Der Mensch hat in sich die Maßstäbe für sein Tun, was braucht er mehr?, sondern so: mögen die Menschen noch so sehr vor Gott und seinem Gesetz fliehen, er holt sie doch ein und »entreißt«[2] ihnen das Bekenntnis zu seiner Wahrheit, sie müssen sie doch wissen! In diesem Sinn hat er auch das Scham- und Schandegefühl als einen Hinweis auf Gott verstanden und wohl gewußt, was sein Verlust bedeutet. Daß auf diese Weise fremdes Urteil über unser Handeln, wiewohl wir die Gegenwart andrer fliehen, zu uns hereindringt, uns verurteilt oder noch eben vom Bösen zurückreißt, ist ihm ein Zeichen von

---

1) z. B. CR 78,597: il faut bien que nous ayons quelque sentiment en nous, qu'il y a un Dieu que nous devons adorer, et qui merite que grans et petis luy facent hommage d'autant que nous tenons nostre vie de luy. Cela ne peut estre effacé de nostre entendement qu'il n'y ait tousiours quelque semonce de religion en nous: ...

2) Dies ist beinah stehender Ausdruck bei sittlicher und religiöser Erkenntnis Ungläubiger; z. B. CR 54,152: [nach Zitierung eines auch Inst. (1559) I, 11,4 gegebenen Horazworts] Dieu a *arraché* ceste recognoissance de luy par force ... afin ... qu'il n'y eust plus d'excuse; 55,582: Les Payens ... ont dit que les loix estoyent dons de Dieu, que ce n'estoyent point inventions humaines. Et Dieu leur a *arraché* ceste confession telle, afin que leur ingratitude fust tant moins excusable; ebenda 571: proverbe commun, que la conscience emporte mille tesmoins: et ceux qui ont ainsi parlé, n'ont point cogneu pourquoy ... Dieu leur a *arraché* ce mot; 81,196: les payens ainsi prophanes qu'ils

Gottes uns doch stets erreichender Gegenwart [1]. Die Geschichte des menschlichen Frommseins stellt sich ihm daher weithin als die Geschichte solcher Durchbrüche des Samens durch das widerstrebende Erdreich des rein Menschlichen. Wenn der gegen David rasende Saul plötzlich sagt: Ich weiß ja, daß du sicherlich König werden und das Reich Israel in die Hand bekommen wirst, darum schwöre mir, daß du meinen Samen nach mir nicht ausrotten wirst ... (1. Sam. 24, 21 f.), und trotzdem nicht von der Verfolgung abläßt [2], wenn auch Hurer und Säufer doch nie ihre Laster Tugenden zu nennen wagen [3], wenn dem Bösen in der Angst unwillkürlich der Schrei zu Gott entflieht [4], wenn Christen im Gebet die Hände zum Himmel strecken, obwohl sie tatsächlich hier unten auf der Erde ihr Bestes suchen [5], überhaupt in der Merkwürdig-

---

ont esté, ont tousiours usé de ces mots ... Levons les mains au ciel ... Dieu leur a *arraché* ce tesmoignage-là, comme si on mettoit un malfaiteur à la gehenne afin qu'il fust convaincu de sa propre bouche ...

1) CR $62,_{547}$: Ie m'irai cacher de la presence d'un homme. Et qui est cause de cela. Lá honte ... c'est Dieu qui me l'a imprimee comme un cautere, en sorte que quand autrement ie voudroye que le soleil et le ciel et la terre, et les hommes fussent tesmoins de ma vilenie, si est-ce que ie suis reprimé voyant qu'on me monstrera au doigt ...; $58,_{709}$: cogitemus nos in propria causa caecutire ..., aliorum longe aliud est indicium: ideoque hoc [kurz darauf nennt Calvin es pudor] tamquam altero fraeno cupiditates nostras coerceamus; vgl. $56,_{155}$; $76,_{638}$.

2) CR $58,_{519}$: quis illi hanc confessionem extorsit [= arracher!], nisi sola conscientia qua intus urgebatur et urebatur, et tanquam perpetuo carnifice cruciabatur, *Deo* etiam tanquam summo iudice *illum excitante*.

3) CR $60,_{597}$: Un paillard sera bien convaincu que sa paillardise est meschante: un yvrongne condamnera son yvrongnerie; et ne dira point de ce vice que ce soit vertu. Mais ... S'il estoit en eux ils voudroyent arracher Dieu de son siege, afin qu'il n'eust plus nulle authorité sur eux.

4) LR $80,_{230}$: Les plus meschans, quand ils se seront mocquez de Dieu, s'ils se trouvent en quelque angoisse, auront leur recours à luy sans y penser ...

5) CR $81,_{195}$: tous ceux qui auront levé les mains au ciel, et cependant seront retenus ici bas ... c'est tout autant comme si de leur propre main, et de leur seing manuel ... ils ratifioyent, ie suis un hypocrite, ie suis un faussaire.

keit, daß Menschen auf den Kopf zu gefragt meist mit Abscheu das von sich stoßen, was sie doch in der Tat tun[1], — überall sieht Calvin gegen Willen und Meinung des Menschen die Wahrheit über den Menschen durchbrechen. Dieser Gedanke vom Samen der Religion hat ihn offen gemacht für fremde, namentlich die antike Religiosität, aber auch die Zuversicht, daß im Papsttum doch stets noch ein bischen von christlicher Religion lebendig geblieben ist, dürfte ohne diesen Gedanken nicht vorstellbar sein. Freilich, wo auch immer er eingesetzt ist, das Ziel, das er mit ihm verfolgt, ist, wie die Zitate zeigen, in eiserner Eintönigkeit stets ein und dasselbe: es gibt keine Unwissenheit über die religiöse Pflicht, darum ist niemand entschuldbar. Wenn wir uns die Verbundenheit der religiösen Verpflichtung mit dem Schöpfergedanken vor Augen halten, so ist das ein wohl verständlicher und klarer Gedanke.

Die eben gemachte Bemerkung über die Bedeutung des Gewissens beim Heiden führt auf einen für die Anschauung vom Sittlichen wichtigen Punkt: Der Wille Gottes, dem der Mensch so oder so begegnen muß, ist einer die ganze Geschichte hindurch. Dies gilt nicht allein vom Sittlichen, so wie es den Menschen verpflichtet, sondern auch den Erlöserwillen hat Calvin mit dem Schöpferwillen zusammengebunden[2]; schon immer hat Gottes Verhältnis zum Menschen jene Doppelheit von Liebe und Zorn in sich gehabt[3], schon

---

[1]) CR $57,_{122}$: tous les meschans de ce monde ne confesseront pas qu'ils vueillent ainsi s'aliener de Dieu: mais la chose est telle; $61,_{747}$; un homme mortel auroit honte de penser à faire la guerre à Dieu: tant s'en faut que les meschans confessent qu'ils ont voulu s'eslever contre le Tout-puissant, qu'ils ont le mot en horreur: mais ils ne laissent point de le faire; und so oft z. B. $62,_{638}$; $69,_{418}$; $_{537}$.

[2]) CR $81,_{320}$: ... quand nous sommes recueillis à Dieu et que nous sommes incorporez en nostre Seigneur Jesus Christ, voilá à quelle fin nous sommes creez ...; vgl. auch $55,_{699}$: notons bien que celuy qui a du commencement du monde converti les tenebres en clarté, et mesmes a fait sortir la clarté des tenebres: qu'aussi il a peu changer la malediction en benediction, en la personne de son Fils unique.

[3]) CR $78,_{292}$: Dieu ... nous a hays et nous a aimez devant la reconciliation. Et comment aimez? Pource que nous sommes ses creatures: et puis combien qu'il nous vist si miserables, qu'à cause du peché

immer ist Gottes Liebe auf nichts als auf seinen Willen und sein Werk gegründet gewesen. Diese Betonung der Einheit Gottes konnte denn auch im Sittlichen nicht zusammenbrechen. Größen wie Gewissen, Ordnung der Natur, Gesetz (Mose), Christus mußten ihm in der entscheidenden Betrachtung zusammenrücken. Das Band der Einheit ist dabei der Schöpfergedanke, sofern es allein dem Schöpfer gegenüber Gehorsam gibt [1]. Damit bekommt der Gedanke des Sittlichen zugleich von Anfang an die religiöse Gestalt: Der Mensch ist Gott ganz und gar verpflichtet oder wie er es ausdrückt: Das Gesetz ist »geistlich«. Eben deshalb mußte er darauf verzichten, das Bild der Pflicht mit dem Blick auf die Fähigkeit des Menschen zu malen; daß er es so machte und damit die Strenge des göttlichen Rufs im Gewissen abschwächte, ist einer der Vorwürfe an den Katholizimus: er fragt zuerst: was kann der Mensch?, und dann: was kann Gott von ihm verlangen? [2]. All solche Beschränkungen fallen für Calvin dahin, es bleibt als das ewige Wesen des Gesetzes die Forderung der Reinheit des Herzens und eines leidenschaftlichen Willens im Dienst Gottes. Diese Bezogenheit aller Sittlichkeit auf den Gottesgedanken hat er in der Voranstellung der ersten Tafel im Dekalog ausgesprochen gesehen [3] und konnte dies auch so ausdrücken: der Glaube ist im Gesetz mitgefordert [4]. — Un-

nous sommes gens perdu et damnez, toutesfois . . . il a eu pitié du genre humain, et n'a pas voulu qu'il perist tout. Cependant il nous a hays . . . pource qu'il est la fontaine de toute iustice . . .

1) Vgl. S. 80 Anm. 1.

2) CR 62,$_{691}$: ils ont mesuré les commandemens de Dieu à nos forces: s'ils ont veu qu'une chose surmontast nostre capacité, ils ont conclu que Dieu ne la commandoit pas donc . . . [dagegen sagt Calvin:] il y a une conformité entre la doctrine qui se presche, et la grace interieure que Dieu nous fait par son sainct Esprit: et cela s'accorde en tout et par tout.

3) CR 74,^{365}: ils allegueront sobrieté en vivre, qu'il n'a pas esté un yvrongue: apres qu'il a mesprisé les richesses, qu'il n'a fait tort ni iniure à personne. Tout cela est bien louable: mais cependant Dieu demeure là en arriere . . . Voilà donc une sainctеté qui est deschiree par pieces, et dont le principal est osté.

4) CR 81,$_{30}$f.: Qu'est-ce donc que Dieu a voulu apprendre à ses fideles, en leur donnant sa Loy? il les a voulu fonder en la foy. (31) c'est

lösbar mit dieser Gott zugewandten Seite des Frommseins ist die andre verknüpft, die dem Menschen zugekehrt ist. Man kann zwei Motive nennen, die diese Seite der Pflicht aufs stärkste unterstreichen, ohne doch damit der ersten etwas abzubrechen. Einmal kann Calvin, besonders angesichts der menschlichen Neigung zur Gott gewidmeten Betriebsamkeit, betonen, Gott brauche unsre derartige Frömmigkeit gar nicht, er empfehle uns aber unsre Nächsten, im Dienst an ihnen können wir als an einer Probe zeigen, daß es uns mit dem Gottesdienst ernst ist [1]. Sodann aber — und dies ist das wirksamere Motiv — erlebt nach seiner Meinung keiner den Schöpfer so, daß er sich für sich allein geschaffen vorfände. Vielmehr findet er sich in einer großen Gemeinschaft Geschaffener vor, denen allen Gottes Bild aufgeprägt ist [2]. Diese Wirklichkeit der Zusammengewürfeltheit der Menschen genügt ihm, um sagen zu können: Wenn wir Gott irgendwelche Ehrerbietung und Ehrfurcht entgegenbringen, so haben wir Grund genug, sein allen Menschen aufgeprägtes Bild nicht zu verachten. Wie diese Begründung der Nächstenliebe den Schöpfergedanken in sich trägt, so ist sie andrerseits unabhängig von irgendwelchen rein menschlichen Qualitäten. Die Leistung des andern kann den Rahmen oder die Grenze

---

asçavoir que nous soyons asseurez quel est nostre Dieu, que nous l'adorions, et qu'un chacun ne bastisse point en son cerveau des idoles . . .

[1]) CR 74,548: [nach einigen Sätzen gegen den katholischen religiösen Betrieb] Or Dieu nous veut esprouver d'une autre façon, car il n'ha nul besoin de nous: mais il veut que nous exercions nostre charité envers ceux qu'il nous recommande; vgl. S. 94 Anm. 1.

[2]) CR 81,128: nostre Seigneur n'a point creé de mondes infinis, afin qu'un chacun de nous demeurast la à l'escart vivant à soy . . . mais il nous a mis les uns avec les autres. Voulant donc que l'habitation fust commune, il nous a aussi obligez, afin qu'un chacun pense qu'il doit communiquer avec ses prochains. Et pour ceste cause il nous a creez d'une nature. Quand ie regarde un homme, il faut que ie contemple là mon image, et que ie me regarde en sa personne, . . . Il y a encores une chose plus digne d'estre consideree, c'est l'image de Dieu qu'il a engravee en tous. Si donc nous portons à Dieu quelque honneur et reverence, c'est bien raison que nous ne mesprisions point son image laquelle il a engravee en tous hommes: . . .

solcher Liebe nicht abgeben; denn jenes »Bild Gottes« hat der Mensch sich nicht selber gegeben und kann es auch mit aller Bosheit nicht selber vertilgen. Das Selbstlose in der Nächstenliebe ist damit im Grunde schon gegeben. Es erscheint auch ganz folgerichtig, wenn Calvin in der Liebe zum Nächsten, wie dieser auch sei, einfach die Erkenntnis verwirklicht sah, daß Gott über Böse und Gute die Sonne scheinen läßt[1].

Und hier bei der Nächstenliebe, ist es fast noch deutlicher sichtbar, wie ihm der Wille Gottes bei der Schöpfung, das Gesetz und das Evangelium zusammenrücken. Dazu müssen wir das Inhaltliche der sittlichen Forderung erwägen; das bedeutet aber vor allem ein Eingehen auf die wie bei Luther so auch hier auftauchende Frage: Hat er das Ideal herauf- (zur Bergrede) oder heruntergedeutet (auf die mosaischen Forderungen)? — Es ist wahr, er hat das Eidverbot der Bergrede dem Wort nach nicht gelten lassen, ebenso wenig hat er das »dem Übel nicht widerstehen« in der Weise Tolstoi's als den Schlüssel der Bergrede angesehen. Zunächst dient es wohl der Klarheit über die Stimmung, in der Calvin die Bergrede ansah, wenn noch einmal betont wird: das Widerspiel zur Forderung der Bergrede ist für ihn nicht das Menschenmögliche, sondern Gottes Gnade[2]: vor der Größe der Forderung wird ihm schwerlich gegraut haben. Was ist Gottes Recht[3]? Das ist allein die Frage. Dieser Gesichtspunkt dient nun

---

1) CR 79,19: combien que les hommes de leur costé ne meritent pas d'estre reputez et tenus pour prochains, toutesfois quand nous leur porterons amour ... nous monstrons que c'est bien raison que Dieu surmonte toute nostre malice; vgl. auch 74,548: il veut que nous-nous employons principalement envers ceux qui n'en peuvent plus: *comme c'est son office* de repaistre les povres affamez ...; 82,440: voyla en quoy Dieu veut que nous soyons configurez à son image, c'est en bien faisant ... tel est le Pere celeste qui fait luire son soleil non seulement sur les bons, mais sur ceux qui en sont indignes.

2) Vgl. S. 85 Anm. 2.

3) CR 54,436: Pourquoy Dieu nous demande-il plus que nous ne pouvons? Il faut regarder dont le mal procede: c'est de nostre vice ... Et est-ce à dire, si nous sommes malins ..., que Dieu doive estre frustré de son service, et qu'il perde son droict? Nenni

zugleich auch zur Herausstellung des positiv von Gott Gewollten aus der negativen Formulierung des Dekalogs. Calvin stellt sich angesichts einer Forderung die Frage: was ist das Wesen Gottes, das hinter dieser Forderung steht[1]? So gewinnt man die rechte Auslegung des Dekalogs und offenbar in diesem Sinn hat er Jesus seinen »rechten Ausleger« geheißen[2]. Eben damit ist aber bereits auf ein jenseits der Formel Liegendes zurückgegriffen und entsprechend ein jenseits des sichtbaren Werks in der Tiefe des Herzens Liegendes vom Menschen gefordert. Das »geistliche Gesetz« auf Gottes Seite, das »gute Gewissen« auf der Seite des Menschen, sind die Ausdrücke, die diesen Tatbestand nach beiden Richtungen hin benennen[3]. Und dies Geforderte ist nun selbstvergessene Liebe zum Nächsten[4]; dabei hat er das Spontane, von sich aus Gemeinschaft Begründende in dieser Liebe betonen können[5]. Das hob ihn nun zugleich nicht nur über die nega-

1) CR $54,_{327}$: quand nous aurons regardé la nature de Dieu: il ne faudra plus astaindre la Loy de Dien aux oeuvres exterieures: mais ... quand Dieu parle des meurtres, il parle aussi bien de toute inimictié ..., indignation, ... cholere, ... rancune que nous avons contre nos prochains.

2) CR $54,_{372}$: nous pouvons aussi amener l'authorité de nostre Seigneur Jesus Christ, qui est fidele expositeur de la Loy ..; vgl. CR $81,_{33}$: Quand on aura bien espluché tout, on trouvera que l'Evangile n'est qu'une simple exposition de ce que Moyse avoit annoncé auparavant.

3) Für das erstere: CR $78,_{411}$: sa Loy est spirituelle, il ne regarde point à ce qui apparoist et à ce qui a beau lustre devant les hommes ...; $79,_{36}$: la nature de Loy: Or elle est spirituelle ... il [Jesus Christ] dit: Tu ne tueras point. Et est-il donc licite de battre? Nenni, non pas mesme de hair ...; für das zweite CR $78,_{385}$: Dieu accepte la bonne conscience, au lieu que les hommes s'amusent à ce qui apparoist et qui a beau lustre: Dieu regarde l'integrité du coeur.

4) CR. $77,_{706}$: qui voudroit s'acquitter de son devoir envers ses prochains, il faut necessairement qu'il s'oublie ...; $74,_{548}$: la charité emporte une affection ... qu'au lieu que les hommes sont enclins de s'aimer par trop, et de chercher leur profit particulier, qu'ils s'oublient eux-mesmes pour aider à leurs prochains.

5) CR $79,_{100}$: que nous ne soyons point nais pour nous-mesmes (car Dieu aussi ne nous a pas creez à ceste intention); mais que chacun se pousse ... pour aider à ceux qui demandent secours de luy: et

tive Formel des Dekalogs, sondern auch über die negative Formel der Bergrede hinaus zu einem freieren, doch nicht flachen Verstehen. Wo es heißt, dem Bösen nicht widerstehen, da stellt er nun als den leitenden Gedanken und als das Ziel der Forderung voran die Gewinnung des Nächsten; daraus ergibt sich ihm dann als sein Sinn einerseits die Geduld, aber zugleich auch die Pflicht, dem Bedränger lebendig ins Gewissen zu reden, damit er sich wieder zu Gott wende [1]. Genau entsprechend sieht er die Liebe zum Feind natürlich nicht in der Enthaltung von der Rache erfüllt, sondern da, wo man zu Gott für sie bittet und zugleich, ohne Gelüst, sie zu verderben, ihnen ihr Unrecht vorhält und Gottes Gericht ansagt [2]. Man sieht gerade an diesem letzteren Moment, was Calvin in die geforderte Selbstlosigkeit hineingelegt hat: es dreht sich in aller Liebe in erster Linie darum, daß ein jeder in die richtige Stellung vor Gott komme; vom Ideal der Selbstausbildung ist diese Ethik völlig geschieden. Diese Seite seiner Auffassung der Bergrede tritt z. B. beim Eidverbot deutlich und schön heraus. Fest steht, wie gesagt, daß er die Formel »überhaupt nicht schwören« ignoriert, bzw. ihren Sinn in den folgenden Versen ausgelegt sieht, wonach sie jede sophistische Ausflucht vor einer bestimmten Eidesformel bekämpft (siehe Kommentar z. St.). Er sieht nun aber im Eid einen Erweis göttlicher Güte, weil Gott uns mit ihm seinen majestätischen Namen leiht, damit das unter den Menschen nicht zur Klarheit zu Bringende entschieden, damit uns entgegenstehendes unüberwindliches Mißtrauen beseitigt werde und die Gemeinschaft mit dem Nächsten fest bleibe [3]. Das

encores qu'ils ne le demandent pas, quand on les verra en necessité ...; vgl. auch S. 44 Zeile 1 ff.

1) CR 58,498: [zu Matth. 5,39 f.]: danda nobis est omnis opera, ut illatas iniurias ... patienter feramus, sed ita tamen ut vivis admonitionibus adversarios nostros vincere, non ultionis appetitu, conemur, et nostram patientiam sic admirari cogantur, ut ad Deum se convertendi ex illa capiant occasionem. Nam quis scopus et finis patientiae nostrae debet alius esse quam ut miseras animas ... lucremur; ebenso 86,146.

2) CR 58,499-500.

3) Für die Sätze über den Eid vgl. man die ganze Predigt darüber CR 54,270 ff., namentlich den Anfang.

Recht zum Schwur stellt sich ihm daher als ein in Güte gewährtes Recht zur Bitte um Gottes Gegenwart dar, der leichtfertige Schwur infolgedessen als Bitte um Gottes richterliche Gegenwart gegen uns selber [1]. Das ist wieder dieselbe Verbindung von unbedingt religiöser Fassung des Pflichtgedankens und stärkster Betonung der der Gemeinschaft zugewandten Ethik, die wir schon im Ansatz feststellten. Man kann sich angesichts dieser Auffassung des Eidverbots schon fragen, wo der größere Ernst ist, bei denen, die das Gesetz »nicht schwören« vor den Menschen hinstellen, oder bei Calvin, der den Mißbrauch des Schwurs gewissermaßen von innen heraus aushöhlt, indem er herausstellt, was denn eigentlich im Schwur liegt und wie daher mit seinem Mißbrauch die Güte des gegenwärtigen Gottes gelästert wird. Mit dem ersteren kann einer vielleicht zu Ende kommen, die letztere Auffassung nimmt den Eid in die Unendlichkeit des Gottesverhältnisses hinein, indem sie auf Güte und Zweck in ihm sieht. — Soviel ist nun jedenfalls deutlich: mit der Frage nach der Absicht, die Gott mit dem Gesetz des Dekalogs in seinen einzelnen Bestimmungen hatte, hat Calvin sich auf den Standort der Bergrede gestellt und von hier aus das Ideal gezeichnet. Zugleich damit fließt ihm das mit den einzelnen Geboten Gemeinte zusammen in ein paar ganz einfache Formeln, die aber nun, nachdem wir am Beispiel ihre Auswirkungen gesehen haben, nicht mehr als Ausflüchte und Leerheiten verstanden werden können: »Einfachheit«, »Reinheit«, »Nüchternheit«, »Bescheidenheit« [2], so kann er die Größe des vom Gesetz Ge-

[1]) Auch CR 58,361 f.: quum Deus tanta ... bonitate . nomen suum eo usque dimittat ut sit nobis loco pignoris, eo maiore modestia et reverentia nos decet ad iurandum accedere ...: ... hoc diligenter observandum, iusuirandum omne continere in se imprecationem ... multi ... si recordarentur iuramentis inesse imprecationem, satis agnoscerent non esse temere Dei nomine abutendum, sed ... metuendam ... vindictam, quam ipsi sibi sunt imprecati, cum Deum iudicem et vindicem advocarunt.

[2]) z. B. CR 54,272: ceux qui prennent le nom de Dieu autrement qu'en rondeur et simplicité, le blasphement ... ebenda 336: Quand il veut que soyons sobres, continens, modestes, il nous dit: Si vous n'estes

wollten ausdrücken und er meint, kein Philosoph würde sich zu solcher Strenge der Forderung entschließen [1]. Es ist wie ein Beleg für diese über das Buchstäbliche hinausgreifende Auffassung des Gesetzes [2], daß es im Grunde für Calvin keine Mitteldinge gab. Ich sage »im Grunde«, denn er hat die Formel unbedenklich beibehalten. Aber wenn man sich bei dieser Freiheit nach Gutdünken zu benehmen gedachte, hat Calvin in einem bestimmten Fall entgegengehalten: »Freilich, ein Kleidermacher ist unser Herr nicht gewesen, aber er hat erklärt, es soll alles ehrbar zugehn«, und damit meint er, der Nutzen des Nächsten solle unser Verhalten regeln [3]. Ist das nicht einfach der Rückgriff auf das Liebesgebot? Ganz dieser Grundeinstellung entsprechend hat er auf die Kasuistik verzichtet. Nicht daß er sich der Bitte um einen Rat ver-

---

honnestes et sobres, vous estes comme adulteres . . .; 74,797: Chacun confessera bien que la principale vertu qui doive estre en nous, c'est pureté de coeur et rondeur . . .; 81,391: la pure religion, laquelle consiste en ceste crainte de Dieu, et en ceste simplicité de coeur . . .

1) CR 61,501: les plus sages quand ils parleront d'integrité et perfection, ils ne viendront pas à la rigueur de la Loy de Dieu . . .

2) Man vergleiche hierfür auch, wie Calvin seine Predigt über Deuteron durch die vielen dortigen Einzelbestimmungen nicht zersplittern läßt, er gibt dafür die Regel CR 56,107: Et nous faut compasser toutes les loix particulieres à ces dix commandemens: c'est la vraye touche . . . Or voici une loy, est-elle du service de Dieu, ou de la seconde table? . . . [Es handelt sich um Deuteron 23,16 f.]. Elle est de la seconde table . . . venons maintenant à voir si elle appartient au premier commandement, d'honorer pere et mere, ou bien au second: Tu ne tueras point . . . nous pourrons avoir alors meilleure certitude comme ceste loy-là [sc. particulière] doit estre entendue. Et pourquoy? Car nous regarderons la fin où elle tend.

3) CR 77,681; und gleich darnach: l'usage des choses qui nous sont permises de Dieu comme indifferentes (qu'on appelle) doit este tousiours reglé à ce que nous voyons estre utile à nos prochains; 56,19: Dieu veut qu'en nous accoustrant nous regardions l'usage et l'honnesteté . . . l'honnesteté, qu'on soit couvert, et . . . habillé, en sorte q'on ne se vienne point desguiser, comme pour iouer des farces, et pour attirer . . . les yeux des hommes, afin qu'on dise: qui est cestuy-ci? O c'est un tel.; vgl. auch 78,377: non seulement il est licite, mais aussi *necessaire* d'user diversement des choses qui ne sont ne bonnes ne mauvaises de leur nature.

schlossen hätte, aber wo die Frage ins Einzelne hinein geht, z. B. beim Geldgeschäft mit seinen 1000 Schlichen, hat er deutlich gesagt, hier wisse der, der in diesen Dingen drin stehe, selber letztlich besten Bescheid, sein Gewissen genüge völlig für ihn [1]. Auch hier also keine Definition und keine pastorale Entscheidung, die den Menschen aus der Lebendigkeit des Gottesverhältnisses herausnähme.

Eben diese Form des Sittlichen, die man wohl in ein Leben vor Gott in selbstloser Liebe zusammenfassen kann, ist ihm nun auch der letzte Inhalt der von der biblischen Sprache und dem christlichen Gesetz gelösten Begriffe der honestas, Billigkeit und Rechtlichkeit. Freilich spürt man es da und dort wohl noch heraus, daß diese Begriffe aus einer rein humanen Ethik stammen; er kann daher in einem bestimmten Fall sagen, hier handle es sich »bloß« um die natürliche Billigkeit, nicht um das aus Gottes Wort Geschöpfte [2]. Aber — so darf man wohl im Anschluß an eine anderwärts von Calvin gebrauchte Formel sagen — hier ist nicht von inhaltlichen Unterschieden die Rede, sondern nur von solchen der Klarheit und Eindringlichkeit. So hat Calvin ja meist die Eigenart des im Neuen Testament gemalten sittlichen Ideals gegen das des Alten abgesetzt: dort ist die größere Eindringlichkeit und Vertrautheit [3]. Und wo sich der ursprüng-

---

1) CR 56,$_{120}$: ils viendront consulter de ceci ou de cela, et leur conscience leur en peut assez dire . . . Il faudroit quelques fois que les prescheurs fussent des marchans . . . Car en general nous pourrons bien dire ce qui en est. Mais . . . beaucoup. auront des finesses et des ruses que ne cognoistront point ceux qui n'auront pas manié un tel train et mestier: et ceux-là viendront circonvenir les hommes et cuideront. estre absouts devant Dieu, moyennant qu'on leur dise: Ie ne trouve point cela mauvais.

2) CR 81,$_{72}$: en l'estat de iustice . . . il y en a qui sont maintenus et supportez en despit de Dieu, voire en despit de nature . . . Car il n'est point question seulement ici de religion ne de Chrestienté, mais d'honnesteté humaine . . .

3) CR 54,$_{248}$: alors [zur Zeit Mose's] Dieu ne c'est point declairé en telle familiarité, comme il fait à nous par le moyen de nostre Seigneur Jesus Christ qui est soni mage vive; 62,$_{631}$: Job. . a esté du temps que Dieu n'avoit point encores donné une doctrine fort ample, ni une telle clarté

liche Hintergrund jener Begriffe, das gemeinschaftsfremde Individuum, in ihnen vordrängen möchte, ist seine Ablehnung entschlossen: das Erbarmen gegen den Nächsten nimmt er, schon im Senecakommentar, in bewußtem Gegensatz zum stoischen Ideal in den Begriff der virtus auf [1], andrerseits schreibt er über seine von liebloser Gesetzlichkeit freie Anschauung vom Zins, das sei geurteilt »nach der Regel der Billigkeit« — denselben Maßstab heißt er kurz zuvor »Liebe« [2]. Umgekehrt, d. h. nun nicht auf die Tat und ihren Gehalt, sondern auf die Motive gesehen, verwendet er da, wo er die selbstvergessene Liebe zur Pflicht macht, die auch rein human auffaßbare Begründung: die Menschen sind einerlei Art, Fleisch von unserem Fleisch, — und sein eignes Fleisch haßt man nicht (vgl. Hes. 58, 7) [3]. Am meisten verschmolzen mit dem Liebesgedanken ist von den human-ethischen Begriffen der der Humanité; mit ihm hat er — man wird an die φιλανθρωπία der Griechen erinnert — Gottes gütiges, schenkendes Verhalten beschrieben [4], mit ihm auch das von den

---

comme elle est venue depuis: car les Prophetes ont beaucoup esclarci ce qui estoit obscur en la Loy; Job. a vescu devant ... Et que sera-ce maintenant de nous, qui avons le Soleil de Justice [Jesus Christ] qui nous esclaire comme en plein midi?; 69,481: c'est une mesme doctrine [Altes Testament und Evangelium], sinon que par l'Evangile Dieu s'est declaré à nous plus clairement et plus familierement.

1) CR 33,154: Illud sane nobis persuasum esse debet virtutem esse misericordiam ... quidquid in suis umbris disputent otiosi isti sapientes [Stoiker]: vgl. 58,494: ethnicos videmus virtuti adscriprisse, si quis iniuria provocatus illam depelleret, et vim ri repelleret, fortem, et magnanimum istius modi virum dixisse ... quamdiu in homines oculos intentus habuerimus, licere nobis arbitrabimur bonam causam quacunque ratione defendere ..., sed quum ad Deum usque assurrexerimus ... omnem illam opinionem ex animis nostris tolli necesse erit...

2) CR 38,247 f.

3) CR 74,548 (vgl. S. 86 Anm. 1 und S. 88 Anm. 4): alors nous pourrons reclamer Dieu nostre Pere, quand ... nous ne mespriserons point les petis, mais sçachans qu'ils sont chair de nostre chair et os de nos os, nous tascheront de leur bien faire.

4) CR 74,21: Dieu ... quand il nous aura fait la graceque nous le servions, combien que ce ne soit qu'à demi ..., ne laisse pas de nous estre humain ...

Menschen geforderte Wohltun [1]; zu dieser Bestimmung des Begriffs half ihm freilich schon die Antike [2], da schon sie das Wohltun gern als ein göttliches Tun auffaßte. Aber die genannten Begriffe werden nicht nur im Einzelnen nach dem religiös begründeten sittlichen Ziel der Liebe hin modifiziert, Calvin hat es ganz allgemein aussprechen können: »es gibt eine Gleichförmigkeit des Gesetzes Gottes und der Ordnung der Natur, die allen Menschen eingeprägt ist« [3]. — So ist ihm also schließlich die Forderung Gottes eine in Gewissen, Dekalog und Bergrede [4]. Aber — und dies Bezeichnende muß abschließend hervorgehoben werden — das macht ihn nicht verschlossen gegen die geschriebene, von außen an ihn herantretende Forderung; denn er war der Meinung, der Mensch sehe sein wahres Verhältnis zu dieser Forderung nicht, wenn sie ihm nicht von außen vorgehalten werde [5].

---

1) CR 78,$_{681}$: regardons de servir à Dieu comme il le demande. Or en quoy est-ce qu'il nous veut exercer ? . . . quand nous en verrons . . . qui auront besoin de nostre secours, que là nous offrions comme un sacrifice à Dieu, sçachant qu'il nous appelle pour monstrer l'amour que nous luy portons: car si nous n'aimons nos prochains qui nous sont comme obiects d'humanité, comment aimerons-nous Dieu ? . . .; 81,$_{268}$: S. Paul . . . non sans cause exhorte les ministres . . . d'avoir ceste humanité de recueillir volontiers les estrangers . . .: car . . . l'ordre de nature . . . nous enseigne assez d'estre humains envers ceux qui sont destituez de toute aide . . .; auch 81,$_{346}$.

2) CR 61,$_{308}$: Les Payens mesmes ont bien sceu dire qu'il n'y a rien en quoy l'homme rassemble plus à Dieu pour s'y conformer, qu'en bien faisant, estans humain pour recourir à ceux qui sont en necessité.; derselbe Ausspruch 79,$_{667}$ und schon im Senecakommentar CR 33,$_{56}$, wo als Quelle Cicero, Pro Ligario angegeben ist.

3) CR 81,$_{456}$: [1. Tim. 5,$_4$ c ist:] · comme s'il disoit qu'il y a une conformité entre la Loy de Dieu et l'ordre de nature qui est engravé en tous hommes.

4) Besonders bezeichnend CR 56,$_{115}$: ceste loy [Deuteron 23,$_{20}$] est tellement politique qu'elle a regard en partie à la *conscience*, comme nous avous touché si dessus, qu'il nous faut examiner toutes les Loix . . . en Moyse, à celle des *dix commandemens*: car c'est la perfection de tout, . . . la reigle de nostre vie . . . et bien touchant la police elle a esté propre aux Iuifs, mais il y a la substance qui nous demeure, c'est à dire, l'*equité et la droicture*.

5) CR 78,$_{535}$: quand la Loy vient en avant, alors le peché se cog-

3. Die Sünde

Weil für Calvin in diesem Ziel des Menschenlebens die Wahrheit über den Menschen, daß er nämlich Geschöpf ist, und die unbedingte Pflicht des Menschen, daß er nämlich vor Gott Liebe übe, zusammengefaßt war, konnte er dieses Ziel nicht sehen, ohne von der Sünde des Menschen zu sprechen. Was ist das Wesen dieser Sünde? Hier merkt man nun etwas davon, daß Calvin nicht aus dem Ringen des Mönchtums herauskam wie Luther. An der Vergeblichkeit, einen Akt der Gottesliebe aus sich herauszupressen, an der Unfähigkeit des Sakraments, den neuen Menschen zu schaffen, an diesen dem Mönch vor allen andern gewissermaßen von Berufs wegen sich aufdrängenden Schwierigkeiten ist ihm die katholische Kirche wohl nicht zerbrochen, hiervon spricht seine Predigt nicht. Wohl kann er gewinnend sprechen von Gottes Liebe zu uns, aber Liebe zu Gott in jenem Sinn, den das Mönchtum seinen Söhnen anerzog, ist für ihn nicht die Form des Frommseins. Was Luther im Lauf seines Ringens aufging, daß es ein Hindrängen zu Gott nicht geben kann, das ist für Calvin von Anfang an durch seinen majestätischen Gottesgedanken geforderte Wahrheit. Es kann zwar ein Trauen des Geschöpfs zum Schöpfer geben, aber von Liebe ist mindestens immer so zu sprechen, daß klar bleibt: Ungleiche verhalten sich hier zueinander [1]. Dieser in einem gewissen Maße sachlich — unpersönliche Zug in Calvins Religion wirkt sich nun auch in der Sündenauffassung aus: Wenn die Liebe zu Gott da am höchsten ist, wo sie das ehrfürchtige Verlangen ist, dem Willen Gottes

---

noist . . . si quelqu'un avoit la visage tout maschuré, chacun se pourra mocquer de luy, mais il n'y verra goutte: si on luy apporte un miroir, il a honte de soy, il s'en va cacher et se laver . . .

[1]) CR 51,775: Nous ne l'aimons pas . . . comme nostre compagnon et pareil: mais comme nostre Pere; 56,587: Tout ainsi . . . qu'un enfant aimera son pere, et qu'un bon suiet aimera son prince: ainsi nous. *Dieu, c'est à dire* que nous ayons une telle reverence envers luy, que nous ne demandions sinon de nous conformer *à sa bonne volonté* entout et par tout . . .

gleichförmig zu werden [1], dann wird auch die Sünde gegen Gott im vorherrschenden Sinn Sünde gegen Gottes Willen, d. h. sein Gesetz. Zugleich ist aber auch deutlich: eben in diesem Gesetz ist man »vor Gott«, in seiner Gegenwart, Sünde ist dann die Flucht aus der Gegenwart Gottes. Soviel zur vorläufigen Zeichnung der Stimmung, die über Calvins Sündenauffassung liegt.

Daß Sünde sich auf das Ganze des Gesetzes bezieht, weil dies Gesetz eine unzerreißbare Einheit ist, das hat Calvin wie Luther deutlich gesagt, das Jakobuswort »der gesagt hat, du sollst nicht ehebrechen, hat auch gesagt, du sollst nicht töten« ist ihm aus diesem Grunde sehr lieb gewesen [2]. Aber dies Aufmerken auf die Ganzheit der Pflicht hat ihn wahrlich gegen das Einzelne nicht verschlossen gemacht; wie Luther hat auch er darauf gehalten, daß das Sündenbekenntnis nicht zur Anstandssache werde, sondern jeder seine eigene konkrete Sünde betrachte und so unter der Wucht des Wirklichen, nicht infolge einer allgemein redenden Demut, zunicht werde. [3] Es darf also nichts klein gemacht werden, denn auch im Kleinen verhält man sich zu Gottes Majestät [4]. Stufen der Sündigkeit gibt es daher nicht, der Sprachgebrauch färbt sich darnach: von Todsünde und läßlicher Sünde ist kaum mehr die Rede, es gibt nur Sünde und Gut-sein. An dieser Stelle hat er auch mit Wucht die Antithesen Luthers gegen

---

1) vgl. vorige Anm. 2) vgl. S. 32 Anm. 1.

3) CR $74,_{503}$: l'humilité vient tousiours de là . . . que les hommes ayant bien examiné leur vie, soyent pleinement abatus, qu'ils gemissent . . .; $79,_{72}$: la vraye humilité, c'est asçavoir que les hommes soyent du tout aneantis . . . car chacun dira bien par honnesteté qu'il n'est rien . . .; $81,_{87}$: Que donc ces menus fatras cessent, de dire, Ie suis pecheur, ie cognois que ie suis homme . . . mais qu'un chacun regarde . . . i'ay commis telles fautes devant Dieu.

4) CR $74,_{372}$: ces gaudisseurs . . . diront: He, c'est un peche veniel, il n'y a pas là si grande importance. Dieu a ouvert sa bouche sacree pour declarer, Voylà qui me plaist, voilà que ie condamne: et cependant les hommes viendront ietter de leur gosier . . . Ho, cela ne vaut pas le parler, . . . cela est bien petit. Est — ce ainsi que nous prisons la maiesté de Dieu? . . . Apprenons donc de ne rien faire petit . . .

allen Handel mit Gott wiederholt [1]. Um diese Antithese recht herauszustreichen, hebt er hervor, daß der Mensch mit Gott allein sein müsse, wenn er sich recht prüfen wolle, nur Gottes majestätischen Willen vor Augen. Und ebenso scharf wie gegen das eins gegen das andre, das Böse gegen das Gute abwägende Betrachten der eigenen Werke, hat er sich gegen die andre von sich absehende und auf die Umgebung schauende Ausflucht, gegen das Vergleichen mit andern Menschen ausgesprochen, ob der Mensch nun seine Helfer in der Vergangenheit sucht, wie es der katholische Traditionsgedanke will oder im Brauch der Gegenwart nach dem Sprichwort »mit den Wölfen muß man heulen«. Immer ist das Vergleichen ein Vergessen des alleinigen Richters, der auch einer Menge von 1000 Welten übermächtig gegenübersteht und nicht vom Einzelnen läßt. Wo all diese Ausflüchte abgeschnitten sind, rechnet Calvin damit, daß dem Menschen sein Lebenswerk als Ganzes und jede einzelne Tat in ihm in ihrer Sündhaftigkeit offenbar würden; das erste wird ihm zunicht, weil er das eine Gesetz gebrochen hat, das letzte, weil auch in seinen besten Taten die böse Leidenschaft nicht völlig vernichtet ist.

Wichtiger jedoch als diese Gedanken, die mehr Rahmen und Umriß des Sündenbegriffs als seinen Inhalt darstellen, scheint es mir, darauf zu achten, mit welchen zwar über die einzelne Tat wohl übergreifenden, aber doch bestimmten Zügen Calvin das Gottwidrige gezeichnet hat. Hätte seine Kirche und auch trotz allem schon er selber diese inhaltlich bestimmten Züge stets vor Augen gehabt, so wäre ihre Rede nur an Worten, nicht an Wucht ärmer geworden. Aber jedenfalls, Calvin hat es noch deutlich sagen können, in welcherlei

---

1) Vgl. hierfür und für das Folgende die ganze Predigt über Gal. $6,_{2-5}$ CR $79,_{71}$ ff.; sonst z. B. $78,_{666}$: Si un homme est obligé pour cent escus, et qu'il fale qu'il les paye . . ., et cependant qu'il imagine que son creancier se doit contenter quand il luy apportera quatre florins, et qu'il luy dira, Tenez voilà sur bon conte: . . . ne voilà point une ingratitude trop vilaine: Car voilà son ami qui a ouvert sa bourse pour le secourir en sa necessité . . ., et cependant il veut estre quitte en apportant ie ne sçay quoy et en disant, Voilà sur bon conte . . .

Gestalt sich die Sünde im Menschen zeigt. Zu den Zügen, die sich da der Betrachtung aufdrängen, gehört einmal der: der Mensch will allein sein — in seltsamem Kontrast dazu, daß er wie wir oben sahen, beim Gedanken an Gottes Gericht gern Gesellschaft haben möchte — die andern stören ihn, man rede ihm nicht vom Schmerz andrer und poche nicht an sein Mitleid, denn all dies raubt ihm die Ruhe. Ja, er schafft im Dienst dieses Ziels, macht sich mit Willen stumpf gegen jeden Eindruck von außen [1]. Der Mensch, der in die Welt hineingestellt ist, damit er in ihr den Gegenstand der Güte Gottes sehe, sieht ab von diesem Tatbestand und macht sich selbst zur Welt [2]. Könnte er sich ein Nest über den Wolken bauen, das hielte er für sein Glück [3]. Seine Leidenschaft wird von diesem Ziel nicht gebrochen [4], sie soll nur in keinem andern Dienst mehr stehen als in dem des eignen Ich. Auch die Gegenwart Gottes stört diesen Menschen, er fühlt sich beengt durch sie, seine Freude ist nicht frei, wenn dieser Trübsinn [5]

---

[1]) CR $79,_{532}$: il n'y a celuy qui ne voulust estre comme seul, sinon que la necessité nous contraignist et nous obligeast à ceux dont nous avons faute . . .; ebenda 814: nous ne demandons que reietter toute solicitude et pousser à l'espaule tout ce qui nous fasche (comme on dit); $74,_{791}$: la fantasie des hommes. Car où est-ce que nous pensons que nostre felicite consiste, sinon que nous ne soyons point tormentez de ceci ne de cela: mais qu'on nous espargne, et que si quelqu'un ha mal, qu'il l'endure, et que nous n'en sçachions rien . . . Et voyla pourquoy beaucoup se pensent bienheureux, quand ils sont nonchalans, qu'ils peuvent faire grand chere sans regarder ne çà ne là. Et de faict ils veulent bouscher les aureilles, qu'on ne leur face iamais rapport qui les touche.

[2]) CR $82,_{433}$: Quand un homme est adonné à son sens pour s'y fier, il faut qu'il face comme un monde à part. ainsi que les Payens l'ont bien sceu dire . . .

[3]) CR $74,_{791}$: ils se voudroyent faire un nid par dessus les nues . . .

[4]) ebenda 791: ils veulent se resiouir, et s'esgayer tousiours, et n'avoir que toute prosperite: qu'on rie à l'entour d'eux, et qu'on les flatte.

[5]) CR $61,_{40}$: s'il est question de faire banquets, par où commence-on? est-ce par invoquer le nom de Dieu? O il sembleroit que ce fust matiere de melancolie . . . si on pense à Dieu, il semble que toute leur ioye . . . soit changee en dueil . . .; das Wort erscheint jedoch auch in Calvins eigener Sprache, nicht nur im Mund der Weltlichen: $74,_{880}$: Combien que naturellement nous voulons nous esiouir, et ne sentir nulle

(melancholie) pflanzende Gedanke in der Nähe ist. — Eine andre Form des Gottwidrigen im Menschen ist eine spitzige Vorstellung von eigener Ehre. Calvin hat hier keinen Unterschied zwischen berechtigtem Streben nach und Bewußtsein von eigner Bedeutung gemacht. Mit verurteilendem Blick hat er gesehen, wie in den verschiedensten Ständen, gerade auch den einfacheren, das Gefühl aufkommt: was ich tue, ist recht; ich kann damit auch vor Gott hintreten [1]. Weder im Staats- noch im Einzelleben hat Calvin diesen Ehrbegriff ertragen; wo Gottes Ehre gesucht wird, da werde, meint er, dieses Ehre-haben-wollen vor den Menschen aufhören [2]. Angesichts dessen nun, daß z. B. Jakob Burckhardt [3] »im großen und ganzen die heutige Pflichtübung enorm viel mehr vom Ehrgefühl und vom eigentlichen Pflichtgefühl als von der Religion bestimmt« sieht, darf man vielleicht aufmerksamer, als es Sitte ist, auf diese Seite von Calvins Polemik achten. Die Energie, mit der hier eine Stellung in dieser Welt als höchstes erstrebt wird, ist ihm zuwider. Eben deshalb, weil er hier gegen Weltgeltung überhaupt angeht, wird man wohl das Recht seines Kampfs nicht damit bestreiten dürfen, daß die Vertreter solchen Ehrbegriffs gerade unter Calvins Kanzel so zahlreich waren, bei diesen eigenständigen Genfern, die gerade vor dem Einzug der Reformation sich aus savoyischer

nuisance, ... toutesfois ... il nous faut avoir de la melancholie ... telle tristesse est pour nous faire esiouir et devant Dieu et devant ses Anges ...; 82,500: les ieunes gens se promettent de vivre cent ans apres leur mort: et là dessus ils s'adonnent aux vanitez de ce monde, et leur semble qu'il ne faut point qu'ils se melancholient, ...

1) CR 70,96: selon qu'un homme se persuade de valoir quelque chose, ... il s'aliene de Dieu ... auiourd'huy si nous regardons les paisants, les gens mecaniques, et de là q'on vienne aux marchans, à la noblesse et à tous autres estats ... il n'y aura si melotru qu'il n'aie le coeur enflé: ie cuide que ce que ie fais n'est point mauvais, que pis est, il voudroyent que Dieu accepte le tout, et ... leur soit bien obligé...

2) »Weltgeschichtliche Betrachtungen« herausgeg. von R. Marx, Krönerverlag Leipzig 1928, S. 153.

3) CR 79,629: quand nous serons vrais zelateurs de l'honneur de Dieu, ... nous ne serons point tant enflammez pour dire, Je veux maintenir mon honneur ...

und bischöflicher Herrschaft losgerissen und zum freien Gemeinwesen gemacht hatten. Indem Calvin gegen die Vertreter der Genfer Stadtehre [1] kämpft, kämpft er aber gegen eine ganze Lebenshaltung; 40 Jahre später drückt Shakespeare sie so aus:

»Ehre ist des Lebens einziger Gewinn,
-Nehmt Ehre weg, so ist mein Leben hin - . . .
Ich leb in ihr, ich will auch für sie sterben -« [2].

Und auch abgesehen vom Irdischen in diesem endlosen [3] Streben, empfand Calvin auch rein menschlich gesehen einen Mangel in ihm, der seine Menschlichkeit durchschimmern läßt. Wenn sich der Mensch die Schwere und Not der Arbeit in das lockende Ziel der Ehre hineindächte, strebte er nicht so darnach, »müßige Ehre« sei das, was ihn im Grunde locke [4].

Obwohl die religiösen Prädikate bei diesen Zügen nicht besonders hervorgehoben sind, habe ich sie doch unterstreichen

---

[1]) CR 78,653: Si on touche quelqu'un de nous en sa renommee, il en sera fasché et esmouvera querelle: nous verrons que pour un mot de travers, les espees seront desgainees tous les coups par gens choleres, et tout cela sous ombre qu'il faut maintenir son honneur; 62,213: Quand nostre Seigneur a fait des iugemens [nachher ist von Servet die Rede] qui sont si espouvantables, que les aureilles en devroyent corner, il ne faut point qu'on en parle: car ces bons defenseurs de l'honneur de Geneve feront une queremonie là dessus . . .; 69,483: à Geneve si on redargue et . . . reprenne les meschans, voilà ce sera deshonneur qu'on fera à la ville de Geneve . . .; ebenda 541: ces bons zelateurs . . . voudront bien soustenir la ville de Geneve iusques là, mais cependant que l'honneur de Dieu soit mis sous le pied et qu'on le blaspheme tant qu'on voudra, c'est tout un, tant y ha qu'ils sentiront à la fin que ceste sentence ici n'a point esté prononcee en vain, ton honneur sera converty en vergongne et ignominie; vgl. auch 81,57 und 61,43.

[2]) König Richard der Zweite II,1; Werke hersgeg. von L. Weber IV,84.

[3]) CR 61,658: Si un homme est addonné à ambition, voilà un feu qui est allumé en lui, qu'il lui semblera que iamais il ne parviendra assez tost en credit et honneur . . .

[4]) CR 53,629: d'autant que les hommes imaginent un honneur oisif, voila qui les transporte en ceste folle cupidité . . . d'avoir la vogue et d'estre bien hauts.

wollen, damit klar sei: Sünde ist für Calvin nicht Schwachheit, sondern Kraft. Sie ist auch nicht nur, nicht einmal zuerst Widerspruch gegen Gott, sondern hat eigne Ziele. Dies wird nun auch darin deutlich, wie ungemein positiv er den sündigen Grundwillen des Menschen bestimmt: »Begierde über andre zu herrschen«[1]. Gewiß konnte auch er wie Luther dieses Letzte »Selbstliebe« nennen, aber um zweier Gründe willen scheint mir die zitierte Formel noch bezeichnender für Calvin zu sein: sie sieht von der religiösen Form der Selbsthilfe als Seligkeitsverlangen mehr ab und lenkt sodann den Blick sofort auf die andern. Man sieht hier das Widerspiel zu einem der sehr schönen Züge in Calvins Religion: mehr als über die Zerrüttung des Sünders durch die Sünde hat er geklagt darüber, daß wir unser Gift in die Welt hinein tragen[2]. Dieser Zug steht auch beim Begriff der Selbstliebe im Vordergrund, wenn auch hier mehr negativ: man kümmert sich nicht um den Nächsten, ein heilsam frommes Wort für den andern ist

---

[1]) CR 57,640: sane ... Deum in nobis operari necesse est, cum nos alicui subiici vult... Scimus enim quam superbi natura sint homines, adeo quidem ut singuli eminere cupiant, et in alios dominationem affectent...; 58,226: omnibus hominibus natura vitium est insitum superbia, et eminendi super alios cupiditas, ut sic accidens inseparabile ab hominum natura superbia, arrogantia et temeritas: adeo. ut vel. in intimis medullis resideat; ebenda 254: notum est quanta sit natura dominandi cupiditas...; ebenda 600: ut ait Paulus omnium contentionum fons et origo et pestifera lues est in alios dominandi cupiditas; 63,267: la nature des hommes est telle qu'un chacun voudroit dominer et estre maistre par dessus ses prochains; et de s'assuiettir, il n'y a personne qui le vueille faire de son bon gré; 69,348: il ni ha celuy qui ne apetast de dominer par dessus tous ses prochains; 74,784: chacun veut dominer...

[2]) CR 82,490: tant s'en faut que nous luy piussions apporter chose qui luy soit agreable, que nous ne sçaurions ne boire ne manger ni estre vertus, ni marcher un seul pas, qu'il n'y ait une corruption: *qui plus est,* habitant en ce monde nous infectons toutes creatures. Das ist einfach die Umkehrung des sofort auch auf die Gemeinschaft sich erstreckenden Begriffs des Gottesdienstes: 79,513: ce n'est pas assez que chacun se retire, qu'il s'abstiene de tout mal ... mais il faut que nous ayons le soin mutuel les uns des autres ... ce n'est point servir à Dieu, quand nous ne mettrons pas peine ... que les autres facent le semblable.

kaum aus einem Menschen herauszubringen [1]. Eins hangt hier am andern: wo einer sich selbst zu oberst setzt, wird er grausam und hart und Menschenverächter; der Herrenwille kann nicht gut gegen den Nächsten sein [2].

Wenn nun Calvin diese Gestalt menschlichen Wesens bis in die letzten erreichbaren Wurzeln verfolgte, so sah er sie zusammenhängen mit nie ruhenden Leidenschaften auf dem Grund unsrer Seele. Gedanken und mehr noch die dunkeln Willensregungen schienen ihm in steter Wallung zu sein [3], eins mit dem Ichwillen darin, daß sie sich durchsetzen, Schranken nicht anerkennen wollen. Um einen Vergleich Calvins zu benützen, wenn auch ihn etwas anders wendend, Triebe und Gedanken im Menschen sind ein streitbares Heer [4], das nur ein Gegenüber braucht [5], um loszuschlagen; die ganze Welt ist solch ein Gegenüber, an den sich der leidenschaftliche Herren- und Ichwille entzündet. Was dem Menschen etwa an hartem Geschick begegnet, weckt unwillkürlich Gott leugnende Gedanken in ihm, er mag wollen oder nicht und sich noch so entrüstet ihrer erwehren, nachdem sie einmal

1) CR 77,706: il nous faut oster ceste amour excessive de nous-mesmes . . . Car chacun est addonné à son profit . . . et cependant nous ne tenons conte d'autruy . . .; 79,726: on ne peut arracher de nous à grand'peine un seul mot qui soit d'edification.

2) CR 79,519: severité trop grande ne sera iamais sans cruauté et cruauté ne sera iamais sans orgueil. Quiconques mesprise ses prochains, il se prise par trop.

3) CR 74,634: nostre affection est comme une fournaise qui brusle tousiours, ou bien le feu y couve, et s'y rallume par foy, selon les obiects; vgl. auch das Bild der »Werkstatt« (boutique) für den Menschengeist S. 56 f.

4) CR 69,529: autant qu'il y a de pensees en l'homme et d'affections ce sont autant de soldats, pour faire une armee pour batailler contre Dieu . . .

5) Vgl. Anm. 3; CR 54,29: nos affections nous transportent et nous enflamment tellement, qu'un chacun court apres son obiect; 58,227: etsi improbi homines et increduli turgent arrogantia et superbia, non tamen efferuntur arroganter, nisi quadam occasione peculiari . . .; wenn dann Spinoza erklärte, omnia . . . nihil neque boni neque mali in se habere . . . nisi quatenus ab iis animus movebatur (Opera, ed. Vloten-Land, I3), so sagte er inhaltlich nichts Neues, sondern strich von Calvins Anschauung nur das ethische, verwerfende Urteil.

aus ihrem dunkeln Grund emporgetaucht sind [1]. Calvin vermochte nicht, das Unwillkürliche, Triebhafte, das er nur aufbrechen, nicht werden sieht, vom Menschen als Person, von seiner Seele zu trennen. Es steht nicht neben dem Menschen es gehört mit zu seinem »Herzen« [2] — einen Ausdruck, der wie Luthers »Personsünde« diesen Tatbestand in ein klares, die Einheit des Menschen unübertrefflich klar bezeichnendes Wort zusammenfaßt, hat Calvin allerdings nicht geprägt — und die einzige Folgerung, die er daraus zieht, ist die: also kann der Mensch den Abgrund seines eignen Herzens nicht durchleuchten [3], so wenig wie einer die ewig beweglichen Wogen des Meers fassen kann, so wenig wie ein Sünder ganz wissen kann, was göttliche Reinheit ist [4]. Dies ist wohl die Stelle, an der der Gedanke der Erbsünde den höchsten Grad der Verständlichkeit bekommt. Wenn wir nun noch die eben genannte Folgerung bedenken, die aus diesem nicht mehr erklärlichen, nur vorhandenen Tatbestand fließt, daß auch kein Glaubender sich ganz kennt [5], daß niemand in eigner Sache

[1]) CR $62,_{623-24}$: il nous viendra en phantasie quand nous serons affligez, Dieu pense-il de nous? Il n'y celuy qui se puisse tenir qu'il ne conçoyve telles imaginations: car nostre nature est tant corrompue ... encores que nous pensions, Comment? Ie deteste cela ...

[2]) Dies ist das Thema der längeren Ausführungen in der schon eben zitierten Predigt CR $62,_{621}$ ff.; mit diesem Achten auf den leidenschaftlich bewegten Grund der Seele hangt es dann wohl auch zusammen, wenn Calvin sich intellektueller Menschen- und Religionsauffassung erwehrte und hierin Unkenntnis über den wahren Sachverhalt sah, sofern es sich letztlich nicht um Verstehen, sondern um Widerstand gegen Versuchung und Sünde handelt: CR $81,_{566-67}$: tous ceux qui s'addonnent à vaines curiositez ne sçavent rien ... ils n'ont nulle cognoissance de Dieu. Et puis s'ils se cognoissent eux-mesmes, il est certain que ce n'est pas tout de concevoir que c'est de la nature des hommes, mais il faut qu'ils resistent aux tentations; ce qu'ils ne peuvent faire s'ils s'addonnent à des debats pleins d'oisiveté ... Voilà les hommes qui se doivent cognoistre esclaves de peché.

[3]) Vgl. S. 48 Anm. 3 und S. 49 Anm. 2.

[4]) CR $61,_{414}$: il n'y a que Dieu seul qui cognoisse que c'est de perfection et integrité. Et pourquoy? Elle est en luy, il la cognoist...

[5]) CR $69,_{456}$: qu'est-ce que l'homme doit mieux cognoistre que soy-mesme? ... Or ... regardons si les fideles se connoissent comme ils doivent, il s'en faut beaucoup.

Richter sein kann [1], so entspringt daraus die Frage: warum ist denn schließlich dieser Herrenwille, der mit der Unwillkürlichkeit eines »accidens inseparabile« [2] im Menschen da ist, nicht das Natürliche, was sein soll und darf? Calvin weiß dagegen nichts andres zu setzen als die Gewißheit um die Gültigkeit von Gottes Gesetz, das den ganzen Menschen mitsamt seinen Leidenschaften für sich haben will [3]. Die Leidenschaftlichkeit ist ja nicht das Sündige, seine Triebe sind an sich kraftvoll und gut [4].

Ehe wir nun mit Calvin diese gottfremde Art des Menschen vom religiösen Standort aus betrachten, verdient es noch Beachtung zu sehen, wie Calvin das jeden Menschen Zwingende des Gottesgedankens, das wir bei seinem Begriff des Samens der Religion herausgehoben haben, schon innerhalb der rein irdischen Denkweise beobachtet hat. Es handelt sich darum, daß der Mensch sich stets einen Gedanken von dem bildet, der über Welt und Menschen Herrschaft hat. Ist's nicht Gott, den er so anbetet, so ist's Kreatur [5]. Erwartet er nicht von

[1]) z. B. CR 51,775-76: chacun se fera accroire que rien ne luy defaut: mais nous ne sommes pas iuges competans en nostre cause; ebenso 78,617.

[2]) vgl. S. 101 Anm. 1.

[3]) CR 62,626: le peché n'est autre chose sinon la transgression de la Loy de Dieu ... [628:] si l'homme est solicité à mal, encores qu'il n'y consente point, ains repousse ceste tentation, et bataille à l'encontre, si ne laisse-il pas toutes fois d'offenser Dieu. Et pourquoy? Car c'est une transgression de la Loy ...; 76,620: tout ainsi que la foy nous esleve en haut, il faut aussi que nos affections là suyvent, afin que nous renoncions à tout le monde.

[4]) CR 57,656: discamus passiones et affectiones [a] quibus (a) natura ducimur et commovemur, non esse per se malas, sed ad virtutem tendere ...: verumtamen ... non ideo ... a culpa et vitio immunes esse, quod nunquam modum in nostris actionibus servemus ...

[5]) CR 55,507: quand nous ne craignons point Dieu, il faut que nous craignions et les oiseaux, et les bestes, et le vent, et la pluye, et le soleil, et la lune et terre et ciel ...; 56,448: quand on ne se veut point laisser gouverner à Dieu, il faut qu'il suscite d'autres gouverneurs à l'opposite ...; vgl. 54,83: si tost que nous concevons rien de la maiesté de Dieu: nous voilà incontinent apres des Idoles, ... et voilà comme chacune nation a eu son Dieu, Si on leur eust demandé: Que voulez-vous faire, povres gens? Nous voulons adorer Dieu.

Gott alles Gute, so erwartet er es von seinem leidenschaftlichen Willen; denn ohne seine Erwartung folgte er diesem Willen nicht [1]. Und weiter, der Mensch wird den Gottesgedanken unwillkürlich so bilden, wie er zu seiner Lebenshaltung paßt. So ist es einfach strafende göttliche Notwendigkeit, daß einer, der raubend und betrügend mit seinen Nächsten umgeht, auf den Gedanken kommt, der Teufel sei Herr in der Welt [2]. Niemand ertötet ungestraft die Affekte, die das Leid in uns erweckt, er wird auch seinen Gott hart machen wie sich selber, wird ihn »blindes Geschick« heißen [3]. Wo man Gott in Bosheit verachtet, wird man zwar sein Dasein nicht bestreiten, aber gut wird man ihn nicht heißen und seiner Güte nicht trauen [4].

---

1) CR 57,729: scortatores, ebriosi et alii istius modi flagitiosi homines ... rei sunt eiusdem criminis, quod sua libido sit ipsis Deus. Neque enim quisquam se patitur a suis affectibus abripi, nisi fiduciam in illis collocet, et sibi felicia omnia ab illis polliceatur ...; 79,680: Que sont les appetis desbordez de nostre chair, sinon ... d'idoles? ... Chacun est tellement ravi apres ce qu'il desire, qu'il oublie Dieu et met là tout son esprit ...

2) CR 74,631: quand un homme se iette à frauder, piller ... ses prochains, il ne peut point s'enrichir par là ... que quant et quant il ne pense que le diable ha tout en sa main. Car si nous estions bien persuadez que c'est à Dieu de nous donner tout ce qu'il nous faut ... nous n'attendrions pas aucun bien de ce monde, sinon de sa pure benediction ...

3) CR 74,779: Il faut me submettre à ce que ie ne puis fuir. Voilà leur patience, qui n'est sinon une furie quand on ne laisse pas d'estre tousiours rebelle à Dieu ... s'ils eussent peu, ils eussent bien voulu reculer: mais il faloit qu'ils assoissent, d'autant qu'ils avoyent ceste opinion que tout se gouvernoit par quelque destinee aveugle; 61,86: ce sera ce qu'on dit en proverbe, Patience de Lombard, c'est à dire, patience par force et contrainte ... chacun d'eux se veut faire iuste. Ie ne sçay (diront-ils), pourquoy ceci m'est avenu, sinon que fortune m'est contraire, ou Dieu est oisif, qu'il ne pense point aux choses; 70,156: ... nous voions comment ... ils se sont eslevés contre Dieu, car ils ne parlent que de fortune, laquelle est aveugle (disent-ils).

4) CR 69,420: Daniel n'ha point esté blessé des lions: est-ce seulement pource qu'il ha creu qu'il y a un Dieu? non, mais.. pource qu'il s'est fié en la bonté de Dieu ...? Or ie vous prie, la foy se trouvera-elle telle aux diables, ... meurtriers, ... larrons, ... paillards et autres semblables? il est bien certain que non, car ils despitent Dieu ...

Man kann diese Betrachtungsweise eine schöne Frucht, ja eine Bereicherung dessen nennen, was Luther in seiner Auslegung des ersten Gebots ausgeführt: auch Luther beginnt seinen Unterricht nicht damit: sie haben alle keinen Gott, ich muß ihn ihnen zeigen, sondern so: sie haben alle einen Gott, aber den wahren Gott kennen sie nicht.

Es ist demgemäß ganz folgerichtig, wenn die Kritik, die Calvin an der Sünde im religiösen Gewand übt, ein helles Licht auf seine Auffassung der Religion wirft. Wir werden dabei erkennen, wieweit sich falsche Religion, Sünde mitsamt ihren Folgen, erstreckt. Die beste Quelle für solche Aussagen über die falsche Religion sind Calvins Gedanken von den Durchschnittsfrommen und besonders auch von den Angefochtenen. — Da ist nun die erste klare Abgrenzung die gegen das Seligkeitsverlangen. Man kann die damit gemeinte Kritik wohl nicht klarer herausstellen als mit Calvins eignen Worten: »Jeder wollte gerne selig sein . . ., aber keiner will sich Gott nahen« [1]. Es ist die Unlust, einen Weg mit Gott zu gehen, das Ruhebedürfnis, das mit einem Satz im Himmelreich sein will, was ihm daran zuwider ist [2]. Der Mensch verhält sich hier in Wahrheit nicht zu Gott, wie es doch sein sollte. Im Lichte dieses Gegensatzes ist dann die Formel des Mißtrauens und Unglaubens Gott gegenüber, die auch Calvin zur Bezeichnung der Sünde aufnimmt, vor allem ein Zeugnis dafür, wie das Verhalten von Person zu Person, von Gotteswille und

---

[1]) CR $81,_{158}$: Chacun voudroit estre sauvé: . . . mais nul ne veut approcher de Dieu.

[2]) CR $74,_{627}$: nous ne pouvons pas attendre iusques au lendemain et . . . voulons que Dieu besongne à nostre poste; ebenda 800: beaucoup . . . voudront aller par toutes les chambres de paradis, pour sçavoir quel il y fait: et cependant il ne se soucient point d'en approcher. Or nous sommes au chemin, marchons, marchons donc cependant que nous sommes en ce monde; $76,_{611}$: il n'y a celuy qui n'appete de regner avec Jesus Christ en ce salut eternel qu'il nous a promis: mais quand on nous parle de porter sa croix . . .; nous voudrions bien retirer nostre espingle du ieu . . . nous voudrions bien faire un saut iusques-là, mais . . . pas faire un pas par les haines . . .; $79,_{307}$: Dieu ne nous veut pas faire venir d'un saut (comme on dit) en son royaume.

Menschenwille für ihn zum Kern der Religion gehört. Mehr noch als in die Formel Unglauben hat er die dem Gesagten entsprechende Seite der Sünde in die des Mißtrauens gefaßt [1]; am meisten jedoch ist für ihn die Schändlichkeit menschlichen Wesens mit dem Wort »Undank« gekennzeichnet; denn es denkt daran, daß der, der den Menschen sich verpflichtet, ihn zuerst begabt hat; Belege hierfür sind überflüssig, es gibt wohl keine Predigt, in der es nicht vorkäme. — Dabei hat er — und das führt uns einen Schritt weiter — dem Gottfremden nicht einmal jede Art von Trauen auf Gott abgesprochen. Gott ist der Allmächtige, das werde, sagt er, vom Ungläubigen gerne bekannt, aber daß er diese Macht nun wirklich einsetze in unsrer Lage, das wird ihm nicht zugetraut [2]. Ebensowenig fehlt diesen Leuten die Furcht Gottes, aber sie drängt sie nicht zu Gott hin, ist ohne Ehrfurcht und sieht Gott wie einen Feind an [3]. Und mehr noch traut Calvin dem Unglauben zu; nicht nur daß er im gewöhnlichen Leben in der gezeichneten Weise fromm sei und erst in konkreter Anfechtung sich als gottfeindlich entpuppe, sondern es kann so sein, daß der

---

1) CR $54,^{27}$: nous sommes tant enclins à *deffiance*, que nous tirerons tousiours à l'opposite de ce que Dieu veut nous promettre; $61,_{122}$: nous ne servons à Dieu sinon à bonnes enseignes, comme on dit. Et mesmes les hommes n'ont point eu de honte de confesser leur incredulité par proverbe: ils diront qu'il ne faut pas tellement se fier en branches, qu'on ne se tiene au corps de l'arbre comme s'ils disoyent, qu'il ne se faut pas du tout fier en Dieu; $69,_{619}$: encores les promesses ne leur estoient point assés veu la *desfiance* où nous sommes enclins; ebenda 682; $74,_{291-92}$: de nature nous sommes enclins à *desfiance*; ebenda 343; $81,_{89}$: nous sommes suiets à douter principalement quand il est question de nous fier en Dieu; $82,_{14}$: nostre nature nous solicite à *deffiance*, et nous semble tousiour que terre nous doit faillir.

2) CR $74,_{88}$: voylà la source de toute incredulité, quand nous ne magnifions point la puissance de Dieu comme elle en est digne. Il est vray que nous confesserons assez en un mot, que Dieu est tout puissant . . . Mais . . . si tost qu'il nous advient quelque tentation, nous . . . ne sçavons s'il y a un Dieu au ciel ou non.

3) CR $78,_{611}$: toute la crainte qu'ont les incredules, n'est sinon une frayeur qui les espouvante pour grincer les dents à l'encontre de Dieu . . . Or une telle crainte forcee n'a en soy nulle reverence . . .

Mensch gar nicht weiß, daß er gegen Gott Krieg führt [1], auch nicht weiß, daß seine doch in ihm steckende Ruhelosigkeit von Gott kommt, ebensowenig wie er das Böse für eine ernsthafte Macht hält, obwohl er doch von ihr besessen ist [2]. An dieser Stelle hat Calvin nun Luthers Urteil einfach wiederholt: nichts fühlen von seinem Elend und seiner Bosheit, das ist der Gipfel göttlichen Zorns [3]. Und doch gilt es grade auch für diesen Zustand: »mitten in all unsrer Unwissenheit, unseren Irrtum und Aberglauben zwingt uns unser Herr doch zu dem Eingeständnis, daß wir ihm unendlich verpflichtet sind« (CR. 63, ^{238}-$_{239}$; siehe S. 81 Anm. 2). Eben das macht die Gottlosigkeit zur Hölle [4]; daß Gott die von ihm Wegstrebenden zwingt, ihn doch zu sehen und als ihren Herrn zu spüren. Freilich dauernd kann sich Calvin solche Lage nicht denken, ohne daß der Mensch zum Lästerer würde [5]. Aber in einer gemäßigteren Form gehört dieser Gedanke zum Bild des religiösen Lebens eines jeden. So bedeutet er dann, daß der sündige Wille des Menschen, der von Gott fern sein will,

---

1) Sätze wie ils ne penseront pas lui faire la guerre, mais ils lui font quoiqu'il en soit (CR $69,_{418}$) kehren sehr oft wieder; z. B. $57,_{122}$; $61,_{747}$; $62,_{256}$; $69,_{537}$.

2) CR $61,_{64}$: les meschans et les reprouvez, combien que le diable les possede . . . toutesfois il n'appercoivent pas que le diable soit rien; vgl. $74,_{593}$.

3) CR $56,_{439}$: c'est le comble de l'ire de Dieu, quand les pecheurs sont si trespressez, que mesmes ils ne peuvent avoir memoire de leurs fautes, qu'ils ne peuvent reprendre leur haleine pour recourir à Dieu ne . . . luy demander pardon.

4) CR $61,_{675}$: . . . nos ames . . . estans alienees de Dieu. sont en une mort beaucoup plus horrible [als der leibliche Tod] . . . Nostre condition seroit meilleur si nous perissions du tout, que d'estre separez de Dieu, et le sentir contraire à nous.

5) CR $61,_{433}$: les plus fideles, les plus patiens . . . penseront qu'ils soyent encores comme reiettez de luy . . . Si ces tentations ici estoyent perpetuelles . . . nous ne pourrions sinon blasphemer contre Dieu . . . il y auroit une rage infernalle qui nous transporteroit . . . Die Ähnlichkeit mit Luther (Bonner Stud-ausgabe $I,_{57}$) geht hier sehr weit; immerhin, ist es nicht mehr als ein Stimmungsunterschied, wenn Luther statt »perpetuelles« setzt »mediam horam«?

bestätigt wird [1], ohne daß er doch Ruhe hätte, weil die Gegenwart Gottes bis in die Ferne der Verworfenen reicht. Was wir schon beim Seligkeitsverlangen heraushoben, daß das persönliche Verhältnis zu Gott gegen alle von ihm absehenden Wünsche steht, das sehen wir nun hier von der andern Seite her: wenn wir Gott so gegenüber stehen müssen, so ändert auch das schönste Paradiesesglück an dieser Hölle nichts [2]. Es ist schon eben der Ausdruck »Verworfene« gebraucht worden. Diesen Ausdruck so weit zu fassen, ihn auf eines jeden religiösen Entwicklungsgang anzuwenden, gibt uns Calvin selber Anlaß und Recht [3]. Er kennt dies Wort zur Bezeichnung der Lage eines jeden, den Gottes heiliger Geist noch nicht erleuchtet hat, und kennt auch im Glaubensleben Zeiten des Verworfen-seins. Zu solcher Sprache hat Calvin sein Dogma nicht gebracht. Die schroffe Trennung der Begriffe »verworfen« und »erwählt« ist ihm angesichts des Wirklichen zerbrochen. Nur soviel ließe sich vielleicht als Kennzeichen der endgültig Verworfenen festhalten, daß sie in aller Offenheit und Entschiedenheit [4]

[1]) CR $86,_{80}$: on ne sauroit trouver plus grieve torture pour les gehenner plus cruellement que leurs appetits propres . . . les voilà en inquietude et en torment perpetuel . . . nous voyons tous reprouvez qu'ils n'ont nulle goust de la vie celeste.

[2]) CR $86,_{134}$: si Dieu ne nous testifioit l'amour qu'il nous porte quand nous serions en un paradis terrestre, nous serions en un enfer; et au contraire . . . moiennant que nous sentions que Dieu nous est propice, et qu'il aura en la fin pitié de nous . . . un enfer deviendra tousiours paradis.

[3]) CR $76,_{644}$: iusques à ce que nous soyons participans du S. Esprit, nous sommes perdus et reprouvez . . .; vgl. CR $61,_{565}$: un tel serviteur de Dieu et si excellent [Hiob] a esté reietté [d. h. auf Zeit]; $74,_{874}$: entant qu'en luy [Petrus bei der Verleugnung] estoit, il s'estoit banni du Royaume des cieux, . . . aliené de toute esperance de salut et retranché de l'Eglise . . .; $86,_{191}$: David . . . pour un temps. . a esté comme desesperé du tout . . . il ne cognoit rien, il n'a nul remors, il semble que Dieu l'ait mis en sens reprouvé . . .; ebenda 63: si pour un temps nous demeurons comme reprouvez . . .; vgl. auch S. 108 Anm. 5.

[4]) Vg. S. 144 Anm. 1 drittes Zitat, besonders das »à bon escient«; $79,_{92}$: aucuns . . . crachent contre le ciel *manifestement*, . . . ils despitent Dieu *sans aucun scrupule*: et en cela void-on qu'ils sont du tout mis en sens reprouvé . . .; $82,_{358}$: . . . blasphemer contre la doctrine de salut; *mettre peine qu'elle soit aneantie* . .

die Lästerung Gottes aussprechen; aber, wen die Anfechtung überkommt, der weiß von solchen Unterscheidungen nicht, nur von Verworfen-sein.

Im Blick auf seine Gedanken von Hölle und Verwerfung wird nun auch die letzte Formel verständlich, mit der Calvin die Sünde des Menschen beschrieb: sie nimmt die Gegenwart Gottes nicht ernst. Wie es des Menschen höchste Pflicht und höchstes Glück ist, daß Gott ihm gegenwärtig sei, so ist es auch seine Sünde, daß er sich nicht nach dieser Wirklichkeit sondern nach der Welt richtet, und ist es wiederum die Folge dieser Sünde, daß er vor Gott flieht und ihn fern von sich wünscht, obwohl er sich damit die Hölle wünscht [1]. Er haßt seine Gegenwart wie der Schuldige das Licht der Wahrheit und seinen Richter [2]. Und — so darf man wohl die Sätze Calvins zusammenbinden — diesem seinen Wunsch gemäß, daß Gott fern bleibe, bildet der Mensch nun auch das, was er nach wie vor über Gott und göttliche Dinge sagt. Es entsteht eine Theologie, die die Ferne Gottes zur Voraussetzung hat und doch Theologie bleiben will. Aller Götzendienst, auch der Katholizismus steht darauf [3]. Die Schöpfermacht Gottes wird auf den Anfang der Schöpfung beschränkt [4],

[1]) CR 61,514: où . . . gist tout nostre bien et toute nostre ioye, sinon que Dieu nous soit prochain . . . Or . . . un povre pecheur quand il est effrayé du iugement de Dieu, ne desire sinon de se pouvoir cacher . . . c'est un vray enfer quand nous sommes ainsi eslongnez de Dieu; 56,264 il nous semble que nous ne pouvons pas estre à nostre aise, sinon en nous eslongnant de Dieu . . . il nous faut esiouir en la presence de Dieu.

[2]) CR 74,527: les hommes tascheront de fuir Dieu s'il leur est possible. Car quiconques fait mal, hait la clarté: et un lasson ou un autre malfaicteur n'aimera iamais de comparoistre au devant son iuge.

[3]) CR 77,612: la source de toutes les idolatries qui ont iamais regné: c'est . . . qu les hommes ne cuident point que Dieu leur soit prochain, sinon qu'ils en ayent quelques marque visible. Pour quoy . . . les Papistes ne se peuvent pas passer de peintures et de marmousets, . . . ? Pource qu'il leur semble que Dieu seroit eslongné d'eux, sinon qu'ils eussent là quelque figure.

[4]) CR 61,491: les Philosophes diront bien que Dieu nous a creez . . . mais . . . qu'apres . . . chacun se conduit . . . de soy-mesme. Voilà comme ils obscurcissent la bonté de Dieu . . . il faut donc . . .que nous soyons tousiours comme en la presence de Dieu; vgl. 57,674: haec in

die Leugnung und der Haß gegen seine Gegenwart ist eins mit der Vorstellung Gottes als des bloß Mächtigen und Richters [1]. Calvin hat solches für zwangsläufig gehalten [2]. Und doch ist es eine »Umbildung« des Gottesgedankens, so wie der Gottferne ihn sieht, ist er seinem Wesen nach nicht. Folgerichtig fließen ihm Gottes Gegenwart ertragen und seine Güte kennen in eins zusammen [3]. Und wie theoretisch, so schwindet dort auch praktisch die Achtsamkeit auf Gottes Wirken; die religiöse Drohung schreckt nicht mehr, das selige Leben lockt nicht mehr; sie reichen nicht bis an die Gegenwart des Menschen heran und bestimmen sie nicht [4]. Dagegen schreckt uns

---

genere doctrina retinenda est: Ne movendum quidem esse digitum, quin Deum praesentem esse, quibuscunque tegamur tenebris, sciamus, quod ubique sit, et omnia intueatur et perlustret.

1) CR 74,738: ils [les Papistes, wenn sie fides informis von fides caritate formata unterscheiden] ne cognoissent point ce principe que les enfans de Dieu n'apprehendent pas seulement sa maiesté . . ., son essence eternel . . ., ceste vertu par laquelle il . . . gouverne tout: mais ils vienent à sentir qu'il leur est Pere . . . Or le diable ne cognoist rien de tout cela; 57,471: quo propinquior Deus, eo terribilior et magis metuenda eius virtus et potentia fuit. Iam igitur Deum a se procul removere cupiunt: atque haec sunt incredulorum vota, quum rei coram Dei tribunali facti arguuntur.

2) CR 74,490: Dieu regne, quand il conduit tout par sa providence: mais . . . nous n'appercevons rien de son empire, qnand nous luy sommes rebelles.

3) CR 69,428 f.: quiconque se voudra esgarer en ses fantasies, . . . transfigurera Dieu . . . les infideles conçoivent bien une maiesté en Dieu, et diront que c'est là le Dieu tout-puissant . . . mais-ils . . . laissent Dieu en ciel en son siege . . . et ne sont point asseuré de sa puissance [nämlich so:] . . . ce qu'il est tout puissant, est à nostre salut; 69,527: si nous ne le sentons telqu'il est de nature,.. doux, benin et pitoiable, c'est à cause que nous l'avons offensé, et que nous l'avons quasi fait changer de nature; 58,277: si a Deo separati fuerimus, certum est fore ut praesentiae ipsius omnia signa metuamus . . . eumque procul a nobis facessere cupiamus . . . Nam speciale istud est Dei filiorum privilegium, at quum videbuntur eo usque miseriae devenisse ut a Deo derelicti videantur . . . nihilominus tamen precibus et orationibus Dei praesentiam requirant; vgl. auch S. 110 Anm. 4.

4) CR 56,395: si nous estions menacez d'un homme mortel, comme Dieu nous menace en sa Loy: . . . certain . . . nous serions esmeus, encores qu'il n'eust pas grande puissance . . . Et en cela voit-on nostre

menschliches Drohen, denn da sehen wir »den Degen in der Faust« des Drohers, kurz die Menschen bleiben in dem und richten sich nach dem, was ihnen ähnlich ist, sie bleiben »weltlich« im spezifischen Sinn [1] — und »darin offenbart sich unsre Gottlosigkeit«.

Obwohl gerade die letzten Abschnitte zeigen können, wie nahe Calvin den tiefsten Gedanken Luthers kam; so dürfte dies ganze Kapitel doch vor allem etwas von dem selbständigen Weg haben ahnen lassen, der Calvin so nahe zu seinem größeren Vorgänger gebracht hat. Man sollte erkennen, einmal, daß Calvin nicht aus dem Kloster, sondern aus der »Welt« gekommen ist, und zum andern, daß ihm Religion ein Verhältnis von Gottes Person zur Person des Menschen war, daß es sich bei seiner Bekehrung, mit K. Holl zu reden, um die rechte Gottesverehrung handelte.

4. Rechtfertigung.

Wie kommt der Mensch aus diesem Kreis des Weltlichen heraus, was meint Calvin mit Evangelium, mit der durchs Leben dauernden Buße oder mit dem Glauben, kraft dessen der Mensch, wie er so gern sagt, gleichsam auf einen hohen Turm steigt, um von da aus Gottes Werke zu betrachten? Um mit dem Negativen anzufangen, es ist wohl bezeichnend und ein Grund für die nüchterne Sachlichkeit kalvinischer

---

impieté . . . combien que nous mettions peine à la cacher, elle se descouvre . . .; ähnlich ebenda 417 und 449; 69,610: Si on nous menace des verges et des fleaux de Dieu, nous regardons çà et là, et si nous ne voions d'apparence, qu'il y ait quelque mal prochain, ce nous est tout un . . . Aussi à l'opposite quand . . . on nous parlera de ceste vie bien-heureuse, qui nous a este acquise par le fils de Dieu, nous n'y pensons point . . . nous sommes envelopés . . . aux choses de ce monde.

[1]) CR 36,409: C'est merveille de la diversité qu'on trouve aux appetis des hommes: et toutesfois il y a un poinct auquel tous s'accordent et sont conformes, c'est de s'amuser ici bas au monde; 82,477: nous aimons ce qui s'accorde à nostre phantasie: et tout ce qui a esté inventé des hommes, est conforme à nostre nature: et ainsi nous aimons ce qui nous est semblable.

Religion, wie wenig Förderung er in diesen entscheidenden Fragen von der schicksalhaften Erfahrung erwartet hat. Es entspricht ganz seinem Urteil über das Seligkeitsverlangen, wenn er sich z. B. keine religiöse Hilfe davon verspricht, daß dem Menschen seine Todesstunde bekannter wäre. Man braucht nicht zu Dostojewsky gehen um zu erfahren: der Gottlose ließe sich nur die Zügel schießen und verachtete Gott völlig[1]. Den Glauben, der in Krankheit und Armut aufbricht und sich jetzt an eine Verheißung klammert, hat er zwar nicht gescholten, aber doch einen Teilglauben geheißen, der nicht rechtfertigt[2]. Es war wohl das Empfinden, man dürfe die religiöse Frage, die eine Frage nach Gott ist, nicht so auf Umwegen beantworten, was sich hier in ihm wehrte. Und weiter ist ja Tod und Schicksal zunächst nichts als Erfahrung von Macht; in solcher Erfahrung von göttlicher Macht aber steht der Sünder, ob er's weiß oder nicht, schon so; er erfährt so nichts Neues und das Ende ist dann vielleicht, wie bei den Griechen, wenn sie dem Tod ins Angesicht sehen, das der Resignation: nie geboren sein wäre besser[3].

Dagegen ist es wohl verständlich und naheliegend, daß Calvin den Sünder eben in die Zornerfahrung, in der er steht,

---

1) CR 86,160: la mort est certaine à tous (comme on dit en proverbe), mais de l'heure elle nous est incogene . . . et que seroit-ce si nous estions asseurez de la fin de nostre vie? Chacun se desborderoit à tout mal, Dieu seroit despité iusques au bout.

2) CR 51,690: il y a une foy particuliere, et . . . une foy qui comprend tout ce qui est requis à nostre salut. . . . aucuns s'asseurent sur une promesse particuliere quand ils se verront en danger, . . . en maladie extreme ou . . . en povreté . . . Or toutes ces façons de croire sont particulieres, et ne peuvent suffire à nostre salut, et par consequent ne nous peuvent iustifier: mais quand nous serons arrestez à l'adoption, où gist tout nostre bien, c'est que nous esperons que Dieu nous sera Pere iusques à la fin . . . que nous le pouvons invocquer . . . Quand donc nous aurons ceste promesse-là, par laquelle Dieu nous conioint à soy . . . voilà une foy qui comprend toutes les promesses.

3) CR 61,212: que quelque chose que nous facions, la mort nous soit tousiours devant les yeux . . . Les Payens . . . ont bien seu parler ainsi: Il est vray que si nous n'avions que ceste simple doctrine, ce ne seroit sinon pour nous tempester . . . comme . . . les Payens . . . ont fait leur conclusion qu'il valoist mieux ne naistre iamais . . .

hineinhorchen heißt, ob er nichts andres aus ihr heraushöre, und andrerseits, daß er ihn ganz von sich weg auf das Wort der Schrift verwies. Wir achten zunächst auf das Erstere. Jene Anweisung ist darum nicht unbegründet, weil für Calvin auch schon das majestätische Wirken Gottes nicht ohne Gnade und heiligen Geist ist [1], wie das für ihn ja natürlich ist, da er Gesetz, Sittlichkeit nie ohne den Gottesgedanken gedacht hat. Von Gott aus gesehen ist eine Absicht in seinem Zorn, die Absicht nämlich, den Menschen zum Empfang des Worts zu bereiten; das also, was katholische Lehre zur menschlichen Aufgabe beim Gnadenempfang macht, schreibt Calvin Gott zu, er »bereitet« den Menschen [2]. Und eben das, daß Gott sich überhaupt mit dem Menschen befaßt, ist Zeichen seiner Güte, auch wenn sie straft; daß er überhaupt an uns denkt, ist unser Glück [3]. Und frägt man Calvin weiter, woher er das Recht nehme, so Gottes Absichten zu kennen, so verwiese er uns

---

[1]) CR 69,647-48: il est besoin que Dien ... nous dompte en telle sorte par son sainct Esprit, que nous soions une bonne terre et fertile, pour recevoir ceste semence incorruptible de sa parole, afin qu'elle face fruict en nous; 74,70: quand Dien nous effrayera de sa maiesté, ce n'est pas afin que tous nos sens soyent ... esperdus: mais ... pour nous disposer à recevoir sa parole; vgl. 56,385.

[2]) Vgl. die vorige Anm.; CR 56,385: devant que Dieu nous ait mattez nous sommes pleins de fierté ... comme des chevaux qui iamais n'auroyent porté selle, ni senti bride. Or il faut que Dieu nous prepare et nous dispose. Pour ce faire il use de menaces ...

[3]) CR 61,368: il [Hiob] dit: Pourquoy m'as-tu mis contraire à toy? c'est à dire comme un blanc auquel on tire. Car il voudroit bien que Dieu le laissast pour tel qu'il est: ... Il est vray que quand Dieu nous met à l'opposite de luy, nous ne pouvons pas soustenir une telle vehemence: mais cependant si ne faut-il pas que nous soyons eslongnez de luy. Car si tost que Dieu nous tournera le dos, il ne se pourra faire que nous ne deffaillions. Voulons nous donc persister et demourer en estat? Le moyen est, que Dieu ne nous tourne point le dos ...; ebenda 684: il n'y a rien meilleur pour nous que quand Dieu pense de nous: voire et fust-ce mesmes pour nous punir, ... s'il nous chastie de nos pechez, encores nous fait-il grace: car il monstre, par cela qu'il ne veut point que nous perissions ... ne sont-ce point autant d'advertissemens qu'il nous donne pour venir à repentance? ...; ebenso ebenda 740; vgl. auch 54,191.

wohl auf den Schöpfer [1]. Es muß hier von Calvin Ähnliches gesagt werden, wie K. Holl es unter so viel Widerspruch von Luther gesagt hat. Gott hat dem Menschen sein Bild eingegraben; er haßt nicht, was er gemacht hat. Und wenn dies Bild auch tief getrübt ist, so daß es dem Angefochtenen vor sündiger Befleckung kaum sichtbar ist und Trost spenden kann, weil er's geschaffen hat, läßt er nicht davon und behaut den rohen Block weiter [2]. Wollte Calvin sagen, was Gott zu solchem Tun bewegt, er wüßte von nichts als von reiner Güte. Denn mit dem »Bild Gottes« ist ja nicht etwa die Bemühung des sich Gott ebenbildlich Machenden gemeint, sondern es ist das, was Gott in den Menschen hineinsetzt, wodurch er, wie wir sahen, im Tiefsten unfrei wird. Und damit die ganze majestätische Art göttlichen Wirkens sichtbar werde, gebraucht Calvin Ausdrücke wie: Gott bewundert und betrachtet gleichsam sich selber im Menschen, um diese ruhige Selbstgewißheit Gottes zu malen. So ist Gottes Majestät, seine Herrenmacht, die sich hier in beinah spielender Weise zeigt, zusammengebunden mit einem dem Menschen zugewandten Handeln. Zugleich erkennt man hierin den Willen Calvins, Anfang und Ende im göttlichen Wirken zusammenzusehen, so daß sein Wirken nur Enthüllung des ewigen Wesens des Schöpfers ist. Freilich ist dies Rückschau und von Gott aus gesehen. Aber doch nicht nur Rückschau; eine Mahnung, die Calvin dem Angefochtenen stets mitgibt, läßt darauf schließen, daß ihm

1) CR 61,481: Nous devons.. tousiours penser . . . quantes que Dieu nous afflige, Or ça ie ne me suis point formé, Dieu ne s'esleve point contre une chose estrange, ie suis la facture de ses mains . . . il recognoist son ouvrage. Dieu par maniere de dire, se mire et se contemple aux hommes . . . point sans cause.. il a regardé tout ce qu'il avoit fait, et . . . l'a trouvé, bon . . . l'homme est appelé comme un petit monde, . . . là nous voyons tant de choses admirables qu'il faut q'on en soit estonné. Puisqu' ainsi est, nous devons tousiours estre persuadez, que Dieu contemplant son ouvrage en nous, sera esmeu et enclin à nous bien faire; ebenda 694 allerdings heißt es inbezug auf diesen Trost: la fiance . . . seroit bien maigre d'autant que l'image de Dieu est comme effacee en nous; vgl. S. 81 Anm. 3.

2) Dies Lutherbild verwendet Calvin CR 63,477.

jener Schöpfergedanke auch unmittelbar zum Trost gereichte: das Gebet soll auch in der Anfechtung nie aufhören [1]. Man kann sich das doch wohl nur so denken, daß eben auch in jenen dunkeln Stunden das innerste Gebundensein an Gott nicht aufhört, den Menschen zu Gott zu weisen. Mit wirksam bei solcher Anweisung war gewiß auch die Erinnerung an das Kreuzwort Jesu [2]: Daß dem, dem die göttliche Strafe mit der Wucht der Ewigkeit droht, keine andre Flucht bleibt, als die zu eben demselben Gott [3], das hat er bei Jesus so gesehen. Und noch ein weiteres ist dort und hier gemeinsam: das Sieghafte in der Umkehr zu dem, der den Menschen geschlagen hat, ist nicht eine über die gegenwärtige Lage hinausgreifende, besondre Erfahrung, sondern von Ewigkeit her gesehene verborgene Wahrheit; wenn einer der Gottverlassenheit Jesu etwas abstreichen wollte, sagt Calvin, der wisse nicht, was Religion sei [4]. An dieser Stelle, wo er von Jesu Verlassenheit und von den Angefochtenen spricht, kehrt denn auch immer

---

1) CR 63,551: apres avoir senti que nostre esprit est enveloppé en beaucoup de desfiances ... que toutesfois nous prenions courage, et qu'apres avoir dit, Helas, que dois-ie faire? nous rompions le coup pour dire, Si faut-il encores prier et chercher mon Dieu: et pourquoy? Car il a dit qu'il exaucera ceux qui le requerront, et fust-ce du profond des abysmes ... [552] tousiours poursuyvre iusques a ce que nous sentions l'allegement qu'il nous promet ...; 79,652: quand ... quelque fois nous serons quasi esbranlez, comme quelque navire qui sera prest de renverser ... cognoissons quelle est nostre fragilité ... et qu'alors nous recourions au remede: et que nous prions Dieu ...; vgl. 86,47-48.

2) CR 74,921 f.: nostre Seigneur Jesus Christ ... selon l'infirmité de sa chair est comme abandonné de Dieu, et neantmoins il ne laisse pas de se fier en luy ... Ainsi la victoire a este au milieu du combat.

3) CR 56,411: D' autant que la maiesté de Dieu est eternelle, aussi faut-il qu'il prenne une vengeance infinie de ceux qui auront mesprisé sa iustice. Que donc ... si tost que nous verrons approcher les coups de nous, ... un chacun se haste de retourner à celuy que nous avons offensé ... pour obtenir pardon ... Voilà le seul remede: sans lequel il n'y aura ne fin ne mesure en nos afflictions ...

4) CR 74,919: c'est une chose trop lourde et trop sotte ... qu'il ait simplement dit, On cuide que ie sois delaissé. ... tous ceux qui parlent ainsi ... n'ont religion non plus que chiens et bestes brutes, car ils ne sçavent combien leur salut a cousté au Fils de Dieu.

die Wendung wieder: »mitten in [1]« Kampf oder Zornerfahrung oder Anfechtung usw. Sie zeigt am deutlichsten, daß es Calvin daran lag, den Angefochtenen wirklich in der Lage zu fassen und zu trösten, in der er eben jetzt steht. Und in solchen Resten von Gebet wie dem Kreuzwort sieht er dann eben die Wirkung davon, daß Gott »mitten im Zorn seine Barmherzigkeit nicht vergessen hat« [2]. Solches Gebet, von der Not herausgepreßt, ist dann das Fünklein Klarheit im Dunkel, der Rest von gläubigem Empfinden, der ganz wie jener Same der Religion schließlich noch durchbricht, das ist die Gabe Gottes, wenn es der Angefochtene auch nicht weiß [3]. Man sieht, was Gottes Gabe ist, macht doch Calvin, wie wir vorher sahen, dem Angefochtenen zur Pflicht. Das entspricht ganz dem, daß nach Calvin Gott dem Menschen überhaupt aufdrängen muß, was gut für ihn ist [4], daß er ihn beschämen muß, damit er von seiner Gottesflucht lasse [5]; wollte man dem folgen, was der Mensch sich wünscht, so erlangte er den Tod. [6]. Deutlicher kann man es nicht wohl sagen, daß Buße etwas ist, was dem

---

1) Vgl. S. 116 Anm. 2; so oder ähnlich CR 61,143. 352. 369. 433. 435; 58,517; 82,305.

2) CR 61,369.

3) CR 61,433 f.: S'il les exauce, ils penseront, qu'ils soyent encores comme reiettez de luy ... Si ces tentations ici estoyent perpetuelles ... nous ne pourrions sinon blasphemer contre Dieu: ... il y auroit une rage infernalle qui nous transporteroit. ... sinon que Dieu nous donnast quelque goust de sa bonté parmi de telles angoisses ... Nous voyons cela encore mieux en la personne de nostre Seigneur Jesus Christ. Il dit, Pourquoy m'as-tu laissé ... Or tant y a neantmoins qu'il a une consolation contraire ... en disant, Mon Dieu, mon Dieu ... Dieu nous donne comme une estincelle de clarté, il nous donne quelque sentiment de foy, ouy sans que nous le cognoissions et le puissions discerner.

4) CR 82,108: les hommes de nature iamais ne seront assez esmeus pour venir à Dieu, si on ne les solicite ...

5) CR 54,651: ... ainsi ... des hommes, quand ils sont adiournez devant Dieu, ... tousiours ils reculent. ... Conclusion, iamais ils ne le servent que par force. Voilà pourquoy Dieu descouvre nos turpitudes, afin de nous faire *honte*; beachte auch hier die Anknüpfung an den »Samen«, vgl. S. 82 f.

6) CR 78,335: il est certain qu'un homme cherchera tousiours sa mort, si on luy veut complaire ...

Menschen widerfährt, nicht etwas, was er schafft. So kann man dann auch die übrigen Anweisungen verstehn, die der im Zorn Gottes Stehende bekommt. Sie mahnen dazu, dem Tun Gottes stand und still zu halten, sie betonen, daß nicht wir der Anfechtung ein Ende setzen [1]; es kommt auch gar nicht darauf an, wie tief einer sein Elend und Gottes Zorn darin fühlt, sondern allein darauf, daß er wirklich Gott dem Richter gegenübersteht und ihm recht gibt, indem er sich selber verurteilt [2]. Calvin denkt nicht, daß solche Lage mit frohem Lobpreis Gottes verbunden sei, es gibt für ihn ein Mittleres zwischen Gott lästern und ihn preisen: »unter dem Druck des Elends ihn anrufen« [3]; wem das Reden in dieser Lage nicht schwer wird, den drückt sein Übel nicht sehr [4]. Ebenso fern davon, dem Menschen Raum für eigene Leistung zu geben, ist die andre Seite seiner Anweisungen; sie schärft einfach das ein, was stets des Menschen Pflicht ist: den Kampf gegen sich selber. D. h. jetzt den Kampf dagegen, daß der Mensch sich weide an seinem Elend, sich drin verhärte, statt seinem leidenschaftlichen Schmerz zu widerstehen [5]. Endlich spielt wohl

---

[1]) CR 70,97: que nous connoissions que ce n'est point à nous de mettre fin à nos afflictions selon nostre appetit, . . . mais nostre office est d'estre patient et de faire silence, iusques à ce que Dieu ait executé son courroux.

[2]) CR 57,411: hoc . . . initium est poenitentiae, miseriam suam sentire, et iram divinam adversum se concitatam cognoscere: sed *minima pars est* poenitentiae. . . . At iudicem ipsum et quidem iustum cognoscentes, tum suum agnoscere peccatum et in se ipsos sententiam ferre necesse est . . . ut innatum vitium oderint, . . . amorem vero contra Dei retineant, quo ad illum propius accedant et impetrata venia concilientur.

[3]) CR 61,104: il y a un moyen entre benir le nom de Dieu et le blasphemer, c'est que nous l'invocquions estans pressez de maux; vgl. über solche Art Gebet 74,838.

[4]) CR 61,290: ceux qui savent ainsi bien causer et babiller monstrent bien que leur mal ne les presse pas tant: car s'ils estoient touchez à bon escient . . . ils monstreroient ce qui est ici dit [»ses paroles sont engloutis« Hiob 6,3].

[5]) CR 61,352: que nous avisions si les angoisses nous pressent par trop, de prier Dieu qu'il luy plaise de nous assister au milieu d'icelles, . . . Or cependant il nous faut aussi travailler et batailler: car au lieu

noch ein letztes mit, wenn es sich um die Überwindung der Anfechtung handelt: daß man sich an Gott und seine Güte halte, ist seine Ehre, die ihm gegeben sein will. Calvin hat ja von Gottes »gloire« eine ähnliche Vorstellung gehabt, wie sie Luthers schöne Worte im Römerkommentar zeigen, (gloria est alicuius boni quod intus in aliquo est ad extra et alios diffusio) und in Kraft und Größe bei den Menschen eine Wirkung der neidlos unaufhörlich gebenden Güte Gottes gesehen [1] Jeder Zweifel nimmt aber Gott seine Ehre [2], welche ja allerdings bedeutet, daß Gott den Menschen, so wie er ist, nicht lassen will und mit Schlägen zu sich bringt. — Die Erfahrung zeigt nun allerdings ein doppeltes Bild davon, was der Zorn Gottes aus dem Menschen macht. Beide, Glaubende und nicht Glaubende, wissen von Gottes Zorn, aber die einen werden rasend unter Gottes Druck oder verstummen ohnmächtig [3], die andern vergessen Gottes Güte trotzdem nicht

---

que les hommes s'endurcissent quand ils ont conceu quelque obstination, et despit, qu'ils se nourrissent en cela: il nous faut cognoistre que nous avons a y resister. Faisons donc force à nos affections, et qu'elles soyent resserrees comme des bestes sauvages.

1) CR $63,_{262}$: voilà en quoi consiste la gloire de Dieu: c'est que les hommes soyent vertueux. Si un roi voit aucuns de ses suiets estre plus digne de louange que luy, il se fasche et se despite. Et pourquoy? car ce qui est aux autres, il ne l'a pas . . . il ne faut pas craindre que l'honneur de Dieu soit obscurci par la vertu des hommes . . . quand nous contemplons les vertus et les graces qu'il distribue aux hommes, voilà des beaux miroirs . . . où il se monstre . . . c'est tousiours pour magnifier Dieu . . .; vgl. $60,_{593}$.

2) CR $81,_{181}$: quand nous doutons apres que Dieu nous a declaré . . . son bon vouloir, et que nous sommes encores en bransle, . . . nous ne luy sçaurions faire plus grand deshonneur que celuy-là, d'autant que c'est le despouiller de sa verité; vgl. $78,_{591}$; $62,_{111}$ (S. 165 Anm. 7).

3) CR $77,_{648}$: il y a ceste angoisse qu'ont les incredules quand ils tremblent doutans si Dieu leur sera propice, ou non . . . Quand donc les incredules doutent ainsi, . . . ils ont la bouche close, tellement que ils ne peuvent invoquer Dieu: pour le moins ils n'ont point un courage ouvert . . .; $58,_{666}$: sensus irae divinae et metus ipsis [fidelibus] est cum impiis et incredulis communis: sed de isto metu . . . non potest iudicari de hominis poenitentia . . . Nempe quod Dei contemptores ita perterriti furere incipiant . . . Contra fideles divinorum iudiciorum metu perculsi,

und finden noch das betende Wort zu Gott. — Doppelte Prädestination.

In diesem Bild, das auf die Rechtfertigungsfrage antworten sollte: wie und warum kann ein Sünder vor Gott bestehen, wenn (Prädestination) er besteht?, ist geschwiegen von den besonderen Farben des Evangeliums, sofern abgesehen ist von Aussagen über Begriffe wie Schrift, Glauben, Christus. Man mag wohl sagen, das im letzten Abschnitt Gesagte sei meine Komposition [1]; angesichts der Ängstlichkeit, mit der heute manche die Orthodoxie (im spezifischen Sinn) der Reformatoren herausstreichen, möchte ich nur sagen, daß die bezeichneten Gedankengänge jedenfalls zum praktischen Bestand von Calvins Frommsein gehören, und weiter, daß mindestens die große Menge seiner Predigten über alt-testamentliche Texte nicht denkbar wäre, wenn er jene Ängstlichkeit geteilt hätte. Und es könnte wohl sein, daß Calvin in dem von uns Ausgeführten die Weise erkennen würde, wie Christus auch schon den alt-testamentlichen Frommen der Weg zu Gott war; Gottes Handeln ist ja grundsätzlich immer eines gewesen. Man möchte daher gern zu den Worten greifen, mit denen er selbst oft den religiösen Unterschied der beiden Testamente bezeichnet hat: hier niedere, dort höhere Entwicklungsstufe, hier Kindesalter, dort Mannesalter der Religion, hier mehr Verhülltheit, dort mehr freundliche Aufgeschlossenheit Gottes und seines Werks [2]. Aber »seinen Grund-

---

bonitatis ipsius memores ea sese consolantur . . . ideoque appetitus suos vehementiores coercere conantur.

[1]) Die ohne die Lektüre von Holls Lutherbuch nicht denkbar ist; womit ich nichts andres als meinen Dank an Holl gesagt haben will.

[2]) CR 69,619: le peuple qui ha vescu sous la Loy estoit semblable à des petis enfans . . . Auiourdhuy il nous ha fait grandir . . . mais de son costé ce n'est pas qu'il ne demeure tousiours en un mesme propos. Le changement . . . vient de costé des hommes; 82,476: la Loy et l'Evangile. Il est vray que quand le tout sera bien entendu, il s'accorde tresbien. Car Dieu n'a point changé propos . . .; wie sehr Calvin an dieser grundsätzlichen »Selbigkeit« des göttlichen Wirkens lag, zeigt vor allem auch die Tatsache, daß er Servede die Bestreitung dieser Einheit der Religion nie vergessen hat; es ist dies geradezu der Anstoß, den Calvin von der

satz hat Gott nicht geändert«, nur den tieferen Sinn seines immer gleichen Handelns wirkend immer mehr enthüllt. — In einer Weise läßt sich jedoch noch ein tieferer Grund dafür aufzeigen, weshalb er jenes Gottesverhältnis nicht ohne das Neue Testament so zeichnen konnte. So wie das Gesetz, die Pflicht von außen an den Menschen herantreten muß, um ihn seiner freilich auch ohnedies geltenden Verpflichtetheit zu überführen, so kann man hier sagen: Gewiß ist Gottes Handeln so ein zerbrechendes Wiederaufrichten, aber das weiß der Sünder und Angefochtene nicht oder nur sehr undeutlich, er kann sich nicht trauen. Und hier hilft ihm nun die Schrift. Man sucht nun freilich vergeblich darnach, ob ihn vielleicht irgendein bestimmtes Wort der Schrift so gepackt hat, so daß er an ihm geworden wäre wie Luther an Röm. 1, 17. Wohl kann man von Lieblingsworten bei ihm reden [1]. Aber wenn er von der Schau Gottes [2] redet, die für den Hörer der Schrift Gegenwart ist (nicht wie die katholische visio Dei), dann denkt er nicht an solche Worte; dann steht sie als Ganzes vor ihm, als ein lebendiger persönlicher Wille oder als ein »lebendiges Bild« Gottes, das durch sich selber wirkt und die Gedanken der Menschen über Gott umstößt und schafft.

So spitzt sich die Frage nach dem Zusammenhang des gezeichneten Gottesverhältnisses mit der Schrift, dem Christus usw. zu auf die Frage nach der Gewißheit und Klarheit jenes

---

religiösen Seite her an Servede nahm, ob ihn Servede nun nach der Seite hin drehte, daß Jesus Christ nicht von Uranfang an, sondern erst seit seiner Menschwerdung Gottes Sohn und Mittler war, oder nach der andern, daß die Patriarchen, namentlich Abraham, (der »Vater aller Glaubenden« -) nicht in Wahrheit Gott angebetet, keinen rechten Glauben und keine Ahnung vom himmlischen Leben gehabt hatten; vgl. CR 55,100; 56,564; 61,204; 74,79, 436; 77,641; 78,580; 79,318; 82,547.

1) Vgl. S. 32 Anm. 1; das einzige persönliche Wort über ganze biblische Schriften gilt bezeichnender Weise dem 2. Tim.-Brief: CR 82,5: Quant à moy, ie sçay que ceste epistre m'a autant profité que nul livre de l'Escriture, et tous les iours encores profite . . .

2) CR 81,628: Puis qu'ainsi . . . nous avons les thresors de sagesse qui nous sont ainsi exposez [im Evangelium], nous avons la vision de Dieu, voire face à face, comme il est dit au troisieme chapitre de la seconde aux Corinthiens [2. Kor. 3,18].

Liebeswillens im Zorn. Man ist damit wohl auf einer richtigen Spur. Denn die Gewißheitsfrage stand in der Tat an zentraler Stelle in Calvins wie im ganzen reformatorischen Denken. Es soll dabei gleich hier betont sein: wenn Calvin nach Gewißheit fragt — und gegenüber den katholischen Gegnern ist ihm das geradezu der Hauptpunkt [1] — so bricht ihm diese Frage nicht in zwei auseinander, eine nach der Heils-, die andre nach der Erwählungsgewißheit. »Glaube will Gewißheit« (oder »bedeutet«), ungespalten [2]. Inhaltlich bedeutet solche Gewißheit die Zuversicht, daß Gott dem Menschen in seinem wirklichen Leben, Tun und Denken, gut ist und daß der Mensch, um die dem Sündenbegriff entsprechende Formel zu nehmen, in der Nähe des so oder so gegenwärtigen Gottes leben, diese Gegenwart wirklich wollen und an Gott hangen kann [3]; darin ist die Frage nach der Sündenvergebung mit inbegriffen. Wenn nun Calvin in diesem Zusammenhang von Christus redet als der Quelle des Trosts, so möchte man zwei Arten seiner Unterweisung unterscheiden. Wir betrachten zunächst die eine Seite. Da fließt ihm Christus ganz zusammen mit dem Wort des Evangeliums und der Schrift überhaupt. Wo einer die Bibel hört oder sie zu Hause liest, da steht ihm Christus gleichsam vor Augen [4]. Ihn von dieser seiner Lehre, seinem

---

1) z. B. CR $60,_{735}$: en la Papauté la principale doctrine de la Chrestienté est esteinte et aneantie: d'autant que quand les Papistes gasouillent leurs oraisons, faisant semblant de presenter leurs requestes à Dieu, ils disent qu'ils ne doivent iamais estre asseurez.

2) CR $51,_{712}$: Or ce croire ici . . . emporte certitude.

3) Vgl. etwa CR $74,_{369}$: malheur sur toutes nos ioyes, sinon que Jesus Christ soit là en son degre souverain, et que nous cognoissions que c'est en luy et par luy que nous avons repos . . ., et que nous pouvons nous glorifier que Dieu nous sera propice, et que nostre beatitude est d'adherer à luy, et qu'il nous recognoisse pour ses enfans; $81,_{538}$: nous pechons en mangeant si nous ne sommes certifiez de la bonne volonté de Dieu . . . Car sous ce mot de Foy, il [S. Paul] entend la certitude qui doit estre en tous fideles que Dieu les approuve quand ils boivent et mangent . . .; vgl. auch S. 111 Anm. 3, drittes Zitat.

4) CR $55,_{580}$: quand nous venons au temple pour estre enseignez, ou bien qu'un chacun en sa maison ouvrira la Bible: Jesus Christ doit là estre, comme si nous le voyions devant nos yeux; vgl. $78,_{676}$.

Wort zu trennen, heißt ihn vernichten [1]; die Geburt in Christus und der Vorgang, in dem einer durchs Wort des Evangeliums zur Hoffnung des Heils gerufen wird, ist für ihn ein und derselbe [2]. Überall da, wo auch nur ein wenig Kenntnis und Empfinden von diesem Evangelium da ist, hat er daher von Glauben gesprochen [3]. — Wie nun an diesem Wort die Gewißheit der Liebe Gottes aufbricht, darin liegt freilich etwas Unauflösliches, das Wort findet den Weg zu uns, es gibt keine Methode, von uns aus zu ihm zu gelangen; dies Unauflösliche ist dadurch bezeichnet, daß auch Calvin wie alle Reformatoren Wort und Geist zusammenband, so daß nur beide zusammen das göttliche Werk treiben. Aber, dies zugegeben, hat nun Calvin doch noch möglichst deutlich sich jeder täuferischen Unmittelbarkeit erwehrt. Die Plötzlichkeit ist ihm bei jenem Vorgang ganz ungewöhnlich [4]. Die Regel ist, daß es ein allmähliches Hineinwachsen gibt. Das Wort packt einen zunächst wenig, es wird wenig verstanden und doch ist schon das Wirkung heiligen Geists; »am Ende zeigt er dann schließlich [sc. Gott], daß er es ist, der da spricht« [5], dann kommt es

---

1) CR $74{,}_{282}$: ce n'est rien que Jesus Christ fust apparu au monde en personne, sinon que nous fussions esclairez par la doctrine qui nous est preschée en son nom . . . Ce sont . choses inseparables que Jesus Christ et toute la doctrine de l'Evangile.

2) CR $78{,}_{628}$: nous naissons en luy [Jesus Christ] quand par la doctrine de l'Evangile nous sommes appelez à l'esperance de salut.

3) CR $79{,}_{535}$: la foy est un don singulier de Dieu, et c'est une certaine marque qu'il habite par tout où nous voyons quelque sentiment et cognoissance de l'Evangile.

4) CR $57{,}_{610}$: posset quidem Deus singulis fidelibus momento tantam suae veritatis cognitionem infundere, ut omnes prophetae, omnes doctores essent, antequam in scholis docti fuissent. Verum ita nobiscum agere ipsi visum est, ut toto vitae nostrae curriculo sic discamus, ut multum adhuc ignorantiae in nobis supersit, ut intra modestiae fines contineamur.

5) CR $74{,}_{950}$: nous croissons en foy . . . du commencement nous ne sçavons quelle vertu ni efficace il y a en la parolle de Dieu: mais si on nous enseigne, et bien, nous comprenons quelque chose, et encores ce n'est rien quasi: mais petit à petit nous touche par son S. Esprit, et en la fin il nous monstre que c'est luy qui parle; vgl. die vorige Anm.

schließlich soweit, daß der Wille, der sich niemand untergeben will, sich unter Gottes Regiment gibt und das Gute tut [1]. Das, daß Gott es ist, der in den verheißenden Worten der Schrift zu uns spricht, derselbe, der auch seine abstoßende Majestät dort gezeigt hat, das ist es schließlich, was dem Wort seine Durchschlagskraft gibt, was das gewinnende Christusbild über dasjenige des richtenden Auslegers des Gesetzes stellt, was den eigentlichen Sinn des Gesetzes, Leben zu geben, zur Erfüllung bringt [2]. Und wenn Calvin bedachte, wie unglaublich dem Menschen diese gütige Art Gottes ist, so empfand er es als ein Entgegenkommen und Sich-anpassen Gottes an unser roh gewordenes Empfinden [3], daß die Schrift von der Verkündung dieser Güte wiederhallt [4]. Daß es sich so bei der Schrift in erster Linie um Gottes Reden in ihr handelte, das hat ihm dann auch die rechte Stellung zu Vorletztem in der Schrift, wie Wunder und Zeugen finden lassen: Gottes selbsteigne Güte und Macht muß uns berühren, nur er selber erweicht unser Herz, darum bleiben jene Dinge für sich genommen wirkungslos [5]. Da wo ein im Wort sich aussprechender und

---

1) CR $57{,}_{640}$: tum immutat voluntatem quum corda nostra tangit, ut non quidem faciamus quaecunque libido dictat; aut ipse nobis quidquid postulamus concedat . . . sed . . . ut faciat aptos ad bonum faciendum . . . Quamobrem etiam non sufficit nos semel ad actum unum a Domino tangi . . ., sed necesse est ut nos in omnibus actionibus nostris regat.

2) vgl. CR $81{,}_{30}$: Dieu en publiant sa Loy a regardé à une fin et à un but certain, au quel aussi il nous faut tascher: et quand nous en ferons ainsi, nous aurons la vraye ame de la Loy, ce ne sera pas une lettre morte; vgl. $82{,}_{280}$: Jesus Christ est l'ame de la Loy . . .

3) CR $57{,}_{168}$: Dieu aucunesfois nous monstre quelle est sa gloire, afin que nous ayons cest article tout resolu, qu'il est incomprehensible . . . Or cependant Dieu regarde qu'il nous est utile d'avoir quelque privauté à luy, et alors il *condescend à nostre rudesse* . . . Il nous convie donc doucement, et alors il *s'abbaisse, et se fait comme petit* envers nous, anderwärts erscheint dafür der Ausdruck »s'accommoder« (z. B. CR $76{,}_{642}$), der dann später ähnlich, wie wir es in einem andern Fall bei Spinoza bemerkten, seiner religiösen Beziehung entkleidet wurde.

4) So CR $74{,}_{172}$.

5) CR $57{,}_{451}$: hanc unam esse viam ad Dominum revertendi sciamus, si virtute sancti spiritus in nobis agente ad ipsum adducamur, ut ipse

meine Situation als Sünder wirklich erfassender Wille spricht [1], kann Ruhe und Gewißheit werden. Das bedeutet endlich auch, daß diese Gewißheit nicht auf der Stärke und Größe menschlicher Glaubenshaltung ruht [2] — soweit sie menschliches Glauben ist, ist mit ihm lediglich die allezeit gegebene Verpflichtung, Gott und göttliche Dinge am ernstesten zu nehmen, erfüllt —, sondern allein darauf, daß Gott wirklich eins mit seinem Wort ist. Dies wird auch dadurch bestätigt, daß uns Calvin, wenn er von Stützen unsres Glaubens reden will, lieber noch auf die harte Objektivität kirchlicher Institutionen (Taufe, Abendmahl), jedenfalls aber auf das Wort verweist und erst dann wie auf eine Art Notbehelf auch noch auf die Reihe eigner Erfahrung oder fremder Zeugnisse [3]. — Mit alledem ist nun

---

mollitis animis nostris sibi nos reconciliet . . . si quis magnis malleorum ictibus incudem feriat, certum est resilituros semper malleos, quod in incudem duriorem incidant: . . . ea est omnium hominum conditio cum Dei testimoniis et miraculis feriuntur, quae procul dubio irrita sunt omnia . . . donec ipse Deus ita contundat et emolliat, ut sub potente manu dei deiectos humiliari doceat, vgl. ebenda 708 und 54,205-206.

1) CR 54,196 f.: il faut que nous sçachions que ses promesses s'addressent à nous principalement . . . A quelles enseignes sera-ce que ie concevray en ma teste: O Dieu me recevra? . . . Il faut donc que Dieu nous previenne . . . que par sa bonté gratuite il nous promette . . . qu'un chacun s'approprie cela pour dire: Il est vray que ie suis une povre miserable creature . . . Et comment? c'est à toy qu'il parle, quand il dit: [folgt Matth. 11,29] . . . Tu es du nombre de ceux-là: ainsi donc cognois que ton Dieu te donne ses promesses . . .

2) CR 51,722: la foy ne nous iustifie point de sa vertu.

3) CR 54,720: quand nous voudrons avoir entree à Dieu, pour nous appuyer sur sa bonté: . . . il nous faut commencer par sa parolle. Et *puis* il nous faut aussi bien recognoistre les graces que nous avons senties de luy; 58,238: si Dei verbo non acquiescimus, sicut debemus, *saltem* quum experientia Deum nostri misertum esse sentimus, et promissiones suas implevisse, veritatis ipsius maiorem notitiam habeamus et in ipso uno spem omnem nostram collocare discamus. Discipulos Christi *saltem* imitemur qui de Christi resurrectione dubitantes dicuntur viso sepulcro vacuo Deo credidisse . . . experientia edocti. Nos eorum igitur exemplo discamus si fuimus increduli, et non eam Dei voluntati et verbo fidem . . . dedimus quam debuimus, tamen credere tot testimoniis; 69,567: si nous sommes affligéz, il nous faut avoir là nostre refuge . . . que Dieu ha voulu que nous portissions sa marque, et nous

der Blick offen für die letzten Aussagen Calvins von diesem Wort des Evangeliums. Wo es ist, da ist es, als sei das Ganze, von dem es verheißend spricht, schon geschehen [1]. Denn Gott spricht, sein Wort ist nur ein Strahl aus seinem ewigen Willen. Daher kann man sagen, wo Evangelium gepredigt wird, da ist auch zugleich in gewissem Sinn Erwählung mitgesetzt [2]. Denn »Erwählung« sagen bedeutet lediglich, der Pflicht nachzukommen, Gottes gütiges Tun bis in seinen Ursprung zu verfolgen [3]. Ganz entsprechend heißt dann auch umgekehrt der Glaube eine Frucht der ewigen Wahl. Es ist eine Linie von der Ewigkeit Gottes zum Wort des Evangeliums; es gibt daher auch nur eine Gewißheit, die, die an der Offenbarung des ewigen Gotteswillens entsteht und aufsteigt zu seinem ewigen Grund. Solche Ewigkeit bedeutet — Calvin sagt es ausdrücklich — keinen Erklärungsversuch, weiß nicht von Motiven zu reden, die Gott zu seinem offenbaren Handeln getrieben hätten [4], sagt nichts Neues gegenüber der Offen-

---

ha appelés à soy . . . Le nom de Chrestien que nous portons . . . Nous avons le baptesme . . . Dieu ha donné sa loy par Moyse . . . envoié ses prophetes, . . . en la fin il ha conclud par l'Evangile toute doctrine . . . Cela donc nous devroit donner une bonne confiance, que Dieu nous traittera comme son peuple; im selben Sinn wird in der Fortsetzung des in Anm. 1 Ausgeschriebenen CR 54,197 auf Taufe und Abendmahl verwiesen; 61,257: quand nous voudrons monstrer . . . que nous esperons en Dieu, . . . [il faut . . .] que la mort nous environne de toutes parts, . . . qu'il n'y ait point une estincelle de clarté pour resiouir: bref, que nous n'ayons le mot que Dieu nous donne pour dire, Ie sera yvostre Sauveur, et que neantmoins cependant il semble qu'il nous . . . ait reiettez, . . .

1) CR 79,255: Quand il a dit le mot, c'est à dire qu'il a declaré sa volonté, la chose est faite . . . voilà pourquoy il est dit que nous sommes riches de la seule benediction; 81,98: Quand Dieu declare quelque chose de nous, cela gist en luy qu'il l'accomplisse: car l'effet de la parole de Dieu ne depend point de la volonté des hommes.

2) CR 54,214: quand l'Evangile se presche en un lieu, voilà desia une espece d'election.

3) Vgl. die nächste Anm.

4) CR 78,343: toutesfois et quantes que Dieu nous eslargist de ses benefices, . . . il nous faut revenir à ce principe là, c'est qu'il nous faut monter iusques au conseil eternel de Dieu. Non pas que nous apprenions comment c'est qu'il nous a esleus, ne pourquoy . . ., mais que nous concluyons . . . qu'il l'avoit ainsi ordonné devant qn'il nous ait creez . . .

barung. Will man hier noch von einer Unterscheidung eines Deus revelatus und absconditus reden, so bedeutet sie jedenfalls nicht die Möglichkeit eines Gegensatzes, sondern nur die Unterscheidung des verborgenen Wirkens von seinem sichtbaren Werk. Der Gegensatz, vor den Calvin sich immer wieder gestellt sah, lag in der sichtbaren doppelten Wirkung des Worts, spielte aber nicht, wie doch wohl bei Luther zur Zeit des Römerkommentars, gewissermaßen in die Ewigkeit hinein [1]; man mag es hieraus begreifen, daß Calvin doch wohl nie persönlich so vom Prädestinationsgedanken angefochten wurde, wie Luther. Jedenfalls, deutlicher als mit dem Bild, das S. 43 (im Text zu Anm. 1) gegeben wurde, daß die beglaubigte Abschrift der Urschrift nichts abbricht, sondern sie einfach wiedergibt, kann man nicht sagen, daß es eine besondere Erwählungs- gegenüber einer Offenbarungs- oder Glaubensgewißheit (und umgekehrt) nicht gibt. Eine unmittelbare Antwort auf die Frage »Bin ich erwählt oder nicht« kannte Calvin nicht und gab er nicht [2].

Was bis jetzt ausgeführt wurde, ausgehend von der Einheit Christo mit seinem Wort ist in guter Übereinstimmung damit, daß Calvin, wenn er vom letzten Grund der Rechtfertigung sprach, ohne Schwanken Gott und seine Güte allein

---

et mesmes devant qu'il n'y eust ne ciel ni terre; 82,48: quand nous parlons du conseil de Dieu, il ne faut point tousiours disputer qui l'à induit tellement que nous imaginions des raisons pour dire, Voilà pourquoy Dieu l'a ainsi determiné, voilà pourquoy il l'a ainsi voulu. Car au contraire, Dieu nous veut tenir en ceste sobrieté, que sa simple volonté nous suffise pour toute raison.

1) Es ist zwar eine Kleinigkeit, aber für den Stimmungsgehalt des Worts „Erwählung" vielleicht nicht nebensächlich und in dieselbe Richtung weisend wie das eben im Text Gesagte: 1. Calvin redet fast nur von „election", nicht von „predestination", 2. Das Wort „election" ist, nicht wie unser „Erwählung", genau dasselbe, mit dem z. B. die Genfer Ratswahl bezeichnet wurde.

2) CR 82,57: Quand nous enquerons de nostre salut, il ne faut point que nous commencions . . . Sommes-nous eleus ou non? Nenni, car iamais nous ne pourrons monter si haut . . . Comment donc? que nous escoutions ce qui nous est dit en l'Evangile . . .

nannte [1]. Bevor wir nun die andre Seite des Christusgedankens betrachten, ist es nützlich zu sagen, welche Züge am Christusbild zwar auch vorhanden sind, aber doch ganz im Hintergrund stehen. Zu diesen Zügen gehören seine auf die Zwei-Naturen-lehre Bezug nehmenden Äußerungen, die sehr spärlich sind; da erscheint dann das alte Bild von Leib und Seele im einen Menschen oder das von den beiden Augen, die sich zu einem Blick einen, um jener Lehre Klarheit zu verleihen [2]). Sodann kann Calvin manchmal Sätze bilden, die den Erlösungsgedanken der alten griechischen Kirche vertreten, und vom Eingehen des Schöpfers aller Dinge in die Niedrigkeit des Geschöpflichen, des Unendlichen ins Reich der Unwissenheit und des Leidens reden [3]. Und auch weniger wichtige Dinge trägt er treu orthodox vor. Um eine Kleinigkeit zu nennen, er, der treue Ausleger, macht einfach die alte Tradition mit, die Jesus Geschwister abspricht [4]. Auch er kann wie die Scholastiker in den Wundern und Krafttaten Jesu den Erweis seiner Gottheit erblicken [5].

Aber all diese Züge treten zurück, wenn innerhalb der Rechtfertigungsfrage der Christusgedanke auftaucht, sie stehen

1) CR 51,$_{722}$: a parler proprement, il n'y a que Dieu seul qui nous iustifie . . . [723] si nous cerchons la cause principale, si nous cerchons l'autheur de nostre salut, nous ne dirons autre chose sinon que Dieu nous iustifie par sa pure bonté, d'autant qn'il nous reçoit à merci, et qu'il ne nous impute point nos pechez, mais nous les pardonne.

2) CR 81,$_{326}$ . . .; Calvin nennt CR 38,$_{172}$ Athanasius als die Quelle für das erste Bild.

3) CR 81,$_{319}$; besonders auch 74,$_{268}$: celuy qui nourrit les hommes et les bestes, et les oiseaux, soit traitté à la coustume des enfans, et qu'il soit nourri et a laitté: celuy qui est la Sagesse eternelle de Dieu son Pere, soit là ignorant, ne sçachant cognoistre ne pere ne mere.

4) CR 74,$_{272}$: nostre Seigneur Jesus-Christ est nommé le premier-nay. Non pas qu'il y ait eu ne le second ne le troisieme . . . [es ist hier von seiner Menschheit die Rede (vgl. 271)].

5) CR 81,$_{328}$: ce n'est point assez de contempler Jesus-Christ de nos yeux charnelles, car nous ne monterons point plus haut qu'à l'homme: mais quand nous voyons que par miracles, que par vertus il s'est demonstré Fils de Dieu, voilà une signature, . . . une approbation telle, qu'il ne faut plus douter que Jesus-Christ s'estant ainsi abbaissé, n'a point toutesfois quitté sa maiesté celeste.

nicht dahinter, wenn er Christus den »eigentlichen Inhalt« (la vraye matiere) [1] unsres Glaubens oder das lebendige» Bild« [2] Gottes nennt. Da denkt er vielmehr an diejenigen Seiten an Jesus Christus, die zu den sittlich-religiösen Hauptfragen des Menschen in Beziehung stehen. Von der entgegengesetzten Seite her zeigt sich dies auch schon darin, daß er eine von Sünde und Gottes Zorn wissende Seelenhaltung voraussetzt, wenn ein Mensch überhaupt an den Zügen des leidenden Christus Geschmack finden soll [3]. Und auf Jesus gesehen, ist es natürlich, wenn er vom Glauben [4] Jesu sprechen kann und sein ganzes Leiden fruchtlos findet, wenn es nicht aus dem Gehorsam geboren wäre [5]. In diesem Licht steht auch der Satisfaktionsgedanke bei Calvin. Der eigentliche Sinn einer Satisfaktion ist ja doch wohl die Begleichung einer persönlichen Schuld durch eine sachliche Leistung, in unserm Fall: unsrer persönlichen Schuld durch Christi sachliche Leistung. In dieser letzteren Weise aber hat Calvin wie wir sahen, Jesus nicht angesehen. So wurde er dann wie Anselm, und mehr noch wie dieser, zu der von Albrecht Ritschl [6] bei Anselm so schön beleuchteten Verdrehung des Satisfaktionsgedankens getrieben, wonach man ihn eigentlich so bezeichnen müßte: Begleichung einer persönlichen Schuld durch eine persönliche Gesinnung, und zwar in unserm Fall

---

1) CR 51,723 und 724. 2) Dieser sehr beliebte Begriff z. B. CR 54,248. 427; 77,711; 79,339; 81,18. 34. 628.

3) CR 63,618: Si ie suis troublé de fascherie quand ie regarde que le Fils unique de Dieu a esté . . . detestable devant les hommes, il faut que i'entre en moi: car si ie ne regarde qu'à Jesus Christ ie m'en destourneray, et n'en tiendray conte: mais se ie regarde à moy en premier lieu, et que ie viene puis apres à luy, voylà . . . ce qu'il a souffert me sera de bonne saveur. 4) CR 74,612. 921.

5) CR 74,853: Si Jesus Christ de son bon gré ne se fust offert pour appaiser l'ire de Dieu son Pere, sa mort et passion ne nous eust de rien servi . . .; ebenda 920: la mort et passion de n. S. J. C. n'eust de rien servi pour effacer les iniquitez du monde, sinon d'autant qu'il a obey . . . iusques à la mort tant espovantable: et a obey, non point qu'il fust insensible.

6) Die christliche Lehre von der Rechtfertigung und Versöhnung, 1882² S. 44 f.

eines andern als des Schuldigen. Dies ist, wenn man schon bei der Satisfaktionslehre bleibt, kein Armutszeugnis, sondern ein Beweis dafür, daß der Betreffende sich ernsthaft bemüht, die Lebendigkeit eines persönlichen Gottesverhältnisses in alle Teile seiner theologischen Aussagen hineinzutragen. Dies zeigt sich nun bei Calvin in der Weise, daß mit der Strafe, die auf Jesus liegt, nicht so sehr sein schicksalhaftes Leiden und Sterben gemeint ist, sondern seine sein Gottesverhältnis bedrohenden inneren [1] Qualen. Wenn sich Calvin wie Paulus (Röm. 10) frägt [2]: wird Gott uns nicht in die Hölle hinunterstoßen? und daraufhin den Sühnegedanken einsetzt, so denkt er daran, daß Jesus die Angst des im Gewissen getroffenen Sünders, die Verfluchtheit vor Gott spürte, nicht an seinen Tod. Und ganz entsprechend beantwortet er die andre Röm. 10 stehende Frage: Wer wird uns in den Himmel hinaufsteigen?, nicht mit Auferstehung und Himmelfahrt, sondern damit, daß der die Menschen zu sich Ziehende im Himmel droben regiert. Man sieht, das ist ein lebendiges personhaftes Bild vom Christus. Aber die nackte Geschichte hat ihm dies nach seinem eigenen Empfinden nicht gegeben, die nackte Geschichte Jesu, das Kreuz, stößt ab, nimmt eher den Mut, zu Gott zu

---

[1]) CR 79,284: ce n'est point assez qu'il souffrist une mort si cruelle et pleine d'ignominie devant les hommes: mais aussi il faloit qu'il portast en soy des angoisses horribles, comme si Dieu eust esté son iuge: car il est venu iusques la, qu'il s'est constitué en la personne des pecheurs pour accomplir toute satisfaction ...

[2]) CR 51,715: quand on nous parle de nostre salut, d'un costé le ciel nous estonne: car sommes-nous dignes d'approcher de là? Et puis nous voyons l'enfer qui est devant nous tout ouvert pour nous engloutir, d'autant que nous sommes povres pecheurs. [folgen die Fragen aus Röm. 10,6 und 7] ... Or là dessus sainct Paul respond, et ameine le remede, qu'il ne nous faut point douter du ciel. Et pourquoy? Car en la personne de nostre Seigneur Jesus Christ, nous sçavons qu'il a esté ouvert. ... Car ... le Fils de Dieu a protesté qu'il y a plusieurs logis en la maison de son Pere, et qu'il n'y a pas esté receu pour son profit particulier, mais que ç'a esté à fin de nous recueillir à soy comme ses coheritiers. Touchant des enfers, il y est descendu: car il a souffert les angoisses qui nous estoyent apprestees, il a souffert les horribles tormens de la malediction de Dieu, iusqu'à dire, Mon Dieu, mon Dieu, pourquoy m'as-tu laissé?

treten [1]. Es kommt darauf an, daß ein sinnvoller gütiger Wille hinter dieser Geschichte steht und uns erfaßt, oder, wie Calvin dafür sagt, daß das durch Leiden und Tod erworbene Gut den Menschen vor Augen tritt und ihnen durch das göttliche Handeln der Mut geschenkt wird, nun das Leben im Tod, Gottes Gnade in seinem verdammenden Handeln an Christus zu sehen [2]. Dann freilich, wenn man dafür die Augen bekam — so ist wohl Calvins Gedanke — ist die von der Geburt bis zum Grab in Erniedrigung lebende Gestalt Jesu ein wahrer Trost; denn dann ist sie, an der die göttliche Gerechtigkeit sich zeigte, ein Beweis für den Ernst der göttlichen Liebe, es ist dann als spräche Gott in Christus: So gewiß meine Gerechtigkeit Wahrheit ist, wie ihr sie hier seht, so gewiß dürft ihr meiner Gnade trauen, wie sie hier verkündet wird [3]. Von der Gerechtigkeit Gottes weiß der Sünder, sie ist ihm

---

1) Vgl. die nächste Anm.

2) CR 74,285: il ne nous profiteroit pas beaucoup que le Fils de Dieu fust nay au monde, sinon que nous sceussions pourquoy il nous a esté envoyé, et les bien qu'il nous a apportez; 81,39: Jesus-Christ est recuscité: ce n'a pas este seulement pour soy, mais . . . afin que nous soyons participans avec luy de la vie eternelle qu'il nous a acquise . . . la résurrection de n. S. J. C. seroit inutile sans cela; 74,753: si nous avions seulement la simple histoire de la mort et passion de nostre S. J. C., cela ne seroit que pour nous faire tourner le dos en arriere, et pour reculer de luy au lieu d'en approcher: mais quand le fruict nous est declaré, et le bien inestimable qui nous a esté acquis par sa mort et passion, voilà comme nous n'avons plus honte de luy . . . mais plustost c'est toute nostre gloire de chercher nostre vie en la mort, de chercher la grace de Dieu en la condamnation qu'il a portee; auch 79,510.

3) Vgl. CR 57,691: singularis Dei erga nos amor fit ex eo conspicuus, quod curam de nobis paternam cum sua iustitia coniungit, quae in omne tempus manet: ut certiores nos faciat omni sublato timore, nunquam defuturam nobis Dei bonitatem quam semel gustavimus, aut omnino Dei iustitiam, quod fieri non potest defuturam; 80,226: Dieu nous fait ceste grace de conioindre sa gloire avec nostre salut, tellement qu'il y a un lien inseparable. . . . Ne voyla point une certitude infalible que nostre Seigneur Jesus Christ viendra pour nous donner relasche et repos [am letzten Tag]: d'autant qu'il ne se peut faire que Dieu ne maintiene sa maiesté contre l'orgueil et la rebellion des hommes . . , Jesus Christ ne peut maintenir la gloire de son Pere que quant et quant il ne se declare nostre Redempteur . . .

nur zu gewiß, daß aber hier göttlicher Rechtfertigungswille in eben dieses Menschentum hinein erscheint, das gibt den Freimut, nun in dieser Gestalt das Heil zu fassen.

So ist dann wohl die hohe Schätzung der Menschheit Jesu Christi bei Calvin zu verstehen, bei deren Anfechtung ihm der Grund des Heils in Gefahr zu sein scheint [1]; daher seine Antithese gegen Osiander: sofern er Mensch ist, nicht sofern er Gott ist, rechtfertigt uns Jesus Christus [2]. Daher spricht er so gern vom Bruder-sein Jesu, daher namentlich auch die Liebe zum Mittlergedanken, aus dem auch die subordinatianischen Sätze Calvins fließen; denn gerade als der Mittler schließt sich Jesus mit den Menschen zusammen und will einen Gott mit ihnen haben und steht so unter Gott [3]. Und auch der Gedanke der ewigen Gültigkeit dieses Mittleramts [4] hangt streng an der innerhalb der Rechtfertigungsfrage erwachsenden Bedeutung Jesu; denn dieses ewige Mittlersein Jesu bedeutet ihm, daß eben die in Tod und Leiden erscheinende Gestalt Jesu, der Ertrag seines menschlich-geschichtlichen Lebens seit aller Zeit die Ferne der Menschen von Gott überwand. Gerade an dieser Erweiterung des Mittlergedankens sieht man auch etwas vom geistigen Abstand Calvins von der scholastischen Christologie; beide gehen hinaus über sein menschliches Dasein, wenn sie den Christusgedanken

[1]) CR 74,73: aucuns heretiques anciens ont tasché d'aneantir son humanité, pour nous oster tout le fondement de nostre foy.

[2]) CR 63,670: ... des phantastiques ... ont resvé que nostre Seigneur Jesus iustifie ses fideles, entant qu'il est Dieu. Mais il faudroit chercher nostre iustice bien loin: et ce seroit pour nous faire perdre courage.

[3]) CR 77,716: d'autant qu'il est constitué Mediateur afin de nous approcher de Dieu son Pere, il est mis comme au dessous [sc. de Dieu son Pere] non point en ceste essence divine, laquelle reside en luy en toute plenitude, ... mais quant à ce qu'il s'est mesme fait nostre frere, il ne sera point dit que Dieu soit nostre frere, cela ne conviendroit pas: et Jesus Christ l'est: voire d'autant qu'il a vestu nostre chere et nostre nature.

[4]) CR 77,630: par la mort et passion qu'il devroit endurer, ... il a de tout temps reconcilié les hommes à Dieu son Pere, et leur a fait obtenir grace et salut.

ausdenken; aber Calvin bindet sich gerade auch auf diesem — sagen wir: — spekulativen Weg streng an das persönlich-menschliche Bild Jesu, während man dort auf diesem Weg zu den Spekulationen über das Verhältnis des Göttlichen in Jesus zu Gott oder zur zweiten Person der Trinität gelangte.

Damit sind, wie mir scheint, diejenigen Seiten an Jesu Bedeutung für Calvin herausgehoben, die ihm grundlegend waren, wenn er von der Frage nach der Gewißheit jenes sündenvergebenden Willens in Gott ausging. Der knappste Gedanke, der die Lösung jener Frage ausdrückt, ist ihm der der Einkörperung in Christus, der Einung mit ihm. Er empfand hier jedoch die Schwierigkeit der Mystik für einen Geschichte und Wort schätzenden Sinn. Wie soll man — zwar nicht zu dem historisch so Fernen, wohl aber — zu dem in der Ferne des Himmels Wohnenden in ein so inniges Verhältnis kommen, wie wesentlich leben (vivre de sa propre substance) von dem in der Glorie der Himmel Regierenden? Seine Antwort ist der Hinweis auf das Wort des Evangeliums, das die Kraft habe, den Glaubenden hinaufzuführen in die Gemeinschaft mit den Himmlischen [1]. So weist gerade der tiefste Ausdruck, den Calvin für die Bindung des Glaubens an Christus hat, wieder zurück auf das dürre Wort des Evangeliums mit seiner überführenden Kraft. Die enge Verbundenheit des Glaubenden mit dem Gegenstand seines Glaubens, diese unmittelbare Nähe des Christus, die er in der Institutio (III, 11, 10) gegen Osiander so betonte, diese Art Mystik — übrigens gilt für das Verhältnis von Gott und Christus an dieser Stelle dasselbe,

1) CR 79,490: Jesus Christ habite en nous, . . . Et comment cela se fera-il? Car nous ne pouvons pas monter si haut: il est en la gloire des cieux, et nous sommes ici rampans au monde, . . . Puis donc qu'il y a une si longue distance, comment habitera il en nous? Or . . . l'Evangile a ceste vertu-là de nous unir avec le Fils de Dieu, voire moyennant que nous le recevions par foy: car il nous faut regarder le contenu et la substance de ce qn'on nous [491] presche . . . Quand donc en venant à Jesus Christ, nous aurons là foy en luy, c'est à dire que nous recevrons les promesses de l'Evangile, soyons certains qu'il habitera en nos coeurs, voire par le moyen de la foy.

was Holl für Luther betont hat: »mit Christus ein Bruder sein, das kann man sagen; mit Gott ein Bruder sein, das paßte sich nicht«[1] — weiß also nicht von Stufen zu reden, auf denen man zu ihr emporkommen kann, sie ist kein Gottesverhältnis, das neben der gewöhnlichen Religiosität gepflegt würde, sondern einfach ein andres Wort für Glauben. — Zugleich spricht sich in diesen »mystischen« Sätzen noch ein andrer für Calvins Religionsauffassung grundlegender Gedanke aus, der nämlich, daß es sich in der Frage unsres Heils darum handelt, daß Gott uns in ein Leben[2] mit sich hineinnimmt, nicht nur das Böse vergibt, sondern uns mit seinem Geist leitet. Das Wort »rechtfertigen« schien ihm gerade dies beides in seiner Zusammengehörigkeit schön auszudrücken, die Hilfe gegen das menschliche Elend und den unbedingten Willen Gottes zum Guten[3]. Darum ist ihm Christus nicht nur der Sühner, sondern auch der regierende König und stets für uns eintretende Fürsprecher[4]. Damit hangt auch sein

[1]) Vgl. S. 132 Anm. 3.

[2]) CR 79,491: nous vivons de sa propre substance, tout ainsi qu'un arbre tire vigueur de sa racine, et comme la teste de l'homme espand sa vertu par tout le corps . . .; ebenda 781: quand nous sommes incorporez en luy, . . . alors nous sentons à la verité que le pain ne nous apporte point plus de nourriture quand nous le mangeons, ni le vin ne nous fortifie pas mieux qnand nous le beuvons, que nous recevons vie et vigueur du corps et du sang de nostre Seigneur Jesus Christ.

[3]) CR 78,420 f.: pourquoy l'Escriture use elle de ce mot de Iustifier? . . . [421:] car si nous voulons . . . dire que nous sommes sauvez par la grace de nostre Seigneur Jesus Christ, nous ne cognoistrons pas bien quelle est nostre condition, et combien miserable, et aussi le remede qu'il nous faut appliquer à cela . . . nous n'apprehenderions point les pechez qui nous condamnent et maudisent devant Dieu, sinon que nous sceustions que nous avons besoin de iustice. D'autre costé nous ne cognoistrions pas la iustice de Dieu, si nous disions simplement: Nous sommes sauvez pas fois et par grace. Car Dieu ne se peut renoncer une fois d'autant qu'il est la iustice souveraine, . . . il faut qu'il haisse le mal.

[4]) CR 51,655: il y a deux choses requises pour nostre salut: . . . d'un costé que Dieu nous accepte comme iustes, et nous avouë mesme pour ses enfans: l'autre. que nous soyons conduits sous sa main, . . . maintenus et garantis par sa vertu invincible . . . l'un de ces poincts-là . . . ne suffiroit qu'à demy.

ständiges Argument gegen den »Gott im Brot« bzw. die Folgerung aus dieser Anschauung: die manducatio impiorum, zusammen [1]: Jesus Christ kann nicht von seinem d. h. von seinem läuternden Geist getrennt werden. — Endlich kommt in der Weise, wie Calvin von der Einheit mit Christus spricht, eine Eigenart seines Glaubensbegriffs deutlich heraus. Der Glaubende wird sich selber entnommen, über die Welt hinaus in den Himmel erhoben [2]. Denn dort ist ja Christus, von dort aus regiert er in die Welt hinein, ihr fern wie die Sonne und doch so nah wie ihre die Erde belebenden Strahlen [3]. Es ist »himmlisches Leben« [4], mit dem der Glaubende erfüllt wird; »himmlischen Dingen nachdenken« [5] kann er so die Religion bezeichnen, und oft hat er die Glaubenden »Genossen der Engel« [6] genannt. Das ist zugleich auch das gerade Widerspiel zur menschlichen Eigenart, »weltlich« im spezifischen Sinn zu sein. Für die Beurteilung der Religion Calvins als Hoffnungsreligion ist dieser Punkt wohl erwägenswert. Es liegt ja nahe, da, wo so stark vom Jenseitigen gesprochen wird, an Fernes, nicht Gegenwärtiges zu denken, das »nur« erhofft wird. Demgegenüber ist zu betonen, daß für Calvin mit solchen Ausdrücken eben die normale christliche Religiosität, in der

---

1) z. B. CR 77,789: Jesus Christ ne peut pas estre separe de son Esprit.

2) CR 57,290: Extra nos ipsos exeundum nobis est, ut supra terrarum orbem totum efferamur, quum de Deo nobis mentio aliqua facienda, aut etiam . . . cum ipso est communicandum; 79,752: Car où sont les ailes pour dire que nous montions par dessus des nues? Or est il ainsi qu'il faut que nostre foy monte par dessus les cieux; 82,505: la foy nous doit ravir là haut, et . . . faire oublier le monde; . . . 74,782; und oft.

3) Dieses Bild für die genannte Sache CR 79,491.

4) z. B. 78,464: [beim Abendmahl] quand nous voyons un morceau de pain et une goutte de vin, . . . voilà des creatures dont nous avons accoustumer de tirer nourriture et substance pour nos corps: mais cela nous conduit à la vie celeste de nos ames . . . nous n'avons vie qu'en nostre Seigneur Jesus Christ.

5) CR 82,544: . . . que nous soyons addonnez de penser aux choses celestes, et par consequent d'estre retirez de ce monde.

6) z. B. CR 81,551: Dieu les [fideles] fait compagnons des anges; 78,437; 79,338. 423.

der Glaubende lebt[1], bezeichnet sein will; eben jetzt und hier ist der Glaubende im Himmel bzw. strömt himmlisches Leben vom Christus in ihn. Gerade von dem geheimnisvollen[2] Nahe-sein so weit auseinander liegender Dinge wie Welt und Himmel lebt der im Christus Lebende[3].

Wir haben mit dem zuletzt Gesagten eigentlich schon herausgegriffen über den durch die Gewißheitsfrage uns gesteckten Rahmen zu einer Zeichnung des Lebens des Glaubens. Ohne es zu wollen, sind wir damit in dieselbe Methode geraten, die Calvin befolgte, die nämlich, zuerst einen Einblick in das Leben des Glaubens mit Gott zu geben, ehe die letzte entscheidende Frage des Gewißheit wollenden Glaubens aufgeworfen wird. Es dreht sich nun darum, wie der Mensch angesichts solcher Wirkung des Evangeliums in ihm den Grund seiner Religion und Gewißheit benennen muß. Da hat nun Calvin wie in der Institutio so auch in seiner Predigt dafür gestritten, daß Rechtfertigung aus Glauben und Gnaden nie andres ist als Rechtfertigung durch Sündenvergebung. Das bedeutet für ihn, daß Gottes Verhältnis zum Menschen in keiner Weise mehr auf menschlichem Tun, irgend einem innern Wert des Menschentums beruht. Es sind ja in der Tat

---

1) CR 82,586: l'esperance n'est point une chose morte, que ce n'est point quelque phantasie que nous concevons, mais que c'est une telle affection du sainct Esprit ... afin que nous soyons tousiours eslevez en haut ...

2) Das hat Calvin schön hervorheben können, vgl. CR 79,780: il n'est ici [Eph. 5,32] question sinon d'exprimer la bonté inestimable de Dieu, tellement que sainct Paul aussi s'estonne, au lieu de faire office de Docteur, et de monstrer et dechiffrer comme nous sommes conioints à nostre Seigneur Jesus Christ: il est là comme un homme ravi en admiration, confessant qu'il ne peut avoir mots propres et suffisans pour bien exprimer la grace de Dieu, quand il luy a pleu nous ... unir à son Fils unique ...

3) CR 81,324: desia nous habitons aux cieux; ich möchte bei dieser Gelegenheit einen andern Satz Calvins mitteilen, in dem er den Blick auf das Jenseitige gerade so wie in seiner Christusmystik die Gegenwart bestimmen ließ: CR 82,222: les derniers iours ont commencé depuis le temps des Apostres, ils continuent à present, et dureront iusques à la fin du monde.

mit der Anschauung: Gott vergibt Sünde, die höchsten, dem Menschengeist erschwinglichen Gedanken, die nämlich: Gott liebt die Würdigen und haßt die Unwürdigen [1] umgestoßen, so daß in Gottes freier Güte wirklich seine über Menschengedanken hinausgehende Majestät [2] gesehen werden kann. Ja, nicht nur Menschenwerk beeinflußt Gottes Tun nicht mehr, Calvin geht noch einen Schritt weiter: auch was Gott in uns hineingelegt hat, sein eigenes Werk hat keine Beziehung zu seinem Rechtfertigungsurteil [3]. Man kann in dieser Zuspitzung neben dem von Calvin unmittelbar ausgesprochenen Beweggrund: Gottes Werk in uns wird doch von der immer noch in uns lebenden Sünde befleckt, auch darüber hinaus einen tieferen Beweggrund wirksam sehen, den nämlich, daß Gottes Erbarmen in keiner Weise mehr ins Gesetzliche herabgezogen werden und daher überhaupt nicht mehr mit Werken in Beziehung gebracht werden, sondern einzig an seinem gütigen Willen hangen soll. Und doch ist wohl dies die Stelle, an der ein echter Schüler Luthers Anstoß nehmen könnte, sofern hier eine Zusammenhangslosigkeit in Gottes Wirken behauptet wird. Und auch zu Calvins eignen Aussagen kann man diese entscheidende Zuspitzung in einen gewissen Zwiespalt bringen: tatsächlich hat doch Calvin den Angefochtenen zum Trost in seiner Not auf das ihm aufgeprägte Bild Gottes verwiesen, also auf Gottes eignes Werk, von dem er nicht lasse.

---

1) CR 79,260: Voilà . . . ce que nous pourrons iuger à nostre fantasie, qu'il n'y a autre distinction que Dieu ait des hommes pour aimer les uns et hair les autres, sinon d'autant que chacun en est digne . . . Mais . . . pensons aussi qu'en nostre sens il n'y a que vanité, et qu'il ne faut point mesurer Dieu à nostre aulne.

2) ebenda 263: En quoy . . . la bonté de Dieu sera magnifiee . . . ? quand il nous previent par sa pure liberalité, et sans qu'il trouve en nos personnes ni en nos oeuvres, pourquoy il nous doyve aimer; vgl. auch den Anfang des Kirchengebets nach der Predigt: Or nous nous prosternons devant la *maiesté* de nostre *bon* Dieu . . .

3) CR 51,719: *Dieu iustifie* tousiours les siens gratuitement, c'est à dire; il les a agreables, non point pour vertus qui soyent en eux, car il n'y en a point, *ni pour celles mesmes qu'il y a mises*: car elles sont à condamner pour l'infirmité qui y reside: . . .

Man mag uns zwar erinnern, wie wir auf einen Zusammenhang dieses Bilds Gottes mit dem zutiefst vom Geschöpf Geforderten hinwiesen, so daß wohl noch ein Unterschied sei zwischen jenem zutiefst-auf-Gott-gewiesen-sein und dem hier gemeinten Werk, nämlich einem von Gottes Geist geleiteten frommen Leben. Wir können demgegenüber darauf verweisen, wie doch auch jenes Geforderte untrennbar mit der Gabe des Geschöpf-seins verbunden war. Es wird also wohl bei einem Zwiespalt bleiben zwischen der oben bezeichneten Zuspitzung: auch nicht seiner eignen Werke im Gläubigen wegen rechtfertigt Gott, und jenem früheren Satz, sein Werk in uns betrachtend wird Gott bewogen, uns wohl zu tun[1]. — Für jetzt mag es genügen, diese Stelle in Calvins Gedankengang einfach bezeichnet zu haben. Im übrigen hat Calvin mit Hilfe der von ihm so verteidigten These: Rechtfertigung bedeutet für den Menschen Sündenvergebung, in treffender Weise seine ganz in persönlichen Kategorien verlaufende Religionsauffassung stützen können. Allem Blick auf Werke in der Rechtfertigungsfrage setzt er entgegen: es handelt sich zuerst und immer darum, daß wir als Person Gott angenehm sind, nicht um Leistungen von uns oder Qualitäten an uns; wo Gott dem Menschen als Person Liebe erweist und der Mensch ihn daraufhin anrufen kann, da wird sich Gottes Liebe dann schon auch auf die Werke des Menschen erstrecken, indem Gott sie nun nicht mehr nach der Strenge des Gesetzes richtet, sondern den Versuch für die Tat nimmt und so die Sündenvergebung stetig währen läßt[2]. Und wenn wir vorhin

---

[1]) CR 61,481: Dieu comtemplant son ouvrage en nous, sera esmeu et enclin à nous bien faire; vgl. S. 115.

[2]) CR 51,719: Dieu ... en attirant à soy les povres pecheurs, et qui sont ... reiettez de son Royaume et de son Eglise ne iustifie pas leurs oeuvres: mais voyant leurs miseres ayant pitié de leur perdition, voilà comme il les iustifie. Or apres qu'il les a receus, il les iustifie en leurs personnes, c'est à dire, il les a agreables, comme ses enfans, et puis il iustifie leurs oeuvres. Et comment? Non point les appelant à conte, ni les iugeant à la rigueur: ...; ebenso 78,489; 56,274: d'autant que nous avons tousiours nostre refuge à sa bonté gratuite ... quand nous tendons là de servir a Dieu, c'est ... comme si nous l'avions servi: quand nous

auf eine vielleicht bezeichnende Überspitzung in Calvins Verständnis der Sündenvergebung hinwiesen, so soll doch an dem eben bezeichneten Verhältnis von Rechtfertigung unsrer Person und Rechtfertigung unsrer Werke die echt reformatorische Denkweise: erst der gerechte Mensch, dann das rechte Werk oder wie Calvin es ausdrücken kann, erst das Leben, dann das Werk [1], hervorgehoben werden. So ist hier die Sündenvergebung als ein Leben verstanden, in das uns Gott ganz, d. h. dann auch mitsamt unserm Werk hineinnimmt. Es entspricht ganz diesem Verständnis, wenn Calvin den Satz, daß die Sündenvergebung durchs ganze Leben daure und alleiniger Grund der Gewißheit sei, gern auch so faßte, daß alles daran liegt, daß wir »Gott angenehm« [2] sind oder wenn er in diesem Zusammenhang das Bild der Quelle, das ihm so oft Gottes unaufhörliche Güte verdeutlicht, einsetzen und sagen konnte, das Blut Jesu gleiche auch so einer nie versiegenden Quelle [3].

Wenn Calvin so die Sündenvergebung als den eigentlichen Grund der Rechtfertigungsgewißheit hinstellte, so fühlte er sich gerade auch seinen evangelischen Gegnern gegenüber als der Wahrer des unbedingten Ernsts sittlicher Selbstbeurteilung bzw. Selbstverurteilung. Daß es nicht das Seligkeitsverlangen war, was ihn dazu trieb, sieht man daran, wie er, wenn er von der Gewißheitsfrage absah, Heil und Seligkeit bestimmte. Da sagt er dann deutlich, daß ein gnä-

---

avons l'affection, c'est . . . comme si nous avions l'effect: quand nous sommes au chemin, c'est autant comme si nous avions achevé nostre course: . . .

1) CR $62_{,321}$: Il y a la vie et puis les oeuvres. Il faut en premier lieu que nous vivions de l'Esprit de Dieu . . . Et puis . . . cela se desmonstre en toute nostre conversation.

2) Vgl. S. 138 Anm. 2.

3) CR $51_{,656}$: la vertu de ceste oblation qu'il a faite [sc. afin d'appaiser l'ire de Dieu . . . et de payer toutes nos fautes], dure à iamais . . . Et voilà pourquoy l'Apostre use de ceste similitude, Que la voye nous est dediee comme fresche par le sang de Jesus Christ, nostre Seigneur: comme s'il disoit que le sang qui a esté une foys espandu pour nostre salut ne tarit iamais et ne desseche, mais decoule iournellement sur nos ames par la vertu du Sainct Esprit . . .

diger, d. h. die Sünden nicht anrechnender Gott nicht die wahre Hilfe wäre, wenn nun die von der Schuld frei Gesprochenen unter der Herrschaft des Bösen blieben, ebensowenig wie es umgekehrt die Vollendung des Heils wäre, wenn Gott zwar uns Kraft zum Kampf gegen das Böse gäbe, jedoch ohne mit uns versöhnt zu sein [1]. Wenn er so die Durchführung von Gottes Herrscherwillen als das letzte Ziel im Auge behielt, so könnte man es gut als um dieses Ziels willen von ihm gefordert verstehen, wenn er vom Glaubenden auch die Gewißheit endlicher Beharrung verlangt [2]. Freilich hätte er sich damit auf ein andres Gebiet begeben als es die Gewißheitsfrage erfordert. Denn bei dieser handelt es sich um eine Gewißheit über Gottes Güte in seinem Verhalten gegen uns, bei jener um Gewißheit über ein menschliches Verhalten. Von Gottes Willen und Wort kann es allerdings für den Glaubenden eine unüberwindliche Gewißheit geben, aber doch nicht vom Verhalten des wandelbaren Menschenherzens [3]. Sobald sie sich auf das Letztere erstrecken soll, wird sie eine Quelle der Unruhe, man sucht nach den Zeichen der Beharrung, und schließlich kommt alles auf die Todesstunde an. Daß es Calvin nicht restlos vermochte, diese Unruhe zu bannen, hat Wernle bei seiner Analyse des 24. Kapitels im dritten Buch der Institutio schön gesagt [4]. Auf die Predigten gesehen

[1]) Vgl. S. 134 Anm. 4 und die Fortsetzung jener Stelle CR 51,655: Prenons le cas que Dieu nous fust propice, et qu'il ne nous imputast point nos pechez: si le diable cependant avoit puissance sur nous, et que nous fussions exposez en proye à tous les assautz qu'il nous dresse . . . nous serions povres gens esperduz. D'autre part, si Dieu desployoit seulement sa vertu pour nostre defense, et que nous ne fussions point reconciliez à luy, . . . il nous faudroit tousiours venir à conte. . . . Il a donc fallu que nostre Seigneur Jesus Christ apparust Roy et Sacrificateur . . .

[2]) CR 56,604: ils [les Papistes] n'ont point eu honte de dire qu'on doit tousiours estre incertain de la perseverance finale . . .

[3]) CR 74,780: Il est vray qu'il y a une certitude invincible en la verité de Dieu: mais il est question yci de la veue de nostre sens . . . et de nostre apprehension. Il faut donc que non seulement cela nous soit incertain mais aussi que nous sçachions que nous en sommes bien eslongnez, et que nous ne le comprenons nullement.

[4]) P. Wernle, Der evangelische Glaube nach den Hauptschriften der Reformatoren, Bd. III, Calvin 1919, S. 296 f.

möchte man zweierlei Weise unterscheiden, in der Calvin von Beharrung spricht. Gewöhnlich ist mit dem Beharren wirklich das menschliche Verhalten gemeint, und Calvin mahnt dazu, wie er auch stets zum Glauben mahnt; der Ton fällt dabei gern auf das Beharren im Gebet [1]. Das Beharren verhält sich in diesem Fall zum Trauen und Beten so wie die Hoffnung sich zum Glauben verhält, d. h. es ist einfach Ausdruck für die Stetigkeit und Ausgedehntheit des Trauens in der Zeit [2]. Wenn der Ausdruck »beharren« eine solche Rolle spielt in der religiösen Sprache, so würde Calvin dies hauptsächlich mit der menschlichen Vergeßlichkeit und dem Mißtrauen Gott gegenüber in Zusammenhang bringen, wogegen Gott mit der steten Wiederholung seiner Verheißungen und der Prediger mit seinem steten Mahnen ankämpft [3]. In diesem Zusammenhang ist von der Gewißheitsfrage nicht die Rede. Wo dies der Fall ist, handelt sich nun aber um das »Beharren Gottes« [4]. Calvins Polemik richtet sich nun gegen das Miß-

---

1) CR 74,$_{851}$ steht der Satz la perseverance est un don le plus singulier et le plus rare qui soit im Zusammenhang mit einer Mahnung zum ständigen Gebet; 79,$_{840}$: en cela nous comprenons la perseverance: que ce n'est point assez d'avoir prié Dieu par bouffees (comme on dit), mais qu'il nous faut continuer, voire en deux sortes . . . premierement, quand nous aurons auiourd'hui prié, et soir et matin, et à chacune heure, il faut que nous poursuyvions . . . Car il faut que nostre foy s'exerce . . .; or le moyen de l'exercer c'est celuy-ci . . . [secondement:] que . . . nous reiterions les mesmes supplications, non pas deux ne trois fois: mais quand nous aurons besoin de cent et de mille.

2) Vgl. schon die Beschreibung der Beharrung und Übung des Glaubens in der vorigen Anm.; und für das Verhältnis von Glauben und Hoffen den Calvin geläufigen Satz CR 82,$_{546}$: Quelle difference y a-il entre la foy et l'esperance? Par foy nous embrassons les promesses de Dieu, et ne doutons point qu'il ne les accomplisse. Mais . . . ce n'est point assez d'avoir creu à Dieu ainsi pour un coup: mais il nous y faut persister constamment. Or cela se fait, d'autant que nous esperons; vgl. Anm. 4.

3) Vgl. hierfür die Ausführungen CR 56,$_{602}$ f.

4) Vgl. CR 56,$_{604}$ ff., daraus, unmittelbar an das S. 140 Anm. 2 Zitierte anschließend: et qu'on ne sçait pas ce que Dieu veut faire à l'advenir . . . Or . . . il ne suffit point que pour un coup nous ayons esté certifier *de la grace de Dieu*: mais . . . nous avons besoin à cause de nostre foiblesse, d'estre soustenus et retenus . . . [605:] »Ton Dieu ne te delaisseras point«

trauen, das meint, jetzt zeige Gott zwar einmal seinen gnädigen Willen, aber man wisse nun nicht, was er morgen wolle. So bedeutet nun Gewißheit der Beharrung Gewißheit darum, daß Gottes gnädiger Wille sein Ernst sei und sich als solcher an unsern schwankenden Herzen erweisen werde. Damit hat er die ganze Frage aus dem Kreis herausgenommen, in dem sie ein Quell der Unruhe ist, und sie zu einem Ausdruck für die nach dem gnädigen Gott gehende Frage gemacht. Es ist dies eine ähnliche Beschneidung des Begriffs »Beharrung« wie wir sie beim Prädestinationsgedanken angedeutet haben. Aber so beschnitten kann man ihn dann auch besser mit Calvins sonstigen Reden von den schwankenden Schicksalen des Glaubens vereinen. Um auf vorhin Erwähntes zurückzugreifen, es fehlt bei ihm jene Zusammenballung des religiösen Geschicks eines Menschen auf die Todesstunde, die sich ihm von Augustin [1] her hätte nahelegen können [2]. Wenn in der Tat der Gedanke an den Tod von Calvin den Hörern bekannt gemacht wurde, so geschah es nicht, weil dort sich die religiöse Frage zusammenballe, sondern darum, weil der Tod die Selbsttäuschung, in der der Mensch, namentlich der junge, »100 Jahre nach seinem Tod« noch zu leben gedenkt [3], und die Ausflüchte der Werkgerechtigkeit zerstören kann, in dem ihnen mit dem hinter dem Tod stehenden göttlichen Gericht der alleinige

... c'est un tesmoignage que Dieu ne delaissera iamais ceux qu'il veut mettre en oeuvre, qu'il ne leur donne vertu ... qu'il ne face que l'issue de tout leur travail soit bonne et heureuse ... apprenons de nous remettre en sa providence ...; et nous sentirons alors ... qu'un chacun en sa vocation pourra estre asseuré qu'il aura tousiours Dieu qui luy sera present; 86,24: il n'y a perpetuité qu'en la promesse de Dieu. C'est la fontaine de vie: et *voilà* aussi comme nous persevererons iusques à la fin: c'est aussi le moyen de nous faire eslever par dessus le monde.

1) De bono perseverantiae cap. 1; MSL. 45,995. 2) Vgl. CR 86,196: ces gaudisseurs quand ils seront exhortez de se retourner de leurs desbauchemens: O, il faut que ie me donne encores du bon temps: et Dieu est bon compagnon ... O il ne faut en la fin qu'un bon hoquet et un bon souspir. Voire, mais qui ... le donnera? ... devant Dieu toutes nos cheutes sont mortelles ... Et un homme se pourra-il resusciter quand il se sera rompu le col ...? 3) Vgl. S. 98 Anm. 5.

und wahre sittliche Maßstab vor Augen gehalten[1] wird. Und weiter braucht man nur darauf verweisen, wie Calvin den Glauben in der Anfechtung über alle eigne Erfahrung und Empfindung hinaus erhalten denkt[2], oder hören, wie er den Glauben gerade darum, weil er recht eigentlich Mangel ist, rechtfertigend nennt[3], um zu merken, daß er mit der Forderung: Gewißheit endlicher Beharrung sich nicht auf den menschlichen Zustand zurückbeugte. Es ist so im Grund viel mehr Calvins Stimmung, wenn er sagt, wer einmal den Geist Gottes habe, um dessen Mehrung er freilich immer bittet, so werde er ihm nicht mehr genommen, wenn auch einzelne Gaben genommen werden können[4]. Wenn er es daher auch nicht lassen konnte, im Weltgeschehen Gottes Werk wie in einem Spiegel zu sehen, so ist er doch nicht darauf, sondern auf ein Wort wie Matth. 11, $_{28}$ oder Jes. 26, $_{19\,f}$ zurückgegangen, um Schwankende zu trösten[5]. So wie er es als seine Pflicht empfand, zum Beharren zu mahnen, ohne doch auf den Erfolg seines Mahnens Gewißheit zu gründen, so empfand er's freilich auch als Pflicht, das Leben der Menschen, aber wahrlich nicht oben hin, zu beurteilen, ohne doch hieraus zu folgern, daß

---

1) Vgl. CR 51, $_{722}$. 2) Vgl. S. 116 f.

3) CR 51, $_{724}$: La foy donc iustifie: tellement que d'autant qu'elle defaut, en cela elle iustifie. Comment? d'autant qu'elle defaut? Ouy bien: car . . . il n'est point question qu'elle face rien, qu'elle ait quelque vigueur de soy-mesme, mais elle reçoit simplement ce qui est donné de Dieu.

4) CR 58, $_{176}$: Verum quidem istud est Dei spiritum, quatenus est nobis arrhabo vitae coelestis quamdiu hanc vitam caducam vivimus, modo vere ab ipso regeniti simus, nunquam nobis auferendum: . . . [177:] Sed quatenus spiritus de donis particularibus dicitur quæ ad muneris alicuius functionem in aliquem conferuntur posse abutentibus adimi sciamus.

5) Vgl. S. 125 Anm. 1; CR 61, $_{190}$: Tu vois bien qu'il t'a reietté, il ne te faut plus . . . penser qu'il te recognois des siens . . . il ferme les yeux, il dissimule, te voilà donc abandonné du tout de luy. Voilà les tentations ausquelles nous sommes subiects: . . . D'autant plus donc avons-noùs besoin d'estre munis contre un tel combat. Et en quelle sorte? . . . quand il est dit, vous qui estes morts, qui estes desia pourris en la terre, levez vous, recevez pleine vigneur, et verdoyez comme les herbes, à qui est-ce qu'Isaie parle? C'est aux fideles.

sein Urteil den Plan Gottes in diesem Geschehen klar sähe. In Furcht und Zittern muß solch Urteil gesprochen werden mit dem Bewußtsein, man unterschreibe gleichsam nur das Urteil, das Gott gesprochen hat[1]; und, was ebenso vom selbstgerechten Prüfen und Aburteilen andrer abhält, wir[2] sind diejenigen, die aus Gottes derartigen Urteilen zu lernen haben. So ist es dann wie ein Siegel darauf, daß Calvin die religiöse Gewißheit nicht auf unsre Beharrung gründete, wenn er die Behandlung des mit dem der Selbstprüfung auf Beharrung parallelen Problems der Prüfung und Beurteilung des Geschehens außer uns damit abschließt: »Wir kennen die Gemeinschaft der Erwählten nicht, wir kennen die Verworfenen nicht«[3].

[1]) CR 62,208: Si ie iuge sur mon prochain devant que d'avoir bien cognu ce qui en est, i'entrepren sur l'authorité de Dieu, ie m'attribue ce qui n'est pas à moi, ne mesmes à un Ange de paradis. Il est vray, que quand nous aurons cognu le mal . . . non pas selon nostre phantasie mais à la verité, nous le pourrons condamner hardiment . . . *Car nous ne iugeons pas, mais seulement nous ratifions le iugement que Dieu en a donné* par sa parole . . . [212:] quand nous iugerons nostre prochain ce sera avec crainte et frayeur; ebenda 311 f.: quand Dieu punit les pechez des meschans . . . nous avons dequoi nous resiouir. Voire mais il faut savoir pourquoi . . . d'autant que Dieu se monstre estre Iuge . . . *quantes que nostre Seigneur se monstre . . . il faut que nous en soyons resiouis* . . . Mais il faut . . . que nous soyons purgez de tout appetit de vengeance, . . . il nous faut avoir ceste humanité envers tous nos prochains que nous desirions leur salut, et que nous soyons tristes de leur mal; 81,75: si un homme veut ainsi batailler contre l'Escriture saincte contre la vraye religion, et qu'il le face à son escient . . ., il s'ensuit qu'il est reprouvé de Dieu . . . Quand un homme vient là, il porte sa marque . . . qu'on le tiene pour un damné. Toutesfois pource que nous ne pouvons pas iuger l'intention d'un homme et de son coeur, il ne faut pas que nous soyons temeraires pour dire celuy-là a peché contre le sainct Esprit . . .

[2]) CR 62,281: quand nous aurons cognu un homme estre meschant, et contempteur de Dieu, que ses vices seront notoires: alors nous pourrons bien dire, Dieu le punit. Pourquoy? Afin que nous soyons enseignez par son exemple, et que ce nous soit une instruction utile; 63,31: Voilà Dieu qui punist les paillards, les larrons, les rebelles: or c'est afin que nous apprenions de cheminer en son obeissance; ebenso 57,465; 61,223 ff.; ich zitierte diese und die Stellen aus Anm. 1 vor allem auch, um Calvin als rein und fern vom Denunziantentum zu zeigen.

[3]) CR 61,535: nous ne cognoissons pas la compagnie des eleus, nous ne cognoissons pas ceux qui sont reprouvez encores.

Wir stehen damit am Ende derjenigen Aussagenkreise, die sich uns an die Gewißheitsfrage angeschlossen haben. Es bleibt uns noch zu erwägen, in welchem Verhältnis die sittliche Erneuerung zu Gottes rechtfertigendem Handeln steht, welches Nachdenken Calvin dem Plan des göttlichen Handelns in seiner inneren Folgerichtigkeit gewidmet hat, nun abgesehen von der am sündenvergebendem Wort entspringenden und so der menschlichen Religion das gute Gewissen gebenden Gewißheit. Es ist die Frage nach einem Aufriß der Rechtfertigung auch von Gott aus gesehen. K. Holl, der uns so fragen lehrte, hat hier ein Versagen Calvins festgestellt [1]. Und es kann sich auch wirklich, wie mir scheint, nur darum handeln, die Ansatzmöglichkeiten zu zeigen, die ihn Rechtfertigung und Erneuerung hätten zusammendenken lassen können. Einmal die Frage: wie kann der gerechte Gott Gemeinschaft mit dem Sünder haben, ohne seine Gerechtigkeit zu verleugnen? ist Calvin bekannt und er hat bei ihrer Beantwortung in der Tat nicht einfach auf die Zurechnung der fremden Gerechtigkeit Christi verwiesen, sondern auf das reinigende Handeln Gottes, das in der Sündenvergebung liegt [2]. Eben das, daß Gott den Sünder in seine Gemeinschaft nimmt, ist für ihn offenbar schon die entscheidende Überwindung des Bösen. Aber er schaut dabei nicht hinaus auf die Vollendung, kommt nicht los vom Bedürfnis des Gewissenstrosts und wendet gleich den Blick zurück auf die Sühneleistung Christi, die diese Reinigung geschaffen hat und immerfort schafft. Immerhin ist etwas von jener lutherischen Stimmung drin, wenn er sagt: Gott reißt Jakob aus seinem Verderben, und darum ist es nicht

---

1) Ges. Aufs. z. Kirchengeschichte I: Luther 1927 S. 129 Anm. 1.

2) CR 77,585: Dieu . . . ha nulle accointance avec les pecheurs; cela aussi est contraire à sa nature. Quand donc Dieu nous aime, c'est pource qu'il nous a receus à merci, et efface toutes nos macules: car nous ne luy pouvons estre agreables, iusques à tant qu'il nous ait nettoyez et rendus iustes. Cela se fait par le sang de nostre Seigneur Jesus Christ; 86,41: Dieu n'aime pas l'iniquité, il hait le peche, comme nous sçavons. Comment donc aime-il Jacob? C'est d'autant qu'il l'a retiré de la perdition en laquelle il estoit.

wider seine Gerechtigkeit, wenn er ihn liebt [1]. Und wir wiesen auch schon darauf hin [2], wie Sündenvergebung bei Gott nach Calvin nicht der kalte Spruch eines Richters ist, der nun bezahlt wurde, sondern eine aus der Liebe quellende, Gemeinschaft setzende Tat: die Sünder sind ihm nun »angenehm«. Aber er hat keinen Wert darauf gelegt zu zeigen, daß und inwiefern diese Tat schon in der Sündenvergebung steckt oder sonstwie im Werk ist und Gottes Rechtfertigungsurteil als ein in seinen Augen gerechtes erscheinen läßt.

Ein andrer Ansatz wäre vom Gedanken der Einwohnung Christi in uns möglich gewesen. Calvin hat ja im Kampf gegen Osiander betont [3], er spekuliere nicht von einem Christus außer uns und fern von uns, dessen Gerechtigkeit uns angerechnet würde, sondern von dem Christus rede er, dessen Glieder wir sind und der uns eins mit sich gemacht hat. Er sah in dieser Einung ein Staunen weckendes Geheimnis [4] und verzichtete wohl schon darum auf ihre Analyse. Aber der Gedanke selber gehört zum Bestand seines Frommseins. Daß der in den Himmeln Wohnende das Haupt seiner Glieder ist, die auf Erden sind, das ist ihm ein tröstlicher Gedanke gewesen [5], wenn der Einzelne oder die Kirche im Elend ist;

---

1) Vgl. S. 145 Anm. 2. 2) S. 139. 3) Institutio (1559) III, 11,10. 4) Vgl. S. 136 Anm. 2.

5) Vg, z. B. CR 76,619: Ainsi puis qu'il est monté là, et est au ciel pour nous, notons qu'il ne faut point que nous craignions estans en ce monde. . . . il faut regarder à nostre Chef qui est desia au ciel, et dire, Combien que ie soye foible, voyla Jesus Christ qui est assez puissant pour me faire demeurer debout: combien que ie soye debile, voyla J. C. qui est ma force: combien que ie soye plein de toutes povretez, voyla J. C. qui est en la gloire immortelle, et ce qu'il ha me sera une fois donné et seray participant de tous ses biens. Vray est que voyla le diable qui est nommé le prince du monde. Mais quoy? J. C. le tient en bride, car il est Roy du ciel et de la terre. Voyla les diables qui sont au dessus de nous en l'air, lesquels ont la guerre contre nous. Mais quoy? J. C. regne par dessus, ayant toute la conduite de nostre combat: pourquoy il ne nous faut pas douter qu'il ne nous donne la victoire. Ie suis yci suiet à beaucoup de mutations, qui me pourroyent faire perdre courage. Mais quoy? Voilà le Fils de Dieu qui est mon Chef, lequel est excempt de toute mutation: il faut donc que ie me confie en cela. Voyla comment

daß Gottes Bild in Christus dem Glaubenden aufgeprägt ist, hat er dem Angefochtenen zu Trost gesagt [1]. Dabei hat er offensichtlich über das dem Menschenauge Sichtbare und Erfahrbare hinausgegriffen auf das, was über all unsre Erfahrung hinaus vor Gottes Auge liegt. Es ist ja nicht nach Erfahrung geurteilt, wenn er in der völligen Gemeinschaft Christi mit uns in Luthers Weise vom Tausch der Güter redet: er nimmt all unser Elend, wir all seinen Reichtum [2]. Die Erlösung ist wirklich »in Christus«, mit dem wir eins sind; in uns aber finden wir sie nicht [3]. Beides, das Hängen an der Einheit mit Christus und das Hinausgreifen über die religiöse Erfahrung, hätten es ihm wohl möglich machen können, die den Menschen reinigende Tätigkeit des einwohnenden Christus zu Gottes Rechtfertigungsurteil in Beziehung zu setzen, ohne darum in Werkerei zu verfallen. Aber ich habe nichts finden können, was den Sätzen, wie sie Holl und Hirsch aus Luther hervorgezogen haben, entspräche wie z. B. [4]: Ignoscit et miseretur nostri Deus intercedente et sanctificante nostrum initium iustitiae Christo advocato et sacerdote nostro oder: Si humanis verbis liceat dicere, non actu perfecto, sed

---

il faut que nous regardions à son ascension, applicquans le profit à nous; 74,81: ceste eternité [sc. du Royaume de Jesus Christ].. appartient tant à l'estat general de toute l'Eglise, qu'au profit particulier de chacun fidele . . .

[1]) CR 61,694: puis que Dieu par sa misericorde infinie nous a reformez, et nous a adoptez pour ses enfans en nostre Seigneur Jesus Christ, qu'il a imprimé son image en nous: voila comme nous sommes sa facture, afin que nous . . . puissions estre asseurez qu'il ne nous reiettera point, mais que nous lui serons à gré.

[2]) CR 77,797: il reçoit toutes miseres sur soy, et il nous communique tous ses biens et richesses. Voyla l'eschange que fait nostre Seigneur Jesus Christ, quand il se conioint à nous.

[3]) CR 79,655: en la personne de nostre S. J. C. nous avons esté rachetez: Nous voilà.. rachetez quant à la personne du Fils de Dieu . . . mais . . . quand nous venons à nous, nous n'y trouverons pas ceste redemption . . .

[4]) E. Hirsch, Die Theologie des Andreas Osiander, 1919, S. 224; ebenso gern wie auf Holl's Lutherbuch führe ich auch auf das eben genannte zurück, was immer von meinen Ausführungen als richtig erfunden wird.

potentia propinqua iusti sumus. Man sieht nun von hier aus auch die Kehrseite, die Calvins Ablehnung der Teilnahme an der göttlichen Natur Christi, wie Luther und Osiander sie gelehrt haben, hatte. Calvin nannte ja so sehr die Menschheit Christi den Grund unsres Heils, gründete die Gottesmacht des Christus »in uns« darauf, daß Christus zunächst Gott »mit uns«, d. h. Mensch geworden war[1]. Aber dieser Gott »mit uns« ist der opfernde sühnende Christus und damit wendet sich Calvins Blick ab von der lebendigen Wirksamkeit des für uns Eintretenden — bzw. dieses Eintreten als ewiger Fürsprecher ist nur ein andrer Ausdruck für das nie versiegende Blut Christi — und uns Reinigenden hin zum Erfüller des Sühne fordenden Gesetzes. So kann er denn auch in so lutherisch auslegbare Formeln wie[2]: Gott sieht uns gnädig an ... weil wir mit unserem Herrn Jesus Christ verbunden sind, das Entscheidende nicht hineinlegen.

Und von einer dritten Seite her hätte man den Blick auf die Vollendung und ihren Zusammenhang mit dem Anfang des Rechtfertigungshandels erwarten können. Es war ein in Calvins Denken fest verankerter Gedanke, daß Entwicklung nicht mit Gottes Unveränderlichkeit streite. Denn diese Unveränderlichkeit bewährt sich, wie wir schon bei der Naturauffassung sahen, nicht im ruhenden Gesetz, sondern in einem keineswegs stets durchsichtigen wechselreichen Tätigsein. An unsrer Stelle handelt es sich gewissermaßen um die Kehrseite des am Naturbild betonten, darum nämlich, daß Gottes Auge Entwicklung und Wachstum zusammenschauen kann auf einen Moment. In Verwendung dieses Gedankens kann Calvin von der Verbundenheit mit Christus im Abendmahl

---

[1]) CR 74,966: nostre Seigneur Jesus Christ ... est maintenant Dieu en nous, d'autant qu'il est Dieu avec nous. Il s'est declaré nostre Dieu avec nous quand il a voulu habiter en nostre nature humaine comme en son temple ... Mesmes il est Dieu et homme en nous. Car ... par la vertu de son sainct Esprit il nous vivifie: et puis il est homme en nous d'autant qu'il nous fait participans du sacrifice qu'il a offert.

[2]) CR 78,442: que nous soyons tout resolus que Dien nous regarde en pitié, et qu'il accepte nos oeuvres ... d'autant que nous sommes conioints à nostre Seigneur Jesus Christ.

sagen, sie sei vollkommen, weil es eben Verbundenheit mit dem Christus ist, und doch führe uns Christus in langsamem Wachstum von Stufe zu Stufe [1]. Warum wendet er den Gedanken nicht auf die Rechtfertigung an, sagt nicht, Gott sei gewiß, daß Christus dies Werk zu Ende führe und sehe daher schon im Anfang und um des Anfangs willen das Ende, im Sünder schon den Vollkommenen? Er konnte doch sonst sogar davon reden, daß Christus im Leben des Glaubens gleichsam wachse [2], weil er sich ganz hineinbegebe in die Gemeinschaft mit den elenden Menschen, so sehr, daß er sich gleichsam für unvollkommen hält, wenn er diese Gemeinschaft nicht setzt [3]. Und doch hat Calvin die Linie zur Rechtfertigung nicht gezogen, das Gesagte spielt sich einfach auf dem andern Gebiet ab, zu dem auch Melanchthon die Brücke nicht fand. Obwohl man sich gerade im Blick auf diese Sätze über das Wachstum Christi im Glaubenden fragen kann: wenn sie nicht mehr in bestimmten Übungen zu erreichende Stationen auf einem mystischen Heilsweg bezeichnen, wo

---

1) CR 76,633: nous ne laisserons pas . . . d'estre unis à luy [sc. Jesus Christ] en toute perfection, voire entant que besoin sera. Et voyla pourquoy i'appelle cela Perfection: combien que cependant il nous avance de mesure en mesure. Car quoy qu'il . . . soit, nous ne laisserons pas d'estre conioints à luy; vgl. 82,579: du costé de Dieu, et de n. S. J. C., nostre salut est desia parfait . . . mais cependant . . . nous n'en avons point encores l'effect.

2) CR 74,462: d'autant que nous sommes petis et debiles en la foy, que nous taschions d'y profiter de plus en plus: et que nous prions Dieu qu'il nous conferme, en sorte que petit à petit les graces de son sainct Esprit nous soyent augmentees: voyla mesmes comme nostre Seigneur Jesus Christ croist auiourd' huy en nous. Il est vray qu'en soy il ne peut augmenter ni diminuer aussi: mais quant à nous . . . selon la mesure de nostre foy, il est petit ou grand: c'est à dire que nous communiquons tellement à luy que selon que nous grandissons et sommes augmentez, aussi il se monstre et petit et grand; ebenso 78,628 f.

3) CR 79,346: nostre Seigneur Jesus Christ, et mesmes Dieu son Pere se tient comme imparfait, sinon que nous soyons conioints à luy . . . Dieu n'a besoin de rien emprunter d'ailleurs, car il est parfait . . . Et quand il l'a creé [sc. le monde], a-ce esté pour son profit et usage? C'a esté seulement afin que sa bonté et vertu, et sagesse, et iustice fussent cognues de nous . . .

hätten sie eine sinnvollere Stelle als in Gottes Rechtfertigungsplan?

So ist also wohl Calvin nicht zu der einheitlichen Rechtfertigungsanschauung Luthers gekommen. Wir bemerkten nun schon einmal (S. 137f.), wie Calvin Gottes Werk in uns beziehungslos ließ zu seinem Rechtfertigungswillen. Geboren war diese These jedoch aus einem Motiv, das ihn eher zu Luther als zu Melanchthon hätte führen können, aus dem Motiv nämlich, Gottes Handeln die volle Freiheit und Schöpferart zu lassen, es in keiner Weise ans Gesetz zu binden. Freiheit Gottes und Werk, d. h. gutes Werk Gottes [1], und damit auch Plan Gottes mit seinem Werk, schlossen sich aber sonst für Calvin wahrlich nicht aus. Es ist vielmehr gerade die entgegengesetzte Anschauung von Gottes Handeln, die ihn von Luther trennt, es ist der Umstand, daß er den Gesetzesgedanken bei der Betrachtung Christi nicht überwand. Auch die zweifellos mit Personleben gesättigte Auffassung Calvins von der Satisfaktion hat ihn, wie wohl sie schon in sich selber problematisch ist, nicht davor bewahren können, daß Christus für ihn, nun zwar nicht so sehr eine sachliche (Tod, Leiden) Leistung, aber doch eine Leistung persönlicher Gesinnung vollbrachte, die Gottes Zorn versöhnt. So steht Christus eben doch als einer vor ihm, der ein Glanzwerk [2] vollbringt, und es scheint vergessen, was doch Calvin auch mit Bewußtsein [3] im Neuen Testament las, daß Christus von der Liebe des Vaters gesandt ist.

So kann man dann viertens noch ein Doppeltes nennen, was eine gewisse Bestätigung dafür ist, daß nicht sein Gottesgedanke, sondern die Satisfaktionslehre ihn hemmte. Einmal,

---

1) Vgl. S. 79 Anm. 3.

2) CR 78,660: Jesus Christ ne s'est pas ioué en sa mort et passion, quand il s'est offert à Dieu son Pere, ç'a esté pour faire un ouvrage qui surmonte en excellence et dignité la creation du ciel et de la terre.

3) CR 74,460: n. S. J. C. n'a pas comme homme simplement les graces, comme si elles luy appartenoyent: mais cela vient de la liberalite de Dieu son Pere . . .; 81,13: il est dit [2. Kor. 13,13] . . .: la grace de n. S. J. C., et la dilection de Dieu nostre Pere soit avec vous. Il est vray que la dilection de Dieu procede en ordre . . .

es konnte für den aufmerksamen Hörer Calvins kein Zweifel sein, welches das wahre Antlitz Gottes und welches eine »Umbildung« Gottes ist, das des Evangeliums oder das des Gesetzes [1]. Und wenn er von Gerechtigkeit Gottes sprach, malte er zu allermeist die helfende Güte in dies Wort hinein [2]. Wenn damit nun besonders auf den Gesamteindruck der Predigten abgehoben ist, so macht sodann das Vorhandensein und die Behandlung des Problems, welche von den beiderlei Wirkungen, die vom Evangelium ausgehen, Gottes Wille und Wesen treffe, besonders deutlich, daß nicht der Gesetzesgedanke, sondern der der Güte die Führung hat. Ohne Schwanken sagt Calvin, die abstoßende Wirkung sei nur der Widerschein der menschlichen Verkehrtheit, die »eigentliche Kraft« des Worts ist heilbringend [3]. Es ist ein Umweg, ein gewisses Aufgeben seines Wesens, freilich im Dienst der Liebe, wenn Gott zürnt [4]. Wer so schreibt, wäre berufen gewesen, auch

1) Ich erinnere hier nur an das Quell-bild als ein Bild göttlichen Wesens.

2) CR 51,692: ceste iustice ici [Gen. 15,6], c'est . . . qu'il nous reçoit à merci et veut estre reconcilié à nous par sa pure liberalité . . . c'est la faveur que Dieu nous porte . . .; 69,539: Voila. . quelle iustice Dieu nous manifeste, apres que nous avons conneu nostre pauvreté, il ne veut pas qu'il soit seulement reconneu iuste en luy, mais . . . que sa iustice s'expande sur nous . . .; ebenda 595 ce mot de iustice . . . emporte deux choses. La premiere est la remission de nos pechés, la seconde que Dieu nous face la grace de cheminer pleinement en son obeissance . . .; 78,420: Le mot de Iustice donc se prend pour ceste faveur que Dieu nous porte . . .; ebenda 506: qu'est-ce que de la iustice de l'Evangile? C'est que Dieu nous donne gratuitement en nostre Seigneur Jesus Christ un remede qui nous est propre pour avoir acces à luy, et luy estre agreables d'autant que nous ne pouvons pas obtenir iustice par la Loy.

3) CR 57,341: hanc esse verbi Dei vim propriam agnosco, ut salutem adferat: sed idem etiam aio per accidens fieri mortis odorem . . . hominum puta vitio et malitia; 74,392: comment. . est-il appelé Pierre de scandale . . ? Cela vient par accident . . . par le vice des hommes, par leur ingratitude . . .; 81,440: l'Evangile qui de sa nature doit estre une odeur de vie, est convertie en mort . . . en cela voit-on quelle est la perversité des hommes. Dieu fait luire son soleil sur nous, et nous prenons occasion d'estre plus aveuglez.

4) CR 63,286: Dieu se monstre courroucé d'autant qu'il nous aime . .; 78,457: quand un pere sera le plus humain qu'il est possible de souhaiter,

im Rechtfertigungshandel den Gesetzesbegriff dem der Güte unterzuordnen, und in Jesus Christus nicht den Sühner, sondern den nach dem Willen des Vaters Wirksamen zu sehen. Immerhin wird so noch deutlicher geworden sein, daß tatsächlich sein Gottesbegriff an jenem Mangel im theologischen Denken nicht schuld ist, sondern die Christus zum Werker und Gott zum Gesetzesgott machende Satisfaktionslehre.

So bleibt es beim Problem: Rechtfertigung und Erneuerung, bei einem Nebeneinander. Immerhin hat Calvin die beiden Seiten kraftvoll durch den Gottesgedanken zusammengehalten; es ist für ihn eben über allen Zweifel erhaben, daß Gott so — sündenvergebend — und auch so — erneuernd — handelt. Wie wir zeigten [1], hat er hierfür besonders gern zum Sonnenbild gegriffen und erklärt, wie man Licht und Wärme in der Sonne zwar unterscheiden, aber nicht scheiden könne, so wenig könne man die Rechtfertigung-Sündenvergebung scheiden von der gegen das Böse feindlichen Art Gottes und Christi. Seine derber als Luthers: Christus »mag und will nit ym unreynen kleyd gehen« gefaßte Redeweise: im Glauben wohnt Christus in euch, aber er will nicht in einem Saustall wohnen [2], muß seinen Hörern in den Ohren geklungen haben. Oder vom Gottesgedanken her ausgedrückt: Wenn Gott einen Menschen zu sich ruft, so läßt er ihn nicht ruhen, sondern stößt ihn immer weiter, bis er ihn zur Vollendung bringt [3].

---

toutesfois s'il a des enfans difficiles à gouverner, . . . il sera irrité en telle sorte qu'il changera quasi de nature: car il ne sçait par quel bout les prendre et faut quasi qu'il se transfigure. Ainsi en est-il de nous [d. h. so muß es Gott mit uns machen].

1) S. 46 Text zu Anm. 3; ebenso CR $80,_{236}$ im Sinn der folgenden Anm.

2) z. B. CR $80,_{236}$: Ie vous prie, ne sont-ce point choses incompatibles . . . que Jesus Christ habite en nous et que cependant nous soyons, encores addonnez à toutes vilenies et ordures? Pensons-nous qu'il veuille habiter en une estable à porceaux? . . . il ne peut estre avec nous qu' avec son Esprit. Et n'est-ce point l'Esprit de sainctetė, de iustice et de droiture?

3) CR $76,_{591}$: Dieu ne nous appelle pas à soy pour nous tenir en un estat, mais. . il nous poussera tousiours, iusques à ce qu'il nous ait amenez à perfection . . .

Derselbe Christus, der der Sühner ist, ist doch auch die Quelle des Lebens und ein Führer, der uns in einen dauernden Kampf mit der Welt und uns selber hineinreißt, damit so der Sieg, dén er einmal errungen hat, auch der unsre werde [1]. Und damit erst erweist sich der Christus recht eigentlich als der übermenschlich Handelnde, denn so seine Gerechtigkeit ausbreiten über seine Glieder und ihnen Teil daran geben, das ist göttliche Art [2]. Und bei diesem steten Blick auf die beiden Seiten findet Calvin auch Raum für die paulinischen Sätze διὰ τῆς πίστεως ... νόμον ἱστάνομεν oder παρακαλῶ ὑμᾶς διὰ τῶν οἰκτιρμῶν τοῦ θεοῦ [3]. So war Calvin überzeugt, mit seiner Predigt vom sündenvergebenden Gott mehr vom Bösen abzuhalten als die inquisitorische katholische Beichte [4]. Die Führung Gottes im Leben der Gläubigen

[1]) CR 81,104: qu'un chacun en son particulier cognoisse que puis que nostre Seigneur Jesus Christ et nostre chef et nostre capitaine, il ne se peut faire que nostre vie ne soit comme un combat continuel . . . mais. .que nous ne doutions point que la victoire qu'il nous a acquise, ne soit nostre.

[2]) CR 51,658: Un homme pourroit estre comme un ange en toutes vertus: mais cependant . . . qu'il puisse rendre les autres iustes, cela excede toute faculté humaine. Pourtant n. S. J. C. a une iustice qui n'est point enclose en luy, . . . mais . pour nous en communiquer . . . Et comment ? . . . Dieu nous repute pour iustes . . . quand il luy plaist d'ensevelir nos offenses . . .: et d'autre part selon qu'il nous a regenerez par l'Esprit de n. S. J. C. c'est aussi pour nous revestir de sa iustice; 74,740: la sainctété de n. S. J. C. differe . . . d'avec celle qu'ont les fideles . . . il ha une sainctété, afin de nous en donner à tous . . .; ebenda 477: combien que mesmes il [Jesus Christ] ait parfait tout ce qui estoit requis pour nous acquerir le Royaume des cieux, neantmoins si n'est-il pas oisif au ciel.

[3]) Röm. 12,1 ist in diesem Sinn ausgelegt CR 56,385.

[4]) CR 63,644-45: il nous faut estre sauvez par la bonté gratuite de Dieu . . . Voire, disent ils [les Papistes], et il faudra donc . . . qu'on ne face plus nul scrupule d'offenser Dieu. Or . . . iamais ils n'ont gousté que c'est de la remission des pechez. . . . S'ils ont chanté messe, s'ils ont barboté, s'ils ont fait des petits badinages . . ., voyla Dieu qui doit bien estre appaisé comme un enfant d'une petite hochete . . . Mais quand nous aurons cognu nos pechez, et a quelle fin la grace de Dieu inestimable nous est preschee, il est certain que nous serons touchez de repentance . .; 69,623: Un paillard s'addonnera-il à sa paillardise, quand il verra, helas

kann er zusammensehen mit der Sündenvergebung unter dem einen Gesichtspunkt »Gott nimmt uns zu sich«[1]. Was am Ende des Lebens und aller Dinge steht, ist ihm nun nicht mehr ein ganz Anderes, wovon es nur träumende Hoffnung gäbe. Denn in der schließlichen Aufnahme ins ewige Leben kann er nun einfach den »Gipfel des Erbarmens« sehen, das demnach offenbar das ganze Leben beherrscht[2]; die Wiederkunft Christi ist ihm ein lieber Gedanke, denn sie bricht gewissermaßen nur die Frucht der freien Versöhnung Gottes mit uns[3]. So kann auch der Tod, den Menschen manchmal dann ersehnen, wenn ihnen nicht alles zu Paß ist, dem Glaubenden erwünscht sein, weil mit ihm die Sünde völlig überwunden sein wird[4]. —

ie vay fouller au pieds le sang precieux de Jesus Christ . . . ? les papistes nous reprochent . . . que nous incitons les hommes à mal-faire . . . au contraire, regardons un peu ce que contient leur doctrine . . . quand un homme aura esté [lies: eu] confessé une fois l'an, et qu'ils diront que le voïlà reconcilié avec Dieu, n'est-ce pas faire de Dieu une idole ? Car apres la confession il faut retourner à ses vices accoustumés . . .; vgl. für diesen letzteren Erfolg auch 56,79.

1) CR 63,564: quand Dieu nous reçoit . . . ce n'est pas seulement pour nous pardonner la coulpe . . . mais c'est afin de nous faire sentir sa faveur en toutes sortes . . . il nous tient comme ses enfans . . . Or . . . souvent . . . il ne laissera pas de nous chastier . . .; mais . . . pour nostre bien.

2) CR 54,263 f.: Dieu . . . les [sc. fideles] reforme, et les gouverne par son sainct Esprit. Quand il a fait cela il poursuit de plus en plus, et les fait prosperer en ce monde, iusques à ce que le comble de misericorde vienne, c'est asçavoir, qu'il les attire en son Royaume, et à la vie eternelle.

3) CR 82,348: nostre Seigneur Jesus Christ ne viendra point avec une maiesté terrible et espouvantable, et il ne nous traittera point selon nos demerites, mais . . il fera que nos fautes nous serons pardonnees, et . nous sentirons le fruict de ce qui nous est iournellement presché, c'est a sçavoir que Dieu se reconcilie gratuitement à nous par sa . . bonté: puis . . . qu'ainsi est, nous pouvons bien aimer sa venue.

4) CR 61,509 f.: Nous pouvons desirer la mort . . . au regard de ce que nous ne cessons d'offenser Dieu, . . . quand les hommes se faschent de vivre . . . c'est d'autant qu'ils ne peuvent pas avoir tous leurs souhaits. Ils ne hayssent point le mal qui est en eux.

Und auf das gegenwärtige Verhalten des Glaubenden gesehen bedeutet jene unzerreißbare Doppelheit, daß ein frommes heiliges Leben einfach die Unterschrift des Glaubenden unter Gottes Berufungstat ist, die bezeugt, daß er Gottes Tat recht verstanden hat [1]. Calvins Worte über den Glauben sind nur der Widerschein dieses Verständnisses von Gottes Handeln. Daher ist ihm der Glaube »kein müßig Ding« [2] und »Glaube und Lässigkeit weit voneinander«. Das Wort, das den Menschen mit einem Holzklotz vergleicht, hörte Calvin nicht gern [3], wohl verständlich ist es dagegen, wenn er dem Glauben seinen Sitz in derselben Tiefe gibt, wo ihn auch die Sünde hat, in der Leidenschaft des Herzens [4]. So war es für Calvin nicht eine dem Gnadengedanken fremde Forderung, sondern lediglich Appell an das, was der Glaube ist, wenn er den im Glauben über sich und Welt Erhobenen zum Streit gegen alles Weltliche aufrief und zur Anstrengung mahnte [5]. Denn der Glaube, der sich an Gott wendet, wendet sich nicht nur an den Sünden-

---

1) CR 86,60: nous ratifions nostre vocation, en vivant sainctement . . .

2) CR 79,313: la foy n'est pas une chose oisive, elle emporte que nous ayons nostre recours à Dieu . . .

3) Ich gebe von den vielen nur 2 besonders bezeichnende Stellen: CR 54,296: *encores devant que le peché soit venu* au monde . . . desia si falloit-il que les hommes s'exerçassent en quelque labeur . . . Cela est *contraire à nostre nature* d'estre comme des troncs de bois inutiles; 69,520: [zur Frage der Notwendigkeit des Gebets] il ne faut point que nous soions sourds comme des troncs de bois . . .; mais comme ses enfans, que nous, regardions à la face de nostre pere . . . en nous promettant grace, il ne dit point: reculés arriere, mais il dit, venés à moy, et connoissés que ie suis doux et amiable . . .

4) CR 76,620: tout ainsi que la foy nous esleve en haut, il faut aussi que nos affections la soyvent, afin que nous renoncions à tout le monde; 80,227 f: la foy n'est pas une simple creance pour accorder à ce qui nous sera enseigné, mais . . il faut que nous y apportions le coeur et l'affection . . . La foy est donc au coeur et y ha sa racine . . .

5) CR 56,607: Dieu parfera l'oeuvre qu'il a commencé: ce n'est point pourtant . . qu'il ne nous faille esvertuer. Car ces deux choses sont conioinctes ensemble: Ton Dieu ne t'abandonnera iamais, et ainsi fortifie toy . . .; 81,54: quand Dieu nous a relevez de ceste damnation-là, il faut qu'elle [sc. la Loy] nous solicite à bien et qu'un chacun s'efforce, *voyant comme Dieu veut corriger nos vices* . . .; vgl. Anm. 3.

vergebenden, sondern will auch von Gott regiert sein[1]. — In diesen Kreis der Religion gehört denn auch hinein, was Calvin Tröstliches von der frommen Erfahrung[2] sagen konnte oder wenn er nicht lassen konnte, Leben und Werke der Menschen zu besehen. Denn es war ihm Axiom: der Geist schafft, und das muß sich auch zeigen[3]. Das war nicht in Werkerei übertönte Friedlosigkeit, sondern Zwang seines Gottesgedankens. Man sieht es am besten daran, daß es bei seinen Worten über die Werke der Glaubenden ganz bei den passiven Wendungen bleibt: diese Werke sind nicht mehr ihr eigen als »unser« täglich Brot[4], gerade für sie hat er gern das Bild des Spiegels[5] gebraucht, der nicht selber die lebendige Person ist, die er wiederspigelt, sondern nur der Abglanz fremder Lebendigkeit. So ist all solches Menschenwerk der Abglanz der Lebendigkeit Gottes.

---

1) CR $74,_{496-97}$: la foy non seulement apprehende que Dieu nous est pitoyable . . . mais quant et quant qu'il nous veut gouverner.

2) CR $69,_{552}$: les biens que nous aurons desia receus, nous doivent donner plus ample confiance pour nous faire invoquer Dieu, sachans que s'il ha commencé à nous bien faire, qu'il poursuivera iusques en la fin . . .

3) CR $79,_{53}$: l'Esprit de Dieu . . . n'est pas oisif . . . il faut qu'il se demonstre. Quand donc en voudra iuger si l'Esprit de Dieu habite en nous, il faut venir à nos oeuvres et à nostre vie, et selon que nous cheminerons, en pourra voir quels nous sommes, et quel est le dedans . . . quand on me voudra faire accroire qu'une statue soit un homme vif . . ., il n'y a nulle mouvement ni en la teste ni aux pieds: . . . qui me fera accroire . . . que ce soit une creature ayant ame?

4) CR $79,_{619}$: l'Escriture . . . ne veut pas que nous soyons comme troncs de bois mais que nous venions nous offrir à Dieu, à fin qu'il besongne en nous. Et . . . ces deux choses-la s'accordent tresbien que ce qui y est de vertu nous procede de Dieu . . . Dieu . . . nous fait ceste grace que les bonnes oeuvres sont appellees nostres . . . nous appelons bien le pain . . . nostre, combien que nous l'ayons par titre de donation.

5) z. B. CR $63,_{262}$: quand nous contemplons les vertus et les graces qu'il [sc. Dieu] distribue aux hommes . . .voilà des beaux miroirs . . . où il se monstre . . . c'est tousiours pour magnifier Dieu; vgl. S. 63 Text zu Anm. 1; vgl. $61,_{627}$.

5. Der Gottesbegriff.

Darin, Sätze über den Gottesbegriff, wiewohl sie vom Grund aller Dinge reden, doch erst hinter eine Zeichnung von Gottes Handeln zu stellen, hat man zweifellos Calvin auf seiner Seite; so hat ja auch er Worte über die Rechtfertigung, wiewohl sie der eigentliche Grundpfeiler der Religion ist, erst hinter die Beschreibung des tätigen Glaubens gestellt (Institutio 1559, III, 11). Dagegen wäre ihm, auch wenn sie als Schlußforderung auftritt, die Forderung, nun einen systematisch geschlossenen Gottesbegriff zu entwickeln, nicht nach dem Herzen gewesen. Denn er war geneigt, das Geheimnisvolle in Gottes Wesen als einen Aufruf dazu zu verstehen, daß sich niemand damit abzugeben habe, die seltsame Weise göttlichen Handelns nach Philosophenart in eine schöne Ordnung zu bringen [1]. Und, wie das Zitat zeigt, ist das der Protest, nicht des Agnostikers, sondern des unter Gottes Schlägen Werdenden. Diese Stimmung hat sicherlich mitgeschwungen, wenn Calvin an der inneren Geschlossenheit im Verständnis der Rechtfertigung, an die Luther und Osiander geistige Arbeit gewandt haben, nicht so viel lag und er in jenem Kampf mit den Genossen Melanchthons zusammen gleich den Sinn auf die seelsorgerliche Gefahr osiandrischer Lehre legte. Einen großen Vorteil hatte diese geistige Einstellung fraglos: Calvin hat so das Auge seiner Schüler offen gehalten für Neues in der Mannigfaltigkeit des göttlichen Wirkens und sie vor der Angst bewahrt, das theologische System zerbreche darüber; daß z. B. A. Schlatters systematische Arbeit in dieser Richtung verläuft, ist doch wohl ein schönes kalvinisches Erbe.

---

[1]) CR $61,_{627}$: ici nous avons un beau miroir . . . des oeuvres de Dieu. Car il laisse tomber les fideles, afin que leur foy soit tant mieux esprouvee . . . De primeface on diroit, Voila le feu et l'eau . . . Il y en a qui voudroient en leurs disputes faire tousiours des conclusions à la façon des Philosophes, que tout fust mis par ordre tellement qu'il n'y eust point de diversité . . . mais telles gens n'ont iamais cognu que c'est d'avoir esté maniez de Dieu et d'avoir passé ses iugemens . . . Dieu nous traitte d'une façon si sauvage que tout y est confus.

Das Gesagte bedeutet nun nicht, daß der Gottesgedanke bei Calvin nicht seine eigentümlichen Umrisse habe und schließlich doch von einem einheitlichen Willen geformt ist. Da Calvin jedoch nicht daran lag, diesen Willen aufzuzeigen, wird man es uns vielleicht verzeihen, wenn wir, um diesen einheitlichen Zug sehen zu lassen, zuletzt Gedankenverbindungen ziehen, die Calvin so nicht gezogen hat, wenn wir nur auf diesem Weg schließlich wieder zu Calvins offen am Tag liegenden Aussagen finden.

Erste Eigentümlichkeit, die mit dem oben über Gottesbegriff und Gotteshandeln Gesagten zusammenhangt, ist, daß es für ihn keine Trennung zwischen Gottes Wesen und Gottes Eigenschaften gibt [1]. Ein Wesen Gottes, an das sich dann noch Eigenschaften anhängten, bedeutet ihm eine Vermenschlichung des Gottesgedankens. Am Menschen hangen freilich manchmal Kräfte und Eigenschaften, die dann wieder abfallen von ihm, so daß er nur noch »an sich« übrig bleibt. Gottes Eigenschaften aber sind sein bleibendes Eigentum, sein Wesen. Polemisch konnte er diese Anschauung z. B. gegen die katholische Unterscheidung eines ungeformten von einem durch die Liebe zu Form und Wesen gekommenen Glaubens kehren [2]; solche Unterscheidung handhabt nach seiner Meinung einen erdichteten Gottesgedanken, indem sie Untrennbares trennt. Sodann treten die Eigenschaften Gottes nebeneinander. Damit hört der Machtgedanke auf, die Eigenschaft Gottes zu sein [3]. Denn es darf nicht eine Seite göttlichen

[1]) CR 63,60: il ne nous faut point separer les vertus qui sont en Dieu, pource qu'elles sont son essence propre. Les hommes auront bien quelques vertus en eux, lesquelles leur pourront estre ostees: mais ce n'est pas ainsi de Dieu.

[2]) CR 51,730: Il leur semble qu'ils sont les plus grands Theologiens du monde, quand ils auront distinqué entre la foy informe et la foy formee. Et c'est autant comme s'ils disoyent, un Dieu qui n'a ne vertu ne puissance, et puis un Dieu qui se monstre puissant et iuste.

[3]) CR 74,91: quand il est dit que Dieu est tout . . . puissant, cognoissons qu'il est Dieu en premier lieu. Et qu'est-ce que cela emporte? C'est qu'il soit iuste, . . . bon, . . . sage, voire en toute perfection. Si donc nous ne pouvons discerner l'essence de Dieu d'avec sa bonte et

Wesens so ausgezogen werden, daß sie absolut gesetzt wird. Gott ist wohl der Mächtige, aber er ist zugleich der völlig Gerechte, Gute, Weise. In Gott ist Ordnung, darum mochte er die Lehre von einer potentia absoluta ebensowenig wie die völlig auf Erkenntnis Gottes verzichtende Redensart: man soll Gottes Geheimnisse nicht erforschen wollen! Wie dann die reformierte Normaldogmatik, so hat schon Calvin an dieser Stelle gegen die lutherische Abendmahlslehre gesprochen [1] und betont, daß sein Protest nicht aus weltphilosophischer Stimmung heraus komme. Er hing ja in der Tat an dem ihm selber geheimnisvollen Wirken des regierenden Christus [2]. Aber Christi menschliche Natur ist nun einmal Gottes Wille gewesen, und dagegen läßt er keinen Machtbegriff aufkommen [3]. Was ist der Wille Gottes?, das ist die erste Frage, daran erst kann sich der Gedanke seiner Allmacht schließen.

Nun hat aber Calvin ja sagen können, Unglaube sei recht eigentlich Zweifel an Gottes Macht [4]). Eben hieran kann man die Verschiebung erkennen; die der Machtbegriff nun bei ihm erfahren hat. Denn daß Gott mächtig ist, bedeutet ihm nun

---

sagesse, et iustice infinie, il n'est pas questien yci de mettre sa puissance à combat contre toutes les autres choses qui luy conviennent . . .; vgl. 61,371.

[1]) CR 63,480: les Papistes [daß auch die nicht-päpstlichen Gegner mit dem Zitierten getroffen werden, dafür vgl. 74,97]. veulent que le pain se change au corps de Jesus-Christ . . . et pour prouver leur dire ils alleguent, Comment? Dieu n'est-il pas tout-puissant? Voire [?] mais est-ce à ceste fin-là? di luy donc qu'il face que le soleil soit obscur . . . les Papistes n'ont pas encores apprins ceste leçon . . . que Dieu est puissant pour accomplir ce qu'il a avisé. . . . *Il nous faut regarder, Dieu le veut-il?* Quand donc nous avons la volonté de Dieu, alors il nous faut estendre sa puissance pour accomplir tout ce qu'il a ordonné en son conseil.

[2]) Vgl. S. 133.

[3]) CR 79,547: on sçait que ce n'est qu'un morceau de pain: c'est Dieu, disent-ils. Mais cela est aneantir la vraye nature [sc. de son corps] de nostre Seigneur Jesus-Christ; zugleich hat Calvin in diesem Streit mit dem Gedanken: Christus das Bild unsrer eignen Zukunft gearbeitet und schon 1537 ins Feld geführt, die Seligen im Himmel seien doch auch nicht überall und behielten ihre »Natur« (CR 37,881), und später, die körperlosen Engel hätten diese Eigenschaft doch auch nicht (CR 79,548).

[4]) Vgl. S. 107 Anm. 2.

dies: er ist nicht nur für sich gut, sondern handelt gnädig mit den Menschen, ist nicht nur für sich selber gerecht, sondern richtet Menschen und beugt sie in den Staub [1]. Er hat damit das Bekenntnis zur Macht Gottes als das Bekenntnis dessen beschrieben, der in seinem von den sittlichen Kategorien beherrschten Leben persönlich mit dieser Macht rechnet. Und so wie er den Machtbegriff nicht gelten ließ, ohne ihn als ein Glied im Gefüge persönlichen Frommseins aufgezeigt zu haben; so kann man auch an anderen Begriffen, die ein Abirren ins Spekulative ermöglicht hätten, Ähnliches feststellen. So hat er Gottes Unsterblichkeit und sein stetes Weltregiment untrennbare Dinge geheißen und sie schön verdeutlichen können: »natürlicher Weise hat Gott das oberste Regiment über die Welt ... er ist nicht gewählt worden ... als hätten ihm Stände gestattet, Nachfolger eines sterblichen Vaters zu werden« [2]. So hört er aus der Unsichtbarkeit Gottes [3] die Mahnung heraus, daß der Mensch nicht so redebereit sei, wenn der Gottesname fällt; denn in ihm ist Unerforschliches verborgen.

[1]) CR 57,294: Quaecunque sancta scriptura de ... divinis virtutibus praedicat ... paene nullam utilitatem nobis adferrent, nisi ad usum nostrum refferrentur. ... exempli gratia, quum Deus optimus, maximus, iustissimus dicitur, haec cogitatio fere in auras abit, nisi quemadmodum Deus suam iustitiam, potentiam, bonitatem in homines exserat cognitum habeamus. Hic [1. Sam. 2,4-8].. duae rationes proponuntur, in quibus ea velut in speculo contemplemur, nempe Dei potentiam in eo positam ut deprimat et erigat: ...

[2]) CR 63,150; ebenda: ce sont choses inseparables.. l'essence immortelle de Dieu, et l'authorité qu'il a de gouverner.

[3]) CR 81,92: en le nommant invisible, il [S. Paul 1. Tim. 1,17] nous monstre que ce n'est point à nous de l'aller esplucher, et de vouloir sonder ce qui est caché en luy: ... nous voyons aussi l'orgueil qui est en nous, que s'il est question de parler de Dieu, chacun aura la bouche ouverte pour en dire à l'aventure ...; ganz entsprechend hat er solche Begriffe, wenn sie von Menschen ausgesagt werden, lebendig gemacht, vgl. 81,621: la vraye *immortalité* . est que nous adherions à Dieu; 82,330: nous avons les *marques de la vie immortelle*, quand Dieu nous a donné sens et raison, qu'il nous a donné cognoissance, pour dire qu'il est nostre Createur. ... il nous demeure tousiours quelque residu pour nous faire sentir que nous avons esté creez, non point pour ceste vie presente et transitoire, mais que Dieu nous appelle plus haut.

Wenn wir uns nun erinnern, wie Calvin es als eine Eigentümlichkeit unfrommen Denkens und Seins bezeichnete, sich einen fernen, nur an sich mächtigen — aber seine Vorsehung ist ein Zuschauen, sein Erbarmen kein tröstlicher Gedanke [1] — Gott einzubilden, so wird man die geschilderte Umbildung des Machtgedankens in Gottes stetes Tätigsein am Menschen als einen Ausfluß gläubigen Denkens verstehen müssen, die Glaubenden haben ja das Besondre an sich, daß sie auf jeden Fall in der Nähe Gottes sein wollen. — Aber das ist nicht die einzige Stelle, wo der Gott des Evangeliums Calvins Denken bestimmt. Wir sahen, wie sich ihm Gottes Wille vor seine Macht schiebt. Das bedeutet, — es steckt zwar, wie wir sehen werden, auch noch eine andre Stimmung drin — daß das auf den Menschen Zugehende, den Menschen innerlich Ergreifende, Verständliche, kurz, daß das Wort ihm an die erste Stelle tritt. darin liegt aber Güte. Mit ihr kann er daher diesen Willen in eins setzen [2]. — Ganz ebenso beherrscht der Gedanke der Güte den Freiheitsbegriff. Calvin hat ja bei der Freiheit vor allem daran gedacht, daß der, der sie hat, seiner Sache gewiß und mit dem Blick der Liebe auf die andern sein Werk tue. Frei-sein und gut-sein ist ihm eins [3]. Wie man hinter diesem Gedanken wieder den Grundriß seines Gottesbegriffs erkennt, der das im lebendigen göttlichen Wesen Zusammengebundene, — ich darf vielleicht an Schlatters in der An-

---

[1]) Für das Übrige vgl. S. 110f., für das letztere CR 54,196: ce ne seroit point assez d'avoir cogneu la nature de Dieu, sinon que nous eussions sa promesse et que là il nous manifestast sa volonté . . . les Papistes, les Turcs et les Payens aussi diront . . . que Dieu est misericordieux . . Il y ha bien donc quelque imagination confuse en tous hommes de la misericorde de Dieu: mais . . ils ne s'y peuvent fier . . . il faut que nous sachions que ses promesses s'addressent à nous principalement.

[2]) Vgl. S. 160 Anm. 3; CR 78,294: sous ce mot de »volonté de Dieu« [Gal. 1,4] il nous faut quant et quant comprendre une bonté gratuite . . . ce qu'on appelle ailleurs, Bon plaisir.

[3]) CR 74,550: ceste franche volonté [Röm. 12,8 (ἱλαρότης)] ne peut venir que d'humanite et compassion . . .; 79,380 f.: celuy qui s'attribue quelque franc-arbitre et qui presume d'avoir quelque moyen et faculté de bien faire, . . . il se veut mettre en la place de Dieu pour se monstrer createur.

thropologie benützte Formel: Denkakt und Lebensakt erinnern — Spekulation und Ethik nicht zerreißt, so ist dies zugleich auch ein Zeichen wie Gott nach dem Evangelium gemalt ist. Und damit es ganz klar sei, daß freier, gütiger Wille recht eigentlich Gottes Art ist, sagt uns Calvin: so ist der Schöpfer und sonst niemand. Darin also, daß und wie Calvin Tätigkeit, Wille, Freiheit zu den voranstehenden, über die verschiedenen Eigenschaften gewissermaßen übergreifenden Merkmalen Gottes macht, möchte ich den evangelischen im Gegensatz zu einem gesetzlichen Charakter seines Gottesgedankens sehen [1].

Absichtlich habe ich eben die Güte zu den drei Merkmalen nicht hinzugefügt; daß sie unbedingt dazugehört, ja das Letzte ist, wird sich nämlich erst auf dem Hintergrund des in den nächsten Abschnitten Enthaltenen recht abheben. Freilich ist die Selbstverständlichkeit auffallend, mit der Calvin Luthers Unterscheidung von opus proprium und opus alienum in Gott handhabt: seine Gaben ohne Aufhören fließen lassen, das ist Gottes Natur [2]; schrecken und zürnen ist ein Sich-umbilden, Sich-verkleiden Gottes uns zu gut [3]. Ebenso auffallend ist die — von Luther aus gesehen — Sorglosigkeit, mit der Calvin den die Schrift lesenden Gläubigen anwies, höher, d. h. zum Erwählungswillen Gottes hinaufzusteigen; er hatte offenbar nicht die Meinung, der Glaubende finde dort oben vielleicht einen Gotteswillen, der ihm den vollen Verzicht auf das religiöse Glück auferlege, indem er vom Menschen die Annahme des Verwerfungsurteils verlange; weiter als

---

[1]) Schon hier möchte ich was Luther und seine Auffassung von Begriffen wie Gesetz und Evangelium angeht, meine Abhängigkeit von Holl und namentlich Hirsch, »Osiander« 1919 S. 240 ff. betonen.

[2]) CR 60,593: voyla la vraye nature deDieu . . de desployer tousiours ses graces sur nous sans iamais se lasser . . .

[3]) CR 63,547: il y a une telle arrogance en nous que tousiours nous pensons estre forts et robustes . . . Il faut donc que nostre Seigneur . . . se transfigure . . . qu'il se rende espovantable . . .; ebenda 286: Dieu se monstre courroucé d'autant qu'il nous aime: . . . s'il nous monstroit une face amiable, ce seroit pour nous perdre et nous ruiner. Il faut donc que nous sentions son ire par effect.

bis zu der These, auch eine Hölle sei erträglich, wenn Gott gnädig ist [1], hat sich Calvin nicht in die Nähe Luthers [2] zur Zeit der Römervorlesung begeben. Gerade angesichts dessen nun, daß für Luther jene Möglichkeit der Verwerfung die Stelle war, wo er Gottes unbedingten Gehorsam fordernde, geheimnisvolle Majestät betonen konnte, könnte man vielleicht denken, Calvin sei zur Behauptung der Liebe an Gott um den Preis der Streichung des Geheimnisses und der Majestät Gottes gelangt.

Das ist jedoch nicht der Fall, wenn es vielleicht auch als bezeichnend für die unwillkürliche Tendenz, den Deus revelatus zu predigen, gelten kann, daß wir bei ziemlich seltenen Äußerungen einsetzen müssen. Es handelt sich um Folgendes: über der Gerechtigkeit, die uns das Gesetz vorhält, und über der Weisheit, die der der Schrift Glaubende von dorther empfängt, kennt Calvin noch eine Weisheit und Gerechtigkeit, die all unsern Sinn übersteigt [3]. Sie sind in Gottes Wesen verborgen und gehören so zu seiner Majestät. Und daß dies so ist, liegt nicht etwa an unsrer sündigen Blindheit, die Gott nicht wahrhaft sieht; es ist auch von den Engeln aus gesehen, und von uns aus auch dann, wenn wir noch seine reinen Geschöpfe wären, nicht anders. Calvin gibt hier einer letzten Unnahbarkeit Gottes Ausdruck, der gegenüber der Mensch seine unbedingte Unzuständigkeit bekennen muß. Wiewohl Calvin diese Majestät nicht so auf den Menschen zugehend

[1]) Vgl. S. 109 Anm. 2.

[2]) Vgl. Holl, Ges. Aufs. zur Kirchengeschichte I Luther, S. 149 ff.

[3]) CR $61,_{458}$: Dieu a sa maiesté cachee, et . . en ceste maiesté-là, il y a une iustice que nous ne comprenons point; ebenda 496: il y a double iustice en Dieu, . . . celle qui nous est manifestee en la Loy, de laquelle Dieu se contente pource qu'il luy plaist ainsi: il y a une autre iustice cachee qui surmonte tous sens . . . des creatures; ebenda 590: La iustice à laquelle nous devons estre reglez et suiets est pardessus nous: mais la volonté de Dieu est encores par dessus: ainsi que nous avons desia traité qu'il y a double iustice de Dieu: l'une . . . en la Loy . . .: l'autre c'est une iustice incomprehensible, tellement qu'il faut par fois que nous fermions les yeux quand Dieu besongne, et que nous ne sçachions point comment ne pourquoy; ebenso $62,_{334}$; für die Parallele betreffend die Weisheit vgl. die nächste Anm.

gemalt hat wie Luther in der Frühzeit, seine Worte sind doch nicht nur ein überschäumender Ausdruck der Stimmung: »was sind wir Menschen! Staub und Dreck!« oder »was ist der Mensch? ein Todfeind Gottes und alles Guten!«, sondern auch von praktischer Bedeutung gewesen. Calvin hat sich mit solchen Gedanken den Finger auf den Mund gelegt, angesichts des Regiments des Bösen, das doch auch nicht ohne Gott geschieht [1]; sie ist mit im Spiel, wenn er die Ängstlichkeit derer wegwirft, die dem Satan und dem Bösen gegenüber nur von Erlauben Gottes sprechen: »ist's auch eines Richters Geschäft, dem Henker Erlaubnis zu geben zu tun, was er mag? [2]«. Der Mensch soll sich keine Mühe damit machen, Gottes Walten den Lästerern plan zu machen. Und in dem einen ist dieses Majestätische auch mit dem Evangelium verbunden, darin nämlich, daß es von einem über Menschenmaß hinaus ragenden Gott redet; wir sahen ja: der Gott, der Sünder zu sich zieht, ist der Philosophenvernunft zuwider. Das ist es nun auch, was die Voranstellung des Willensbegriffs im Gottesgedanken noch in sich schließt. Diese Voranstellung ist der Ausdruck dafür, daß Gott, dessen Natur schenkende Güte ist, doch seine volle Majestät behält, ganz und gar in göttlicher Weise Liebe ist, d. h. sich nicht von Menschen ziehen läßt, sondern unbegreiflicherweise in sich selber Grund dazu findet [3]. Dies Hinausgreifen ins verborgene Regiment

---

[1]) CR 61,579 f.: Il y a ceste sagesse qui est contenue en sa parole, laquelle il nous communique tellement que nous sommes sages quand nous avons receu l'instruction qu'il nous donne . . . puis il y a ceste sagesse laquelle il retient à soy. Et qu'est-ce cela? C'est ce conseil admirable par lequel il gouverne le monde par dessus tout ce que nous concevons. . . . Quand les tyrans dominent . . ., qu'il y a des meschans qui seduisent les povres gens, qui menent les ames en perdition et que les autres sont sauvez. [2]) CR 61,107.

[3]) CR 55,44: le plaisir volontaire . . precede, et puis l'amour vient de là: et c'est pour monstrer que les hommes imaginent en vain qu'il y ait . cause pourquoy Dieu aime les uns plus que les autres . . . il faut bien que Dieu nous aime, et que nous le sentions par effect en nous: toutesfois . . il ne faut point encores nous arrester à ceste amour. Mais afin que nous sentions mieux que c'est un amour gratuite, que nous venions iusques au plaisir de Dieu . . . il a cherché la cause en soy: et d'autant qu'il luy a pleu, il l'a ainsi voulu.

Gottes betrifft nun nicht nur den Liebes- und Gesetzesgedanken, sondern alles Hochgestellte in dieser Welt. Wenn Gott sich auch noch so sehr ausgibt, Männern der Obrigkeit und Männern der Kirche seine Majestät aufprägt, er bleibt doch stets der Herr, dem sie jeden Augenblick stehen und fallen. Gott bleibt, wie er sagt, immer in seiner Ganzheit [1]. In diesem Sinn konnte er auch die antike Formel von der Selbstgenügsamkeit [2] Gottes aufnehmen, ihn vor allem für seinen eignen Ruhm bedacht [3] und außerhalb des Gesetzes [4] stehend heißen. Calvin spricht damit im Grunde die im Schöpfergedanken liegende Majestät aus. Wenn wir uns von hier aus darauf besinnen, daß er die Liebe Gottes hinsichtlich ihres Grundes zurückverfolgt haben will bis zum Willen Gottes, so möchte man darin das ja auch sonst [5] von uns bemerkte Streben Calvins erkennen, Schöpfungs- und Erlösungswillen Gottes zusammenzubinden; so mußte er Gottes Liebe aus jener geheimnisvollen Unnahbarkeit herauswachsen lassen [6]. Und dieser Gedanke war auch eine religiöse Hilfe; nun mußte es nicht aussehen wie ein Aufruf an einen letzten religiösen Ichwillen, wenn Calvin den unter dem Eindruck von Gottes Verwerfung Stehenden anwies [7], trotz allem Gott die Ehre

1) CR 61,578: l'authorité qu'il [sc. Dieu] baille aux hommes ne luy derogue en rien; 53,645: Dieu . . quand il establit des gens en office . . . il a tousiours l'empire souverain par dessus tous hommes, lesquels . . . par consequent le doyvent servir . . . Et ainsi les Rois et les princes . . . ne sont point seulement tenus aux hommes . . .; 74,347: quand il a eslevé des hommes en estat et en office, ce n'est point qu'il leur ait resigné son droict: mais il demeure tousiours en son entier . . .; vgl. 61,100 f.

2) z. B. CR 62,271. 3) z. B. CR 57,459. 4) z. B. CR 81,231.

5) Vgl. S. 84 Anm. 2 und 3.

6) Darf man nicht dieses Motiv auch darin wirksam sehen, daß er Gottes Gnade nicht (wie im Katholizismus) mit Geschaffenem, also doch wohl mit dem Schöpfer selber zusammengebracht haben will? CR 57,413: Hoc in primis damnandum quod superstitiose Dei gratia transfertur ad res creatas . . .; vgl. ebenda 289: Deus sanctus est quum talem eum qualis est agnoscimus: neque in idolam transformamus, sed quod uni ipsi proprium est attribiumus, reliquis omnibus rebus creatis maiestatem eius separantes debitum ipsi honorem habemus . . .

7) CR 62,111: si telles tentations nous vienent devant que Dieu nous tiene pour ses ennemis ne laissons pas de . . batailler à l'encontre: Voilà,

zu erweisen, sich ganz auf ihn zu stützen und zu ihm zu fliehen; ein solcher Mann wandte sich nicht an einen erdichteten Gott, sondern an den, dessen Liebeswille eins ist mit seinem unerforschlichen Wesen, das auch anerkannt sein will.

Die Bedeutung dieser Verbindung der Liebe Gottes mit seiner Unerforschlichkeit wird noch deutlicher heraustreten, wenn wir erwägen, wie sich dann jene verborgene Gerechtigkeit zu seiner offenbaren verhält. Gott bekommt ja so ein doppeltes Gesicht; das eine ist das, das er sich in Gesetz und Evangelium gegeben hat, nach ihm soll sich der Mensch richten; das andre ist und bleibt ihm Unbegreiflichkeit, und er ahnt diese Unbegreiflichkeit nur, wenn er an dem Versuch, das Weltgeschehen allein nach dem ersten Gesicht zu beurteilen, scheitert. Man kann sich bei diesen Gedanken an den Abraham Kierkegaards [1] erinnert fühlen. Beiden gemeinsam, ist aber nur die Tatsache, daß sie Gottes Willen über die einsichtige Ethik hinaus denken, ohne daß darum ein Widerspruch entstünde. Im Übrigen dient ein Vergleich zur Bezeichnung der Unterschiede. Kierkegaard hält es für möglich, daß der verborgene Wille Gottes bewußt zur Regel menschlicher Handlung wird. Das ist für Calvin unvollziehbar; der offenbare Wille Gottes ist die einzige Regel menschlichen Handelns, einzig nach ihm, d. h. nach ihrem Gewissen dürfen Menschen urteilen und werden sie beurteilt [2]. Umgekehrt sieht Kierkegaard im Hereintreten des verborgenen Willens Gottes ins menschliche Geschehen doch wohl eine Ausnahme. Für Calvin liegt das Werk dieses verborgenen Willens offen zu Tage, darin daß in Gottes Welt der Bote der Liebe und seine Nachfolger immer wieder zum Stein des Anstoßes werden, ohne daß die Anstoß nehmenden

---

il est vray que si ie regarde mon estat et condition, il me semblera bien que Dieu . . . m'ait comme rasé du nombre des siens . . . mais tant y a que ie luy feray cest honneur de me reposer en luy, et d'y avoir tout mon recours.

[1]) Wie ihn E. Geismar, S. Kierkegaard, seine Lebensentwicklung und seine Wirksamkeit als Schriftsteller« 1928, S. 177 ff. schildert.

[2]) Vgl. S. 163 Anm. 3, sonst CR $61,_{107}$: Nous savons que toutes choses doivent estre estimees selon l'intention et la fin qu'auront les hommes.

Menschen sich selber anders beurteilen könnten denn als leidenschaftlichen Widerstands schuldig[1]. Kurz, wir stehen vor der offenbaren Unbegreiflichkeit — denn das muß man ja nun einsetzen für: Verborgenheit — der doppelten Wahl. Beides ist als Parallele ein gewisser Beleg dafür, daß wir die Bedeutung des Erwählungsgedankens bei Calvin richtig beurteilt haben. Denn wie er Offenbarungs- und Erwählungsgedanken so zusammenband, daß er den Sinn praktisch zur Schrift und Geschichte Jesu hinwandte, so sehen wir jetzt, wie er da, wo das Überethische vielleicht hätte hereinragen können ins bewußte menschliche Handeln, unbedingt ans Gewissen bindet, und andrerseits da, wo das Unbegreifliche in der Geschichte vor ihm steht, auf Erklärung verzichtend es in Gottes Walten einbezieht.

Angesichts dieser Energie, mit der wir Calvin immer wieder das religiöse Sinnen auf das offenbare, gegenwärtige Geschehen lenken sehen, kommt einem die Frage: warum hat er denn, wenn er Gott malte wie er seinem Wesen nach ist, nicht auch diese Farben verwandt, warum zuletzt immer gleichsam gesagt: All dies, Gesetz, Gewissen, Weisheit, doppelter Ausgang der Evangelisation kommt freilich von Gott, aber er ist es nicht selbst? Warum schloß er nicht so: Wir kennen Gott nur von diesen offenbaren Seiten und haben als Geschöpfe, die nicht Schöpfer sind, uns allein darnach zu richten? Wenn diese Fragen richtig gestellt sind, läßt uns die Betonung des Majestätischen in Gott hinter dem Gesetz[2] hineinsehen eine letzte tiefe Gemeinsamkeit mit Luther und zugleich auch einen letzten Unterschied. Die Gemeinsamkeit: Calvin bestimmt nicht wie Melanchton und Genossen den Gottesbegriff nach dem Gesetz, Gottes Wahrstes ist ihm nicht seine

---

[1]) CR 54,38: sa Parolle en sa nature? C'est de retirer afin qu'il soit sauvé: mais cependant . . . nous experimentons que c'est une odeur mortelle, que les meschans estouffent et sont crevez si tost qu'ils flairent ceste parolle.

[2]) CR 81,221: il ne faut pas que Dieu soit suiet à la loy, d'autant que toutes loix procedent de sa volonté. Non pas qu'il nous faille rien imaginer en Dieu sinon droit et iuste: car c'est un blaspheme de parler d'une puissance absolue, comme si elle estoit desreglee.

vergeltende Gerechtigkeit. Seine unendliche Herrlichkeit liegt vielmehr außerhalb des Gesetzes in seiner Güte [1]. Wenn nicht diese leidenschaftliche Antithese gegen den Gesetzesgott mitspielt, kann man sich doch wohl den Unwillen nicht erklären, mit dem Calvin diejenigen ablehnte, die die gleichen oder fast die gleichen Formeln brauchten (Gott exlex, Gott die absolute Macht) wie er. Denselben Sinn hat die Voranstellung des Willens in Gott, des grundlosen Willens, der auf den Menschen zugeht und in dem Güte beschlossen ist, — nicht der grundlosen Macht, der man sich innerlich entziehen kann und die es den Skotisten nicht unmöglich machte, die Freiheit des Willens zu preisen. Daß ihn Gott alleinwirksam über alles eigne Wahrheitssuchen, allen Widerstand gegen Gott hinweg zu sich gezogen hat [2], das hat Calvin in dieser Weise in seine Theologie hineingeschrieben. Der Unterschied: weil Luther nicht so sehr zurück auf den Grund, sondern nach vorn, nach der Vollendung sah und sie inhaltlich mit der Sündenvergebung verband, indem er es wagte zu sagen, nicht nur daß, sondern wie Gottes Liebe mit dem Menschen handelt und ihn, »durch Sündenvergebung reinigt«, darum ist seine Lehre innerlich reicher, inhaltlich erfüllter. Calvin aber hat ja nicht gewagt, Gottes Rechtfertigungsurteil mit Gottes eignem Schaffen am Menschen und der Vollendung in Zusammenhang zu bringen. Wenn er trotzdem nicht in den Nomismus verfiel, so konnte er's nur um den Preis, daß er den Liebesgedanken in Gottes majestätischem Willen verbarg und ihn so über's Gesetz hinaufhob. Die Sorge vor der Werkerei hat ihn Gott, wenn man so sagen darf, lieber absoluten Willen, als absolute Liebe heißen lassen. Eben damit hangt es auch zusammen, wenn im Begriff der Ehre Gottes, die Calvin bei der Rechtfertigung neben dem Trost des Gewissens

---

[1]) CR 79,373: nostre salut est le vray miroir ou en peut contempler la *gloire infinie* de Dieu: car sur tout il veut estre cognu en sa bonté.

[2]) CR 57,380: Nam, quaeso, quibus adminiculis, quo mentis impulsu ad evangelii cognitionem pervenimus: quis hic suum studium in quaerendo Deo et eius veritate ausit praedicare? Quid enim aliud, obsero, quam rebellio et contumacia eramus quum nos Deus ipse quaesivit?

berücksichtigt haben will, nicht die Vorstellung von Gloria vorantritt, die man bei Luther auch in der Rechtfertigungslehre spürt, wonach sie schaffende Güte ist; vielmehr liegt in dem Begriff bei Calvin zumeist nur Negation, die Negation gegen alle menschliche Freiheit und religiöse Wirksamkeit [1]. So erreichte Calvin die Geschlossenheit von Luthers Anschauung nicht, andrerseits wollte er aber auch die Geschlossenheit eines »rationalen Nomismus« [2] nicht, so blieb es bei seinen hart nebeneinander stehenden Sätzen: Gott wesentlich Güte — Gott rechtfertigt in keinem Sinn nach Werken — das Gesetz Gottes gilt unbedingt für uns — Gott über dem Gesetz, — und der Betonung, Gott sei einer und unveränderlich, wiewohl wir, die wir ihn nach seinen Werken zu benennen haben, nur ein Nacheinander und Nebeneinander sehen, dessen Einheit nur Gleichnisse [3] ahnen lassen.

Aber es ist nun doch wohl deutlich, daß Calvin aus dem Staunen heraus über das Wunder des Evangeliums getrieben wurde, über alle klare Wirklichkeit hinaus Willen, d. h. gütigen Willen als das Letzte in Gott zu setzen. Darum hieß er Gott immer gütig und tätig, wenn auch diese Tätigkeit und Güte

---

1) Vgl. Institutio (1559) III, $13,_1$ und $_2$; sonst z. B. CR $81,_{63}$: ce titre de gloire qui a esté conioint à l'Evangile, c'est que nous apprenions de nous humilier: et si nous trouvons que nostre chair ne s'y addonne pas de son bon gré, . . . qu'un chacun . . . se face force, afin que nous adorions la maiesté de Dieu qui reluit en l'Evangile.

2) Im Sinn von Hirsch »Osiander . . .« 1919 S. 246 und 252.

3) Vgl. für das Sonnenbild S. 46; sonst CR $78,_{420}$: combien que le iour soit diverse d'avec la nuict, il n'y a point de contrarieté, aussi n'y a-il pas entre le feu et l'eau, moyennant que chacune creature ait son usage comme elle doit, mais nous voyons comme Dieu a tresbien accordé le feu avec l'eau: . . . Ainsi en est-il de la Loy et de l'Evangile; 571: [in derselben Sache] il n'y a nulle varieté en Dieu combien qu'il ait changé l'ordre à gouverner son Eglise. Car quand il a envoyé le beau temps et la pluye, . . . le chaut apres le froid, et qu'il dispose ainsi les saisons de l'annee, dirons-nous que pour cela . . . il soit muable en soy? Mais à l'opposite nous dirons qu'il a ordonné ce qui estoit propre pour maintenir le genre humain, et cependant que par les changemens et revelations [lies: revolutions] il nous advertist que nous ne devons point chercher nostre repos ici bas; ebenso $81,_{179}$.

sich zur Wirklichkeit wie Feuer zu Wasser zu verhalten schien. Wenn das Gesetz den Tod bringt, sagt er daher, das sei nur unsertwegen so; an sich will es Segen [1]. Wenn das Evangelium zum Geruch des Tods wird, so geschieht auch dies »par accident« ohne daß die Menschen entschuldbar wären [2]. So kann er es ein Entgegenkommen Gottes gegenüber unsrer Blödigkeit, d. h. unsrer gesetzlichen Vorstellung von Gott heißen, wenn Gott die Majestät seiner Liebe mit seiner Gerechtigkeit verbindet [3].

Um mit einem Ausblick auf abgeleitete Gedanken zu schließen, auch auf die Betrachtung der Geschichte dürfte dieser Gottesgedanke nicht ohne Einfluß gewesen sein. Einmal, daß Gott ewig unveränderlich tätig ist, das macht es erst möglich und nötig, aus der Geschichte, nicht nur der »heiligen«, auch der »profanen« zu lernen [4]. Und es klingt wie ein Beweis für die Wunderbarkeit solchen Tätigseins, die wir betont haben, wenn Calvin sagt: so die Geschichte zu betrachten, ihre ganze Mannigfaltigkeit gewissermaßen auf einen Augenblick zusammenzusehen, so daß Vergangenheit und Gegenwart eine Zeit ist, liege dem Menschen gar nicht; er sei der Meinung, die Zeiten ändern sich, und eben darum nicht bereit, Gottes Finger in der Geschichte zu sehen [5]. Umgekehrt war diese Verwendung des Unveränderlichkeits-

1) CR 55,138: La Loy à cause de nous, n'apporte sinon ire et mort: ... quant à soy si nous regardons la doctrine qui est là contenue, il est certain qu'elle apporte benediction. 3) CR 74,392.

2) CR 57,691: singularis Dei erga nos amor fit ex eo conspicuus, quod curam de nobis paternam cum sua iustitia coniungit, quae in omne tempus manet: ut certiores nos faciat omni sublato timore, nunquam defuturam nobis Dei bonitatem quam semel gustavimus, aut omnino Dei iustitiam, quod fieri non potest, defuturam.

4) CR 69,360: il nous faut pratiquer les histoires de l'escciture saincte ... à nostre usage, et non seulement celles-là, mais quant nous orrons parler des histoires profanes ... que nous en facions nostre profit: car Dieu ha fait le tout à nostre instruction; ebenso 62,145-146.

5) CR 57,479: qui fit quod historias, quas de Dei mirabilibus operibus et iudiciis legimus, non possumus in usum nostrum vertere, nisi quod videntur nobis tempora mutari et non esse eadem, ac non cognoscimus, Deum esse immutabilem, semperque sui similem?

gedankens für die Geschichtsbetrachtung eine Stütze für das Calvin unzweifelhaft im Blut liegende Bestreben [1], den Zusammenhang mit dem Vergangenen zu suchen; und es war ihm eine Bestätigung dafür, daß er richtig hiermit handelte, wenn er z. B. sah, wie tatsächlich Glaubensbekenntnisse der Vergangenheit den Glaubenden der Gegenwart Nutzen schaffen [2]. Sodann hat er, da er in den Kern seines Gottesgedankens vom Menschen nicht zur Einheit zu Bringendes aufnahm (Gesetz und Evangelium) mit ehrlichem Gewissen sagen können, Gott sei stets derselbe in seinem Verkehr mit dem Menschen gewesen und doch habe die Religion der Menschen sich gewandelt [3]. So sah er sich berechtigt, Gottes Verkehr mit den Frommen des Alten Bunds als stets durch Christus vermittelt anzusehn, und brauchte doch die andre, wie er sagen kann, kindliche Form der Religion bei den Vätern nicht umzudichten. So wie ihn die Überzeugung von der Gültigkeit des göttlichen Gesetzes nicht davon abhielt, Gottes Willen, d. h. seinen Liebeswillen darüber hinaus, ja an die erste Stelle im Gottesgedanken zu rücken, so konnte er ohne Umschweif z. B. sagen: was im Alten Bund nicht verwerflich war, nämlich einen bestimmten Ort für's Gebet vorzuschreiben, wäre heute »reiner Aberglaube« [4]. Man wird den Gedanken einer »Erziehung des Menschengeschlechts« schwerlich anders denken können als auf dem Hintergrund eines so aus dem Evangelium erwachsenden Gottesbegriffs.

1) Wie oft hat er Sätze wie diesen wiederholt! CR $77{,}_{759}$: quand . . . nous verrons ceci ou cela, [Streit und Uneinigkeit in der Kirche] que nous n'en soyons point par trop scandalizez. Et pourquoy? car ces choses n'ont point commencé d'auiourd'huy; ebenso z. B. $58{,}_{576}$; $62{,}_{373}$; $69{,}_{490}$; $70{,}_{50}$; $74{,}_{440}$.

2) CR $63{,}_{114}$: de fait nous voyons que les confessions qu'ont fait les fideles du temps passé, nous servent auiourd-huy de doctrine.

3) Vgl. S. 120 Anm. 2.

4) CR $58{,}_{398}$: hodie . . . mera superstitio . . . est si quis peculiarem aliquem religiosum locum ad preces habet . . . Sane quamdiu populum suum Deus sub legis figuris . . . gubernavit, non fuerunt illa exercitia reprobanda.

Namen- und Sachverzeichnis.

(Die gewöhnlichen Zahlen verweisen auf die Seiten, die kleineren, hochgestellten auf die Anmerkungen.)

Theologie und Religionswissenschaft

Auswahl von Werken aus dem Verlag Walter de Gruyter & Co., Berlin W 10

August 1931

Corpus Confessionum. Die Bekenntnisse der Christenheit. Sammlung grundlegender Urkunden aus allen Kirchen der Gegenwart. In Verbindung mit führenden Kirchenmännern herausgegeben von D. **Cajus Fabricius,** Professor der Theologie an der Universität Berlin. Lexikon-Oktav.

In Aussicht genommen sind etwa zwanzig Bände, die im Laufe von ungefähr zehn Jahren erscheinen sollen. In jedem Vierteljahr erscheinen zwei Lieferungen von je 80 Seiten zum Subskriptionspreis von je RM. 7.—.

Abgeschlossen liegt vor:

20. Abteilung: **Englische Evangelisationsgemeinschaften.**

Band I: **Die Bischöfliche Methodistenkirche.** Bearbeitet von D. **Cajus Fabricius.** XXXVII, 720 Seiten. 1931. RM. 66.50, in Halbleder 73.—

Acta conciliorum oecumenicorum. Jussu atque mandato Societatis Scentiarum Argentoratensis edidit D. Dr. jur. et phil. Eduardus Schwartz, Geheimer Regierungsrat, a. o. Professor an der Universität München. Quart.

Tomus I: Consilium Universale Ephesenum.

Volum. I.	1927—1930.			RM. 309.—
Volum. II.	XIII, 128 Seiten.	1926.		RM. 27.—
Volum. III.	XX, 255 Seiten.	1929.	RM. 80.—,	geb. 83.—
Volum. IV.	XX, 270 Seiten.	1922/23.	RM. 30.—,	geb. 32.—
Volum. V.	XVII, 416 Seiten.	1924/26.	RM. 74.—,	geb. 79.—

Tomus II:

Volum. II. Erscheint im Herbst 1931.

Tomus IV; Concilium Universale Constantinopolitanum sub Justiniano Habitum. Volum. II. Quart. XXXII, 212 Seiten. 1915. RM. 25.—, geb. 27.—

Weitere Bände im Druck resp. in Bearbeitung.

Arbeiten zur Kirchengeschichte. Herausgegeben von **Emanuel Hirsch** und **Hans Lietzmann.** Oktav.

Band I: **Petrus und Paulus in Rom.** Von Hans Lietzmann. Mit 13 Tafeln. Zweite, neubearbeitete Auflage. VIII, 315 Seiten. 1927. RM. 17.—, geb. 19.—

Band II: **Luther und Boehme.** Von Heinrich Bornkamm. VIII, 300 Seiten. 1925. RM. 11.—

Band III: **Die Rechtfertigungslehre auf dem Tridentinischen Konzil.** Von Hanns Rückert. VIII, 281 Seiten. 1925. RM. 15.—

Band IV: **Cyprianische Untersuchungen.** Von Hugo Koch. XII, 493 Seiten. 1926. RM. 18.—

Band V: **Die Religion Michelangelos.** Von Hermann Wolfgang Beyer. VI, 159 Seiten. 1926. RM. 5.50, geb. 7.50

Band VI: **Die theologische Entwicklung Gasparo Contarinis.** 1530—1542. Von Hanns Rückert. VII, 108 Seiten. 1926. RM. 4.—

Band VII: **Karl Holl †.** Zwei Gedächtnisreden von Adolf Harnack und Hans Lietzmann. 20 Seiten. 1926. RM. 1.—

Band VIII: **Messe und Herrenmahl.** Eine Studie zur Geschichte der Liturgie. Von Hans Lietzmann. XII, 263 Seiten. 1926. RM. 12.—

Band IX: **Oliver Cromwell.** Seine Religion und seine Sendung. Von Lic. Helmuth Kittel, Göttingen. IX, 262 Seiten. 1928. RM. 15.—, geb. 16.50

Band X: **Das Reich Gottes auf Erden.** Utopie und Wirklichkeit. Eine Untersuchung zu Butzers „De regno Christi" und zur englischen Staatskirche des 16. Jahrhunderts. Von Lic. theol. Wilhelm Pauck, Assistant-Professor der Kirchengeschichte am Chicago Theological Seminary, Chicago, Ill. Ill, 208 Seiten. 1928. RM. 10.—

Band XI: **Eusebius als Historiker seiner Zeit.** Von Richard Laqueur, o. Professor für alte Geschichte an der Universität Gießen. X, 228 Seiten. 1929. RM. 18.—

Band XII: **Ambrosius von Mailand als Kirchenpolitiker.** Von Hans Freiherr von Campenhausen, Dr. theol. XV, 290 Seiten. 1929. RM. 18.—

Band XIII: **Luthers Vorlesung über den Hebräerbrief** nach der vatikanischen Handschrift. Herausgegeben von Professor Dr. Emanuel Hirsch und Lic. Professor Hanns Rückert. XXVII, 299 Seiten. 1929. RM. 15.—, geb. 17.—

Band XIV: **Die Mystik des Marsilio Ficino.** Von Lic. Walter Dress. XI, 216 Seiten. 1929. RM. 15.—, geb. 16.50

Band XV: **Die Anfänge von Luthers Christologie** nach der ersten Psalmenvorlesung. Insbesondere in ihren exegetischen und systematischen Zusammenhängen mit Augustin und der Scholastik dargestellt von Erich Vogelsang, Lic. theol. XII, 184 Seiten. 1929. RM. 15.—, geb. 16.50

Band XVI: **Die Canonessammlung des Dionysius Exiguus in der ersten Redaktion.** Herausgegeben von Lic. Adolf Strewe. VIII, 107 Seiten. 1931. RM. 10.—, geb. 11.50

Band XVII: **Luthers Hebräerbrief-Vorlesung von** 1517/18. Deutsche Übersetzung von Lic. Erich Vogelsang, Privatdozent der Kirchengeschichte in Königsberg. VII, 188 Seiten. 1930. RM. 7.—, geb. 8.—

Band XVIII: **Die Schriften Calvins.** Von E. Mülhaupt. Im Druck.

Band XIX: **Studien zur Geschichte des Neuen Testaments und der alten Kirche.** Von A. v. Harnack. Bd. 1: Zur neutestamentlichen Textkritik. 1931. RM. 11.—, geb. 12.—

Alttestamentliche Religionsgeschichte. Von D. Dr. Max Löhr, Professor an der Universität Königsberg. Dritte, neubearbeitete Auflage. 146 Seiten. 1930. (Sammlung Göschen Bd. 292.) Geb. RM. 1.80

Geschichte Israels bis auf die griechische Zeit. Von Dr. J. Benzinger, Professor an der Universität Riga. Dritte, verbesserte Auflage. 148 Seiten. 1924. (Sammlung Göschen Bd. 231.) Geb. RM. 1.80

Israelitische und jüdische Geschichte. Von J. Wellhausen. Achte Ausgabe. Oktav. III, 372 Seiten. 1921. RM. 10.—, geb. 11.—

Prolegomena zur Geschichte Israels. Von J. Wellhausen. Sechste Ausgabe. Neudruck. Oktav. VIII, 424 Seiten. 1927. RM. 9.—

Skizzen und Vorarbeiten. Von J. Wellhausen. Sechstes Heft. 1899. Groß-Oktav. VIII, 260 Seiten. RM. 7.—

Die Komposition des Hexateuchs und der historischen Bücher des Alten Testaments. Von J. Wellhausen. 3. Auflage. 1899. Groß-Oktav. 373 Seiten. RM. 10.—

Reste arabischen Heidentums. Gesammelt und erläutert. 2. Ausgabe Neudruck. 1927. Von J. Wellhausen. Groß-Oktav. VIII, 250 Seiten. RM. 8.—

Entwicklung der christlichen Religion innerhalb des Neuen Testaments. Von D. Dr. Carl Clemen, Professor an der Universität Bonn. Neudruck. 136 Seiten. 1919. (Sammlung Göschen Bd. 388.) Geb. RM. 1.80

Neutestamentliche Zeitgeschichte. Von D. Dr. W. Staerk, Professor an der Universität Jena.

I. Der historische und kulturgeschichtliche Hintergrund des Urchristentums. Mit 3 Karten. Zweite verbesserte Auflage. Neudruck. 179 S. 1920. (Sammlung Göschen Bd. 325.) Geb. RM. 1.80

II. Die Religion des Judentums im neutestamentlichen Zeitalter. Mit einer Planskizze. Zweite, verbesserte Auflage. Neudruck. 151 Seiten. 1920. (Sammlung Göschen Bd. 126.) Geb. RM. 1.80

Geschichte der urchristlichen Literatur. Von D. Dr. Martin Dibelius, Professor an der Universität Heidelberg. 1926.

I. Evangelien und Apokalypsen. 108 Seiten.

II. Apostolisches und Nichtapostolisches. 110 Seiten. (Sammlung Göschen Bd. 934/35.) Geb. je RM. 1.80

Geschichte der altchristlichen lateinischen Literatur vom 2. bis 6. Jahrhundert. Von Professor Dr. Alfred Gudeman, München. 120 Seiten. 1925. (Sammlung Göschen Bd. 898.) Geb. RM. 1.80

Die christlichen Literaturen des Orients. Von Dr. Anton Baumstark, Professor an der Universität Bonn. 2 Bände. 1911.

1. Band: Einleitung. I. Das christlich-aramäische und das koptische Schrifttum. 134 Seiten. (Sammlung Göschen Bd. 527.) Geb. RM. 1.80

Die christlichen Literaturen des Orients.

2. Band: II. Das christlich-arabische und das äthiopische Schrifttum. III. Das christliche Schrifttum der Armenier und Georgier. 116 Seiten. (Sammlung Göschen Bd. 528.) Geb. RM. 1.80

Kirchengeschichte. Von Lic. Dr. Karl Aner, Privatdozent in Halle.

I. Altertum. 148 Seiten. 1928. (Sammlung Göschen Bd. 985.) Geb. RM. 1.80

II. Mittelalter. 145 Seiten. (Sammlung Göschen Bd. 986.) Geb. RM. 1.80

III. Reformation und Gegenreformation, 140 Seiten. 1929. (Sammlung Göschen Bd. 987.) Geb. RM. 1.80

IV. Neuzeit. Erste Hälfte (bis etwa 1830). 180 Seiten. 1931. (Sammlung Göschen Bd. 988.) Geb. RM. 1.80

Luthers Werke. In Auswahl. Unter Mitwirkung von Albert Leitzmann herausgegeben von Otto Clemen. 4 Bände. Oktav. 1912—1913. Geb. je RM. 8.—, zusammen 30.—

Luthers Werke in Auswahl. Neue Folge.

Achter Band: **Tischreden.** Herausgegeben von Otto Clemen. Oktav. VIII, 388 Seiten. 1930. Geb. RM. 8.—

Siebenter Band: **Predigten.** Herausgegeben von E. Hirsch. Im Druck. In Vorbereitung: Bd. 5: Der junge Luther. Bd. 6: Luthers Briefe.

Greifswalder Studien zur Lutherforschung und neuzeitlichen Geistesgeschichte. Herausgegeben von der Greifswalder Gelehrten Gesellschaft für Lutherforschung und neuzeitliche Geistesgeschichte.

1. **Johannes Luther, des Reformators ältester Sohn.** Von Johannes Luther. Oktav. 28 Seiten. 1930. RM. 2.—
2. **Gemeinschaft und Idee.** Von Hermann Schwarz. Oktav. 17 Seiten. 1930. RM. 1.50
3. **Die Endlichkeit des Daseins nach Martin Heidegger.** Von Lic. Erdmann Schott. Oktav. 19 Seiten. 1930. RM. 1.75
4. **Apostelgeschichte 27 in nautischer Beleuchtung und die ostdeutsche Bibelübersetzung des Mittelalters** von Wolfgang Stammler und **Zu Luthers Lehre vom unfreien Willen** von Rudolf Hermann. Oktav. 38 Seiten. 1931. RM. 3.—

Dogmengeschichte. Von Professor D. Dr. Friedrich Wiegand in München.

I. Entstehung und Entwicklung des Dogmas in der alten Kirche. 119 Seiten. 1928. (S. Göschen Bd. 993.) Geb. RM. 1.80

II. Erhaltung, Umbildung und Weiterbildung des Dogmas im Katholizismus des Mittelalters und der Neuzeit. 112 Seiten. 1928. (S. Göschen Bd. 994.) Geb. RM. 1.80

III. Geschichte des Dogmas im Protestantismus. 132 Seiten. 1928. (S. Göschen Bd. 1007.) Geb. RM. 1.80

Geschichte der katholischen Kirche von der Mitte des 18. Jahrhunderts bis zum Vatikanischen Konzil. Von D. Carl Mirbt, Professor in Göttingen. 159 Seiten. 1913. (S. Göschen Bd. 700.) Geb. RM. 1.80

Symbolik des römischen Katholizismus. Von Dr. theol. Leonhard Fendt, Pfarrer zum Heiligen Geist in Magdeburg. 136 Seiten. 1926. (S. Göschen Bd. 937.) Geb. RM. 1.80

Siebenhundert Jahre Kirchengeschichte Berlins. Von Walter Wendland. Groß-Oktav. VII, 307 Seiten. 1930. RM. 18.—, geb. 20.—

Kirchengeschichte Hamburgs. Erster Band: **Die Hamburgische Kirche im Zeichen der Mission und im Glanze der Erzbischöflichen Würde.** Von D. Dr. Johann Simon Schöffel, Hauptpastor an St. Michaelis, Hamburg, Synodalpräsident. Oktav. XII, 229 Seiten mit 4 Tafeln. 1929. (Verlag Friederichsen, de Gruyter & Co. m. b. H., Hamburg.) RM. 10.—, geb. 12.—

Kirchengeschichte Polens. Von Karl Völker. Groß-Oktav. XII, 337 Seiten. 1930. RM. 24.—, geb. 26.—
(Grundriß der slavischen Philologie und Kulturgeschichte, herausgegeben von Reinhold Trautmann und Max Vasmer, Band 7.)

Geschichte der altkirchenslavischen Sprache. Von Nicolaas van Wijk. Erster Band: Laut- und Formenlehre. Groß-Oktav. XI, 254 Seiten. 1931. RM. 32.—, geb. 34.—
(Grundriß der slavischen Philologie und Kulturgeschichte, herausgegeben von Reinhold Trautmann und Max Vasmer, Band 8.)

Die Kirche des Morgenlandes. Weltanschauung und Frömmigkeitsleben. Von N. von Arseniew, Privatdozent in Königsberg. 104 Seiten. 1926. (S. Göschen Bd. 918.) Geb. RM. 1.80

Der evangelische Gottesdienst im Wandel der Zeiten. Von Dr. Friedrich Niebergall, Professor an der Universität Marburg. 120 Seiten. 1925. (S. Göschen Bd. 894.) Geb. RM 1.80

Die katholischen Missionen von der Völkerwanderung bis zur Gegenwart. Von D. Dr. Josef Schmidlin, Professor an der Universität Münster i. W. 86 Seiten. 1925. (S. Göschen Bd. 913.) Geb. RM. 1.80

Die Missionsfreiheit nach den Bestimmungen des geltenden Völkerrechts. Von Dr. Theodor Grentrup, S. V. D. Oktav. 112 Seiten. 1928. (Beiträge zum ausländischen Recht und Völkerrecht Heft 5.) RM. 5.50

Das Kirchenrecht. Von D. Dr. E. Sehling, Geh. Hofrat und Professor in Erlangen.
I. Einleitung. Quellen. Verfassung und Verwaltung der katholischen Kirche. Anhang: Die griechisch-orthodoxe Kirche. Zweite Auflage. 119 Seiten. 1922. (S. Göschen Bd. 377.) Geb. RM. 1.80
II. Das evangelische Kirchenrecht. Die Stellung des Staates zur Kirche und das Verhältnis der Religionsgesellschaften zueinander. Zweite Auflage. 1927. 87 Seiten. (S. Göschen Bd. 954.) Geb. RM. 1.80

Vergleichende Religionswissenschaft. Von D. Dr. Heinrich Frick, Professor an der Universität Gießen. 134 Seiten. 1928. (S. Göschen Bd. 208.) Geb. RM. 1.80

FSC
www.fsc.org
MIX
Papier | Fördert
gute Waldnutzung
FSC® C083411

Kolibri 360 GmbH
Ferdinand-Jühlke-Straße 7
99095 Erfurt, Deutschland
produktsicherheit@kolibri360.de